LES CASQUES MILITAIRES

des États d'Amérique latine

XIXème au XXIème siècles

Yves Plasseraud (Dir.)

Maharg Press
Washington, DC
www.mahargpress.com

LES CASQUES MILITAIRES

des États d'Amérique latine

XIXème au XXIème siècles

ISBN 978-0-9828063-0-2
Library of Congress Control Number: 2012955547

Éditions **Maharg Press**
Washington, DC

mars 2013

Imprimé aux États-Unis

La maquette de la couverture est due à P. Massolo et R. Graham
avec la contribution de Eduardo Krapovickas
et de Établissements Helmut Weitze

REMERCIEMENTS

Des remerciements très spéciaux vont d'abord à mes amis de longue date Jean Dagnas de Blaye (France) et David B. Powers de Laguna Beach, CA, dont, fondées sur des expériences uniques au monde, la compétence et la disponibilité ne m'ont jamais fait défaut.

Parmi les personnes et institutions dont j'ai pu utiliser les photos ou qui m'ont apporté leur concours à un titre ou à un autre, je tiens à mentionner: Army Recognition.com, Fritz Behrendt, Benjamin Brandwijk, Tom Buck, Philip Buhler, Daniel Crudo, Jean Dagnas, Scott Ellifritt, Cristian Fernandez, Adolfo Martinez, Leonel Gallo Martinez, Alejandro Diego Godoy, Christian Grossklauss, Helmnet, Terry Hooker, Roger Lucy, Keith Jamieson, la maison de vente par correspondance Jan K. Kube, Ricardo Jara Franco, Eduardo Krapovickas, Éric Lacaze, Antonio Lipthay, Gabriel Llado, Roger Lucy, Julio Mario Luqui-Lagleyze, Paolo Marzetti, Pablo Massolo (Poli), Sandro Panana, Alejandro Penaloza, G. Pendreight, Alberto del Pino Menck, David B. Powers, Alejandro de Quesada, Joseba Revuelta, Eduardo Rojas, Bob Southee, Pierre-Paul Struye, Peter Thomas, Guy Tirk, Christian Valls, François Vauvilliers, Beatriz Vichez-Silva, Szymon Weber, les Etablissements Helmut Weitze, Raul Yañez, Charles Yust, Serge Zamora et J. Zea.

Concernant le Mexique, je dois nombre de clichés à l'amabilité du Tte Cor. Filiberto Oropeza Fabian, mon ancien étudiant au Collège International de défense. Quelques photos ont été empruntées au site Militaryphotos.

Nombre d'autres personnes, collectionneurs et historiens trouveront mes remerciements à la fin des divers chapitres.

Les armées d'un certain nombre de pays Chili, Honduras, Nicaragua et El Salvador ont également apporté leur aide par l'intermédiaire d'officiers ou de sous-officiers cités à la fin de chacun des chapitres du livre. Qu'elles soient ici toutes remerciées.

Des remerciements très spéciaux vont aussi bien entendu à mon épouse Suzanne qui m'a constamment soutenu et souvent accompagné dans des lieux qu'elle n'aurait surement pas visités spontanément.

SOMMAIRE

INTRODUCTION

La vaste Amérique latine fait encore pratiquement figure à ce jour – en dépit d'un certain nombre d'études ponctuelles, souvent d'ailleurs d'excellent qualité – de *terra incognita* pour les amateurs de casques militaires.

Après avoir contribué à produire, il y a bien des années trois volumes (aujourd'hui épuisés) sur les casques de combat du monde, avec une série de bons amis et excellents connaisseurs de la matière, j'ai souhaité approfondir une zone qui me passionne depuis toujours et que les précédents volumes avaient traitée rapidement.

Pour les trois grands États du cône sud, j'ai fait appel à trois collectionneurs chevronnés, Eduardo Krapovickas pour l'Argentine, Ricardo Jara Franco pour le Chili, Pablo Massolo (Poli) pour le Brésil. Une partie du chapitre mexicain a été rédigée par Jean Dagnas. Pour les chapitres concernant les autres États, je les ai rédigés moi-même avec, dans toute la mesure du possible, l'aide de collectionneurs – notamment mes trois co-auteurs sus-cités – et d'historiens locaux (voir liste des remerciements).

Cette publication qui est une première, comporte surement de nombreuses lacunes et sans doute des erreurs. Au lecteur de compléter et corriger le texte en vue des éditions futures.

(yplasseraud@wanadoo.fr)
Paris, France

PRESENTATION YP

Yves Plasseraud, juriste de formation, s'est très tôt intéressé à la symbolique militaire et en particulier à l'un de ses supports privilégiés, les casques. Outre les ouvrages mentionnés dans l'introduction, il a publié un certain nombre d'articles sur ce thème dans des revues françaises et étrangères.

LES CASQUES MILITAIRES

des États d'Amérique latine

XIXème au XXIème siècles

ARGENTINE

En dépit du fait qu'il s'agit d'un État relativement jeune, l'Argentine peut revendiquer une riche histoire militaire, ce qui explique qu'elle possède une grande variété d'uniformes militaires. Durant ses premières années en tant qu'État indépendant, c'est l'influence des modes militaires espagnoles, françaises et britanniques qui domine. Le shako est alors le couvre-chef général. À partir de 1850, l'influence française commence à devenir absolument prépondérante, imposant massivement l'usage du képi. Au cours du siècle suivant, on commence à observer l'utilisation des premiers casques.

Période 1900 - 1910

En 1900, un décret est pris concernant les uniformes de la Garde présidentielle. Le Régiment de cavalerie N° 9 est retenu pour composer celle-ci. Il est alors doté d'un uniforme de gala, comportant une cuirasse et un casque de fabrication française dans le style des uniformes de la Garde républicaine. La bombe est en acier poli, le cimier, la jugulaire et les autres accessoires sont de cuivre poli.

Casque d'acier de cuirassier *(collection A. Martinez)*

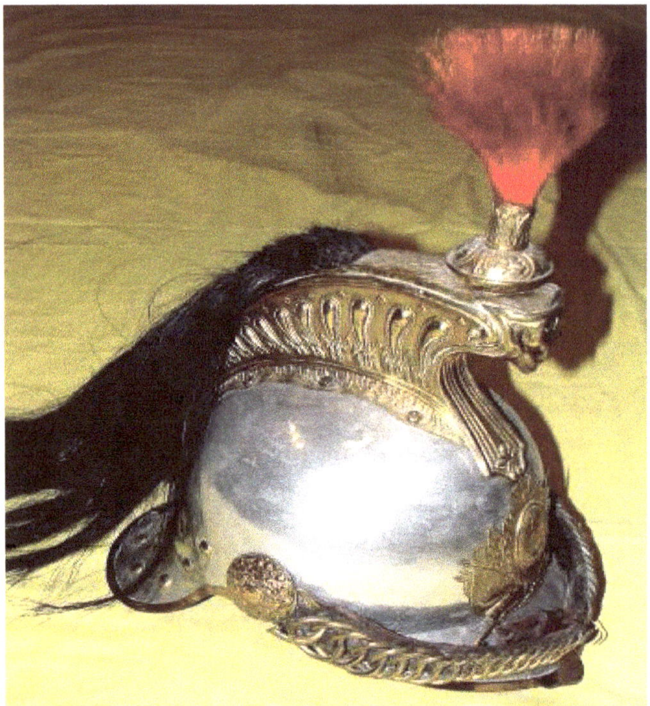

Casque de cuirassier en aluminium
(collection A. Martinez)

Pickelhaube de l'escorte
présidentielle *(Museo de Armas)*

Le devant du casque est orné d'un attribut de cuivre représentant les armoiries nationales, entourées de drapeaux. Le cimier est décoré d'un plumet de crin noir surmonté d'un panache rouge.

Cet uniforme fut supprimé quatre années plus tard lorsque le régiment N° 8 fut, à son tour, désigné comme régiment de la Garde Présidentielle. Cuirasses et casques furent réutilisés postérieurement avec les uniformes historiques du Régiment N° 4 de cavalerie, Cuirassiers de Lavalle (*Coraceros de Lavalle*), ainsi que du régiment d'artillerie N° 1 "Brigadier General Iriarte."

Pour certains de ces casques, vers 1930, on remplaça la bombe d'acier par une bombe d'aluminium, en conservant par ailleurs les mêmes accessoires originaux.

Aujourd'hui, à côté des casques d'époque, on utilise des copies de ceux-ci en matière plastique. Certains de ceux utilisés par le régiment "Brigadier Général Iriarte" sont peints en noir.

Ce régiment de l'artillerie argentine, constituant l'escorte du Ministre de la Défense, conjointement avec le régiment de grenadiers et le régiment d'infanterie *Patricios,* est chargé de représenter l'armée argentine dans les actions se situant hors du territoire national.

Certains changements sont apparus au cours des premières années du siècle, dont l'adoption en 1903 d'un casque de liège doublé de toile blanche. On remarque sur les photos de cette époque que ce casque de style anglais est semblable au modèle *FSH (Foreign Service Helmet)* et ne comporte aucun emblème. Ultérieurement, en 1904, l'influence allemande se faisant fortement sentir,

la nouvelle escorte présidentielle fut dotée d'un casque à pointe type *Pickelhaube,* modèle 1895, orné sur le devant de l'écu national entouré de drapeaux. Ce type de casque s'utilisait avec un panache de crin blanc, puis, rouge.

Casque de cuirassier en plastique *(clichés YP)*

Régiment d'artillerie 1 Brigadier General Iriarte défilant au Venezuela *(cliché B. Brandwijk)*

Le *Pickelhaube* Modèle argentin 1910

À la même époque, le président argentin Julio A. Roca amorça un processus de modernisation et de professionnalisation des forces armées. On pensait alors qu'une armée avec un bon niveau de professionnalisme devait se transformer en une organisation apolitique pour ainsi donner au pays une certaine stabilité bien nécessaire au cours de ces années. L'armée prussienne était l'exemple par excellence d'une force armée redoutée pour son unité et sa discipline. De ce fait, le casque de modèle allemand fut massivement adopté. Une École supérieure de guerre fut créée, des professeurs allemands furent appelés, et la doctrine militaire prussienne fut diffusée. De l'armement militaire allemand fut acheté et l'uniforme de style français fut abandonné et remplacé par un modèle de style prussien.

C'est dans ce contexte qu'en 1910, le casque à pointe *(Pickelhaube)* fut adopté comme casque réglementaire de l'armée argentine. Une grande partie de ces casques fut achetée en Allemagne: à la fois des modèles pour généraux, pour officiers et pour troupe – tous du modèle de 1895. Le casque de troupe de cuir noir laqué revêtait l'emblème national sur la partie frontale qui était de cuivre doré et de 10 cm de haut. La pointe de cuivre dorée de 6 cm de haut était dotée d'une vis afin de pouvoir être remplacée par un porte-plumet. La base de la pointe était de forme circulaire de 8 cm de diamètre et était soutenue par quatre rivets. Sur les côtés elle portait des cocardes bleu ciel et blanches, soutenues par le tenon où venait se fixer une jugulaire de cuir noir, réglable par deux boucles.

Le casque d'officier était pourvu d'une jugulaire métallique en écaille de cuivre poli et comportait en plus, sur les cocardes, deux rosettes de cuivre. La pointe était de 9 cm de haut, elle avait à sa base une décoration de type collier de perles et elle reposait sur un support de forme circulaire fixé à la bombe au moyen de quatre rivets en forme d'étoiles.

La coiffe était de cuir naturel et de soie, à la différence de celle des casques de troupe qui étaient entièrement en cuir. Le casque de général était semblable à celui d'officier mais sa pointe était cannelée, sa partie inférieure avait une décoration de collier de perles et sa base avait une forme cruciforme fixée au casque avec quatre rivets en forme d'étoiles. Son intérieur était en cuir naturel et en soie.

Pour les défilés et les parades, la pointe était remplacée par un porte plumet de 14 cm de haut où se fixait un plumet de crin de couleur blanche pour le collège militaire, de couleur garance pour la cavalerie et de couleur rouge pour l'artillerie, les généraux portant, quant à eux, des plumes de coq bleu clair et blanc.

Durant la Première Guerre mondiale, du fait du blocus de l'Allemagne, on commença à fabriquer et à réparer localement des casques d'officiers et de troupe, pour remplacer ceux qui avaient été détruits ou perdus. Ceux-ci étaient fabriqués par l'arsenal militaire et étaient marqués *AG (Arsenal de Guerra)* à l'intérieur de la bombe.

Le *Pickelhaube* utilisé en Argentine était désigné comme Modèle argentin 1910. Ces casques furent utilisés jusqu'en 1924 année où le nouveau règlement des uniformes supprima le port des casques à pointe.

Soldat appartenant à l'École de tir, coiffé d'un *Pickelhaube* argentin 1910 *(collection E. Krapovickas)*

Pickelhaube argentin portant le plumet rouge de l'artillerie *(collection E. Krapovickas)*

Période de 1924 à 1935

Entre la suppression du casque à pointe et l'année 1935, le seul type de casque utilisé par l'armée argentine fut un modèle de liège dont la description figure dans les règlements des années 1926 et 1931. Ces casques étaient confectionnés avec des feuilles de liège collées à l'aide de caoutchouc, revêtus intérieurement et extérieurement de gabardine de coton de couleur vert-olive et imperméabilisés sur la face externe. La jugulaire et la bande de sudation de la coiffe étaient en cuir marron foncé et le casque présentait un orifice métallique de ventilation en forme de champignon.

Les modèles d'officiers arboraient un attribut représentant les armoiries nationales en métal doré de 6 cm de haut. Les généraux utilisaient le même attribut sur un fond de drap rouge dépassant l'attribut d'un demi-centimètre. Quant aux casques de troupe, ils portaient la cocarde nationale avec, au dessous, le numéro de l'unité ou, alternativement l'emblème de l'arme.

Pickelhaube argentin 1910
(collection E. Krapovickas)

Troupe équipée du casque de liège, année 1935
(collection E. Krapovickas)

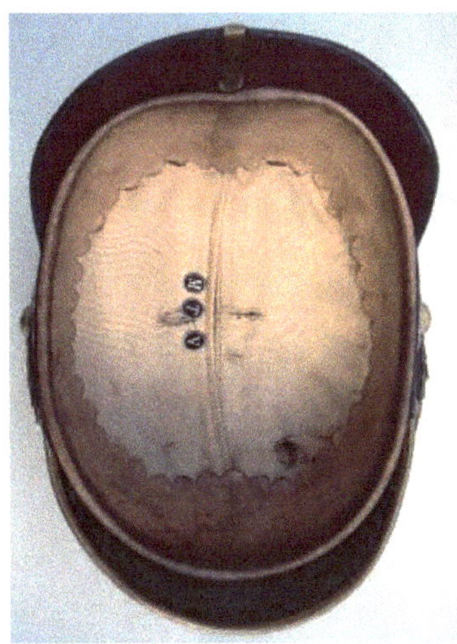

Intérieur de soie d'un *Pickelhaube*
(collection E. Krapovickas)

La coiffe était fixée au casque par des agrafes de cuivre afin d'obtenir un bon maintien de l'assemblage Ces casques, de fabrication argentine, furent largement utilisés par l'armée et ce notamment en été pour l'instruction et les manœuvres. Ils équipèrent également les équipages des premières compagnies de chars de combat.

Soldats du *Regimiento de Granaderos*
(collection E. Krapovickas)

Le M18 suisse, dénommé en Argentine M38

La décennie 1930 correspond à une période de réarmement argentin en réaction à ce que l'on considère alors à Buenos Aires comme un dangereux accroissement de la puissance militaire des États voisins, le Chili et le Brésil.

M31 belge *(collection E. Krapovickas)*

C'est dans ce contexte que l'État-major lança en 1935 un appel d'offre international destiné à équiper l'armée nationale d'un casque d'acier. Auparavant, il avait été procédé à une évaluation comparée des modèles de casques de divers pays, M31 belge, M21 suédois, M16 autrichien, Mk1 britannique, M31 polonais, M33 italien, M32 tchécoslovaque, et M18 suisse. Les autres modèles ayant été écartés, la sélection finale se fit entre les modèles autrichien, belge, suédois et suisse.

Intérieur et marquage d'offre *(collection E. Krapovickas)*

M21 suédois

Intérieur
(collection E. Krapovickas)

Marquage d'offre

M16 autrichien

Intérieur
(collection E. Krapovickas)

M18 suisse, marquage d'offre

Officiers de l'École d'Infanterie, coiffés de casques M18 *(collection E. Krapovickas)*

C'est finalement le modèle suisse qui fut retenu. D'allure martiale, il présentait l'avantage d'avoir une forme peu courante. La coiffe de cuir brun est en trois parties et est réglable par un cordon passant par six oeuillets. L'amortissement est assuré par trois coussinets gris remplis de crin de cheval. La jugulaire de cuir marron est réglable à l'aide d'un mousqueton.

M18 argentin *(collection E. Krapovickas)*

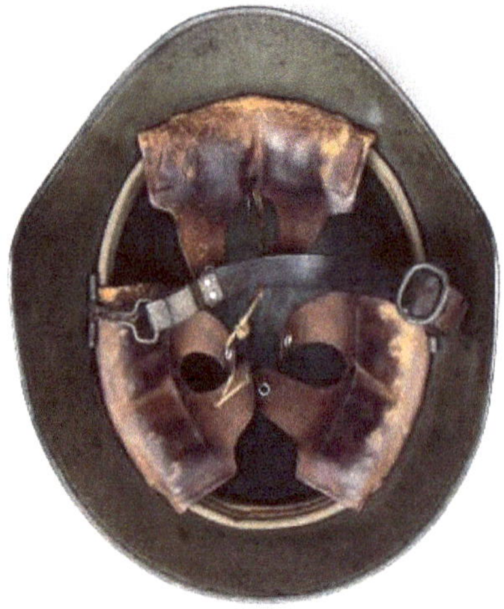

Intérieur

Certains de ces casques sont ornés sur le côté droit d'une cocarde aux couleurs nationales, bleu clair et blanc, de 45 mm (peinture ou décalcomanie). Pour une raison inconnue, on rencontre aussi certains casques qui arborent la cocarde nationale sur le côté gauche.

Au fil du temps, ces casques subiront diverses modifications, principalement concernant la couleur de la bombe et la jugulaire.

Certains furent repeints en diverses nuances de vert allant du brillant au mat, certains autres arborant la peinture anti-reflets du type utilisé pour les modèles US M1. Les casques de la Police militaire étaient blancs et revêtus des lettres *MP* de couleur noire.

Peinture

M38 de la Police militaire *(collection E. Krapovickas)*

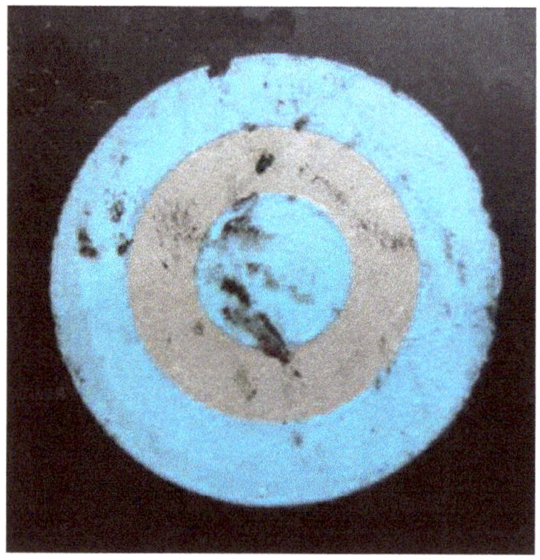

Décalcomanie

Les modifications de jugulaires sont aussi particulièrement fréquentes. On constate souvent la disparition des mousquetons. Jugulaires et coiffes de remplacement étaient fréquemment de fabrication argentine.

Coiffe et jugulaires de fabrication argentine *(collection E. Krapovickas)*

En principe, aucune espèce de camouflage n'était utilisé avec ces casques, sauf très rarement sous forme de filets destinés à rendre la casque mimétique avec son environnement.

Dans les collections du *Museo de Armas* de Buenos Aires, figure un exemplaire du casque suisse M18, fabriqué dans le même matériau que celui utilisé pour les casques de feutre *(casco de fieltro)* modèle argentin 1938.

Il semble que ce casque ait été fabriqué à titre expérimental par les mêmes établissements aux fins d'évaluation par l'armée. Il fut finalement écarté et c'est le modèle léger, type allemand, M38, qui fut finalement retenu.

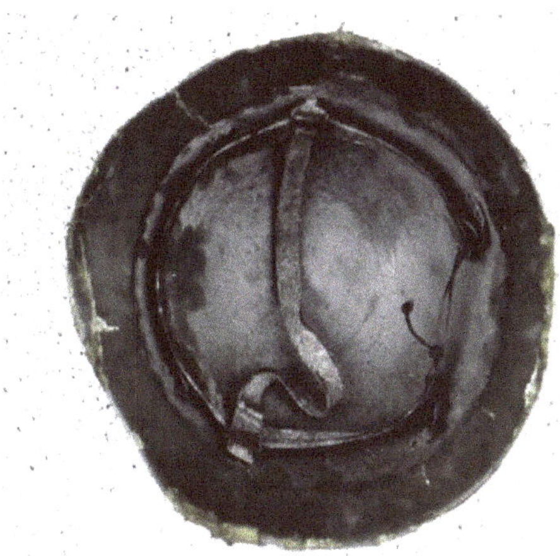

Casque suisse M18 du modèle léger *(collection Museo de Armas de la Nación, cliché YP)*

En 1967, avec l'adoption par l'Armée de terre du US M1, les casques suisses furent distribués à la Gendarmerie Nationale et à un certain nombre d'unités de police provinciales.

Le casque autrichien M16 dans l'Armée argentine

Casque autrichien revêtu de la peinture verte de l'armée argentine *(collection E. Krapovickas)*

Casque suédois revêtu de la peinture verte de l'armée argentine *(collection E. Krapovickas)*

Les fabriques de casques étrangères qui soumissionnèrent à l'appel d'offre argentin expédièrent chacune moins de cinquante exemplaires du modèle de casque en question. Ceux-ci étaient peints dans leur couleur d'origine et ne portaient aucune marque de fabricant, selon la pratique usuelle en matière de casques d'exportation. Le seul marquage que l'on rencontre sur ces casques est la première lettre du nom du pays exportateur ainsi qu'un numéro. La grande majorité de ceux-ci sont gravés à l'acide, mais quelques exemplaires portent des marquages peints en caractères blancs.

Ces indications figurant à l'intérieur de la bombe ou sur les bords intérieurs des casques sont la seule mention d'origine. Quelque uns de ces casques sont revêtus de la peinture verte caractéristique de l'armée argentine.

Certains de ces M16 autrichiens furent distribué à des officiers, et effectivement utilisés, comme en attestent un certain nombre de photos d'époque.

Le "Casque de feutre" Modèle argentin 1938

Initialement, le gouvernement argentin avait l'intention d'équiper son armée de casques allemands M35, mais, comme on l'a vu, à cette époque, l'Allemagne n'était pas autorisée à exporter de matériel militaire. C'est dans ces conditions qu'en 1938, l'Armée introduit l'usage d'un modèle spécial pour les parades et autres défilés, appelé *Casco de Fieltro*.

Il s'agissait en fait d'un clone du modèle M35 allemand. Ce casque était fabriqué en Argentine à partir de feuilles de feutre traitées avec une solution imperméabilisante.

Le "Casque de feutre" modèle argentin 1938
(collection E. Krapovickas)

Officier coiffé du "Casque de feutre" *(collection E. Krapovickas)*

La coiffe de ce casque est fixée à la bombe au moyen d'un bandeau métallique circulaire reposant sur 6 supports de liège. Le bandeau métallique est garni de matière synthétique recouverte de cuir marron. Cette coiffe, assez sommaire, n'est pas réglable en fonction du tour de tête de l'utilisateur.

La jugulaire de cuir marron, est fixée au bandeau métallique au moyen de deux anneaux rectangulaires articulés et est réglable à l'aide de deux boucles. Des orifices latéraux assurent l'aération de l'intérieur du casque.

Certains casques d'officiers sont dotés de coiffes comportant une garniture de satin de soie de couleur jaune.

M38 vert-olive satiné
(collection E. Krapovickas)

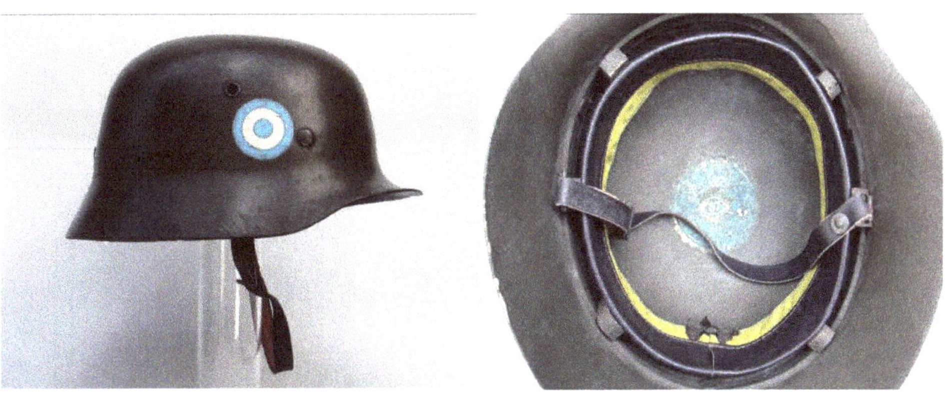

M38 d'officier
(collection
E. Krapovickas)

Étiquette armée argentine *(collection E. Krapovickas)*

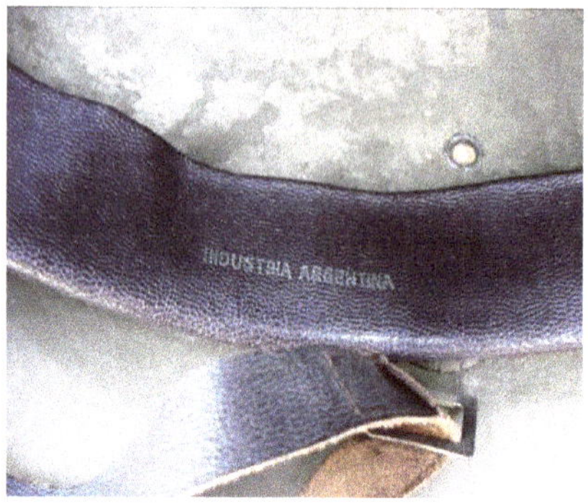

Marquage *Industria Argentina* *(collection E. Krapovickas)*

A l'intérieur de la bombe, on trouve souvent une étiquette de papier portant la mention *Ejercito argentino* (Armée Argentine) et en dessous, sur une étiquette plus petite, l'indication *Industria argentina.*

Ces casques sont peints de couleur vert-olive satiné et portent sur le côté droit la cocarde circulaire nationale. Celle-ci a réglementairement un diamètre de 45 mm avec une bande de 7 mm et un cercle intérieur de 18 mm. À dater de l'adoption de l'uniforme *marron terroso* (marron terre), ces casques furent repeints en marron-vert.

M38 marron terre *(marron terroso) (collection E. Krapovickas)*

Lors des exercices et des manœuvres, un bandeau de couleur, enserrant le bas de la bombe, identifiait l'ennemi; un bandeau blanc signalait les arbitres. Ultérieurement le bleu désigna les argentins et le rouge *(Colorado)* l'ennemi en conformité avec le langage militaire.

Les casques du *Regimiento Motorizado Buenos Aires* étaient peints en gris verdâtre semblable à celui des Allemands. Ce régiment faisait partie de la défense du Palais du Gouvernement pendant les événements révolutionnaires visant à renverser le président Perón.

Bandeau de manoeuvre *(collection E. Krapovickas)*

Casque du "*Regimiento Motorizado Buenos Aires*" *(collection E. Krapovickas)*

Ce type de casque fut utilisé en Argentine jusqu'à son abandon officiel au profit du US M1 en 1961. Certains de ces casques, peints en bleu ciel, furent néanmoins brièvement réutilisés par la police de la province de Buenos Aires.

Officiers du *Regimiento Motorizado Buenos Aires (collection E. Krapovickas)*

Police de la province de Buenos Aires avec M38 bleu ciel *(droits réservés)*

Officiers et soldats munis du nouveau casque de liège *(collection E. Krapovickas)*

Un nouveau casque de liège

Le règlement de 1947 présente un nouveau modèle de casque qui fut utilisé à partir des années 1940. Sa fabrication est analogue à celle des modèles antérieurs, à cette différence près qu'il comporte une nuquière plus courte, destinée apparemment à faciliter le tir en position couchée.

Il est fabriqué en gabardine de coton imperméabilisée et teinte de couleur marron. Sa jugulaire et le bandeau de coiffe sont en cuir marron. Deux orifices de ventilation latéraux en métal se rencontrent sur certains exemplaires examinés.

Autre particularité de ce modèle, l'emblème national est métallique et contrairement au modèle antérieur, utilisé dans les années 1930, qui était en cuivre doré, il est désormais en métal bleu foncé. Le Collège Militaire porte la cocarde dans sa patrie supérieure et, en dessous de celle-ci l'emblème du collège sur un fond rouge.

À l'intérieur du casque, on trouve des étiquettes marquées *Ejercito argentino et Industria argentina.*

Casque du Collège Militaire *(collection E. Krapovickas)*

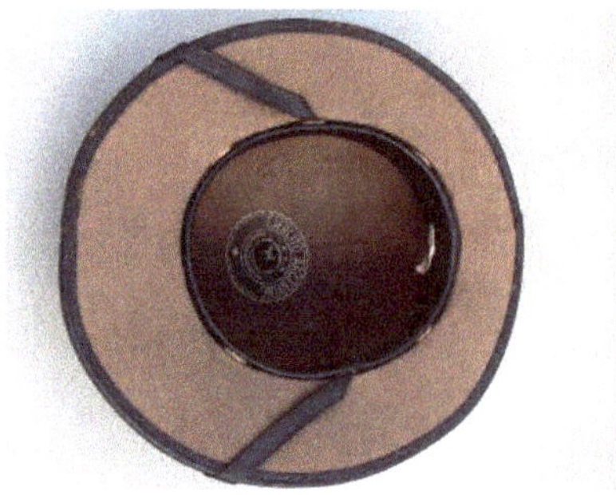

Modèle d'officier *(collection E. Krapovickas)*

Marquage Armée argentine *(collection E. Krapovickas)*

À côté de ce modèle, certains autres casques sont utilisés en petite quantité. C'est le cas notamment de modèles en carton analogues à ceux fabriqués par la société Hawley pour l'infanterie de marine des États-Unis et du modèle dénommé *Tropical Norteño* (tropical septentrional).

Modèle revêtu de serge *(collection E. Krapovickas)*

Modèle en carton *(collection E. Krapovickas)*

Modèle en fibre végétale *(collection E. Krapovickas)*

Modèle *Tropical Norteño*
(collection E. Krapovickas)

Le sous-casque M51 français

Avec la chute du général Perón en septembre 1955 et le début de la *Revolución Libertadora* (Révolution libératrice), les militaires argentins se mettent en quête d'un fournisseur d'équipements militaires, autre que les États-Unis. C'est dans ce contexte qu'un accord est signé avec Paris et, qu'en 1957, une mission militaire française arrive à l'Ecole de Guerre de Buenos Aires. Rapidement, les industriels français commencent à prospecter le marché argentin et proposent un modèle de casque.

Le matériau de base utilisé pour la fabrication de ce casque était probablement du *Rilsan*, une fibre polyamide d'origine végétale, employée pour la fabrication de certains sous-casques et des casques de tankistes utilisés par l'armée française, mais l'épaisseur des modèles expédiés en Argentine était manifestement moindre que celle des modèles d'origine. Ces casques ne portent pas de mention de fabricant et leur seul marquage est la lettre « C » moulée dans le fond de la bombe. En raison de la fragilité du matériau utilisé qui, en vieillissant devient cassant comme le verre, on peut supposer que ces casques ont été fabriqués en France, soit par la société Bahrmann & Cie, soit par la firme INAPO, dont les sous-casques présentent précisément le même défaut.

Il s'ensuit une commande expérimentale d'une petite quantité de sous-casques du modèle 51. Ceux-ci étaient peut être destinés à remplacer le *Casco de Fieltro* vieillissant avec, en arrière plan, l'idée d'en finir avec le style germanique. Distribués à divers régiments, ces casques se révélèrent vite terriblement fragiles. Le personnel militaire de l'époque note que durant les manœuvres, la majorité de ceux-ci terminaient endommagés. Dans ces conditions, la décision fut prise de ne pas effectuer de nouvelle commande au fabricant.

La coiffe de ces casques est similaire à celle du US M1 de la Seconde Guerre mondiale, la différence la plus notable résidant dans le fait que la bande de nuque n'est pas démontable comme sur le modèle américain.

Sous-casque M51 argentin
(collection E. Krapovickas)

M51 Intérieur
(clichés E. Krapovickas)

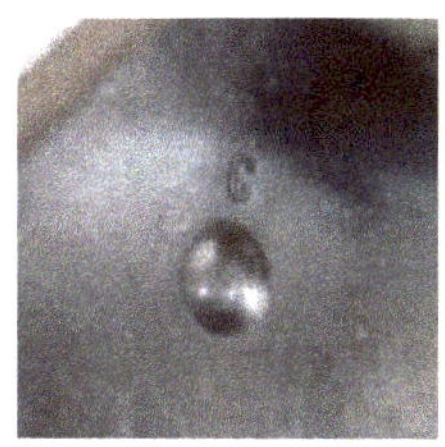

Marquage "C" au fond de la bombe

Ce modèle, identifié en France comme sous-casque Type 2 fut fabriqué entre 1953 et 1960. Le modèle exporté en Argentine se différencie de son homologue français par les rivets de fixation de la coiffe qui ont la même forme à l'intérieur et à l'extérieur.

En raison de sa fragilité, ce casque, devenu rare, est recherché par les collectionneurs.

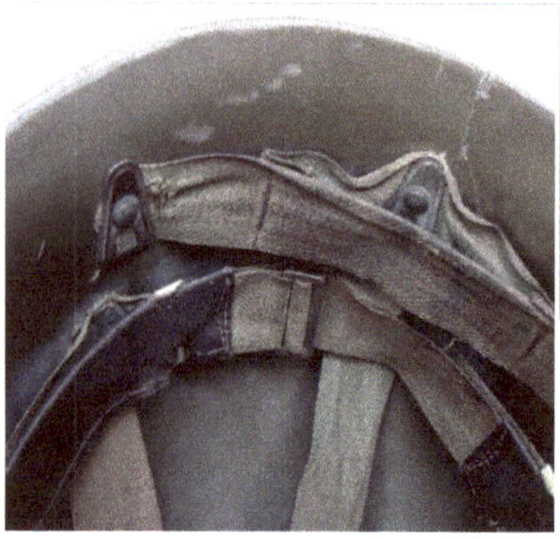

Bande pour la nuque Type 2

Rivets de fixation *(clichés E. Krapovickas)*

Troupe d'artillerie munie de sous-casques M51, 1961 *(photo journal La Nación)*

L'adoption du US M1 par les forces armées argentines

En 1947, l'Argentine signe à Rio de Janeiro, son adhésion au Traité Interaméricain d'Assistance Mutuelle. En vertu de ce traité, toute attaque d'un pays signataire par une puissance extérieure au sous-continent est considérée comme une agression contre l'ensemble des États membres. L'Amérique latine se trouve à partir de ce moment impliquée dans la guerre froide.

En 1951, le Congrès des États-Unis adopte une loi dite de Sécurité mutuelle, ouvrant la voie à une série d'accords bilatéraux, connus sous le nom de Programme d'Assistance Militaire (PAM) en vertu desquels les États signataires s'engageaient à se porter mutuellement secours et à échanger des missions militaires.

Dans le cadre de ce programme, l'Argentine commence à recevoir du matériel militaire fourni par les États-Unis. C'est dans ce contexte que les premiers US M1 arrivent en Argentine. Il s'agissait pour l'essentiel de surplus de la Seconde Guerre mondiale et de la Guerre de Corée. Ces casques furent répartis entre la Marine, l'Armée de l'air et l'Armée de terre, les premiers exemplaires touchés par cette dernière étant attribués aux parachutistes.

Ce programme d'assistance militaire ne fut pas réalisé intégralement en raison de désaccords entre le fournisseur et le gouvernement argentin. Ce dernier entreprit alors la recherche de partenaires européens en vue d'une fabrication sur place. Rapidement l'Armée décida d'entreprendre la fabrication locale de clones du US M1. C'est en 1965 que commença la fabrication des M1, dont la distribution à la troupe intervint à partir de 1966. Dénommé Casque Militaire d'acier type OTAN, il est réalisé pour sa partie métallique par l'entreprise d'État dénommée Fabricaciones Militares et, pour le casque léger en plastique, par diverses entreprises privées argentines.

Il fallut trouver pour sa fabrication, un acier à 12% de manganèse, non-magnétique et estampable à froid. Le bord de ce casque est garni sur tout son pourtour d'un jonc d'acier. Sur certains exemplaires, celui-ci est réalisé en acier au manganèse, sur d'autres, il s'agit d'acier inoxydable. Ce jonc est fixé au casque par trois points de soudure. La jonction entre l'anneau et l'articulation qui maintien la jugulaire est fixée au casque par trois points de soudure. La position de cette articulation distingue les casques argentins de leurs homologues américains dans la mesure où la soudure est réalisée de telle manière que l'articulation ne puisse se plier sur la partie extérieure du casque.

Infanterie argentine aux Malouines, utilisant un M1 recouvert d'une housse de camouflage *(droits réservés)*

La jugulaire, semblable dans l'ensemble à la T1 américaine est en sangle de coton *(Webbing)* de couleur vert-olive. Certains exemplaires sont pourvus d'accessoires d'acier inoxydable peints en noir, mais la majorité de ceux-ci sont en acier bleu foncé mat. Les boucles sont pourvues d'origine d'un dispositif d'arrimage de sécurité.

Le M1 produit par les Fabricaciones Militares est peint en vert-olive et sur sa face externe, revêtu d'un agrégat de sable de silice pour éviter les reflets. Les sous-casques étaient fabriqués par des entreprises indépendantes de l'entreprise d'État, la principale d'entre-elles étant la société Rister qui fabriquait à la fois les sous-casques et les coiffes correspondantes. Il existait aussi d'autres fabricants comme Crifo & Lentino, qui ne fabriquaient que les sous-casques, confiant la fabrication de la coiffe à des sous-traitants.

Casque M1 et sous-casque du premier modèle *(collection E. Krapovickas)*

On distingue au moins trois types de sous-casques en fonction des matériaux utilisés pour leur fabrication.

Le premier, qui est aussi le plus ancien, est celui composé de tissus de fibres de coton et de résine polyester. C'est le plus léger (370 g) et son épaisseur varie de 1,5 à 1,7 mm. Sa fabrication est très soignée et, afin de soutenir la coiffe de type *Cradle*, il est équipé de rivets de cuivre noirci de forme arrondie et ses accessoire sont fabriqués en feuille d'acier bleu foncé, alors que la coiffe ainsi que le support de nuque sont réalisés à base de rubans de coton de couleur vert-olive, la bande d'ajustement à la tête du porteur étant en cuir.

Le second type, fabriqué avec du tissus de fibre de verre et laminé au moyen de résine polyester est le plus lourd (470 g) et d'une épaisseur variant entre 2,4 et 2,8 mm. D'une fabrication moins soignée que le premier modèle, ce casque comporte des rivets de fixation de coiffe à tête plate. C'est le modèle qui fut fabriqué en plus grande quantité.

Casque M1 et sous casque du second modèle *(collection E. Krapovickas)*

Le troisième type de sous-casque est fabriqué à base d'un voile de fibre de verre et de résine polyester et pèse 400 g.

Ces deux derniers modèles comportent des accessoires d'acier inoxydable peints en noir et, chez certains d'entre-eux, la bande de cuir d'ajustement au crâne de l'utilisateur porte l'indication Fabricaciónes Militares.

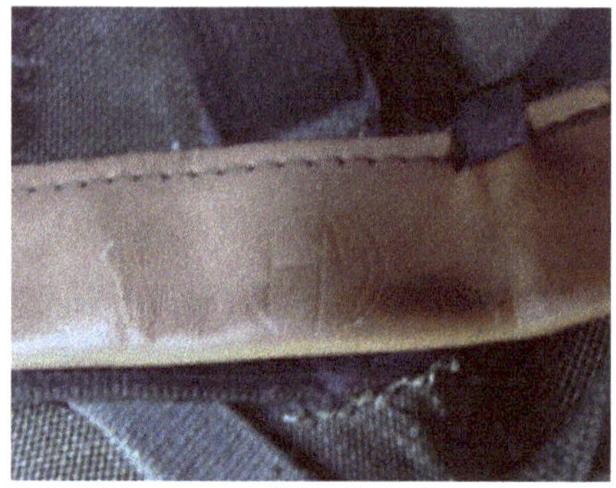

Marquage *"FM" (collection E. Krapovickas)*

La Police Militaire utilisait le casque M1 peint en blanc avec les lettres *PM* de couleur noire, et les lettres blanches sur les casques verts. La Croix rouge faisait figurer son emblème sur un rond blanc, alors que les troupes argentines des Nations Unies utilisaient un casque bleu ciel, orné des lettres UN en blanc.

Les M1 devenus obsolètes, et, pour des raisons de coût, furent finalement recyclés dans les arsenaux de l'armée.

Casque M1 et sous-casque du troisième modèle *(collection E. Krapovickas)*

Casques M1 Police militaire *(collection E. Krapovickas)*

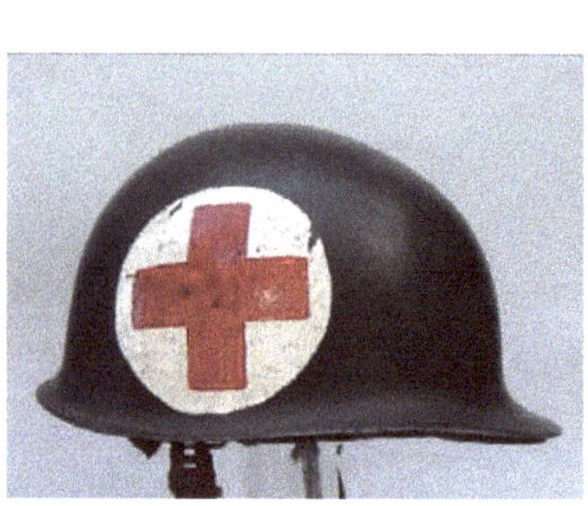

Croix rouge *(collection E. Krapovickas)*

Nations Unies *(collection E. Krapovickas)*

ARMES SPÉCIALES
Casques de parachutistes

Parachutistes munis de casques pour saut de combat *(collection E. Krapovickas)*

L'Argentine a une riche histoire en matière de casques de saut pour parachutistes.

C'est le 11 octobre 1943 que vit le jour, au sein de l'Armée, l'École des troupes aéroportées, dans le cadre de l'École d'infanterie du *Campo de Mayo* (Champ de mars) de Buenos Aires.

Dès 1942, le personnel intéressé avait été informé de recherches en cours en vue de la création d'unités de parachutistes au sein de l'infanterie de l'air. En mai 1944, l'unité est transférée à la *Garnison Cordoba* de l'Institut Aéronautique et, le 30 novembre suivant, le premier saut de parachutistes est effectué par 9 officiers et sous-officiers, faisant de l'Argentine un pays pionnier en la matière. Ces premiers sauts sont réalisés à partir d'appareils Ae.M.B.2 *Bombi* de fabrication locale ainsi que de *Junkers* Ju.52.

Les parachutistes utilisaient alors comme casque de saut le modèle de cuir des forces aéronautiques dénommé *Casco Abrigo*. Il s'agissait en l'occurrence d'un bonnet de cuir brun revêtu intérieurement de cuir ou de peau de chamois, dotée d'une jugulaire avec mentonnière et de deux oreillettes de cuir fixées avec un bouton-pression afin de permettre une bonne audition.

Casque ETA M1944 et sa coiffe *(collection E. Krapovickas)*

Par la suite, l'élaboration d'un casque spécial de saut fut décidée et c'est alors le M41 italien qui servit de modèle. Le projet fut réalisé par la Fabrica Militar de Equipos (ex Arsenal Estéban de Luca) qui réalisa également la partie métallique du casque. La fabrication de la coiffe fut confiée à des entreprises privées.

La bombe, de forme semi-hémisphérique, est fabriquée à base de feuilles de fer de 1 mm d'épaisseur. La coiffe est assujettie par 12 boutons pression, ce qui permet de la retirer pour la changer ou la nettoyer. Celle-ci est composée de coussinets et d'une croix de mousse de caoutchouc revêtue de toile.

La bombe est pourvue d'une protection frontale de cuir fixée à celle-ci par 5 rivets. La jugulaire de cuir a la forme d'un *V*, et est dotée de deux boucles de réglage pour assurer une mentonnière de cuir doublée de toile verte. Une autre courroie de cuir passe dans un anneau dans la partie postérieure du casque et vient rejoindre la courroie de la mentonnière.

Ce casque est peint de couleur vert sombre et porte sur son côté droit la cocarde réglementaire. Les modèles de la Police militaire sont peints en blanc avec les lettres *PM* en noir. Aucun couvre casque camouflé particulier ne fut fabriqué pour ce casque, mais il portait un filet pour camouflage.

Ce type de casque, adapté à son usage de casque de saut, n'offrait aucune protection balistique. Conjointement avec le couteau "Incufi" et les protections des doigts et des chevilles, ce casque contribua à distinguer la silhouette du parachutiste argentin.

Casque ETA avec filet de camouflage *(collection E. Krapovickas)*

Le modèle ETA d'entrainement au saut

Après 1947, on constate l'adoption, pour les sauts d'entrainement, d'un modèle original de casque assez similaire au casque britannique *Rubber Bungy*. Celui-ci était fabriqué en toile de coton satinée de couleur beige. Ce casque comportait quatre languettes de toile prolongeant la coiffe de chaque côté de manière à bien couvrir les oreilles. Chaque prolongation portait à son extrémité deux boucles nickelées de 20 mm où venait se fixer une mentonnière de toile avec trois trous de chaque côté. Sur tout le pourtour du casque est fixé un cercle de gomme éponge revêtu de toile de coton de 3,5 cm d'épaisseur pour 7 cm de hauteur.

Parachutistes munis de casques d'entrainement au saut *(collection E. Krapovickas)*

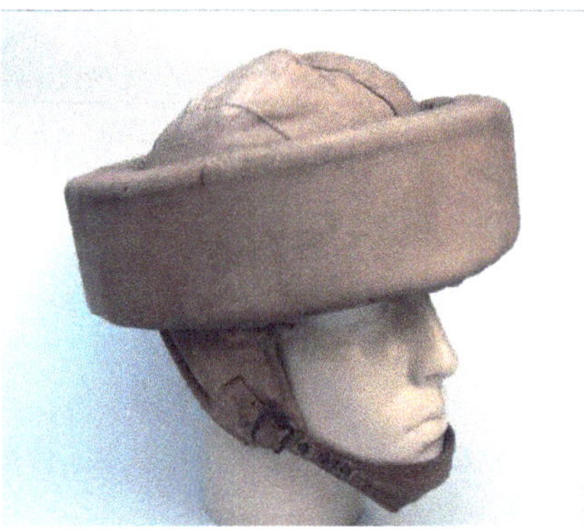

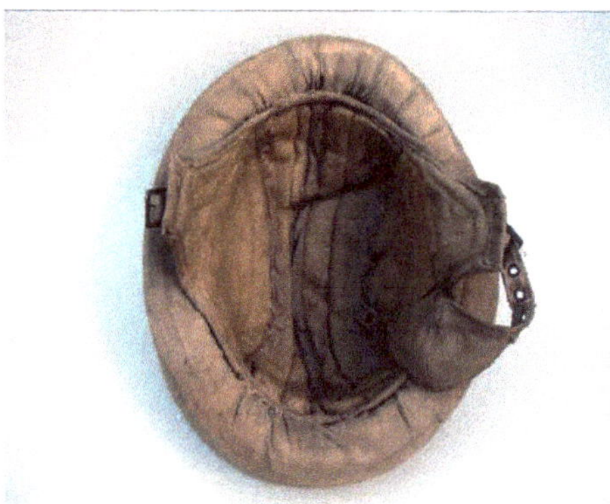

Modèle à bord droit *(collection E. Krapovickas)*

Il existe deux versions de ce casque, la différence résidant dans la forme de l'anneau de caoutchouc. Ce casque demeura en usage jusqu'au années 1970.

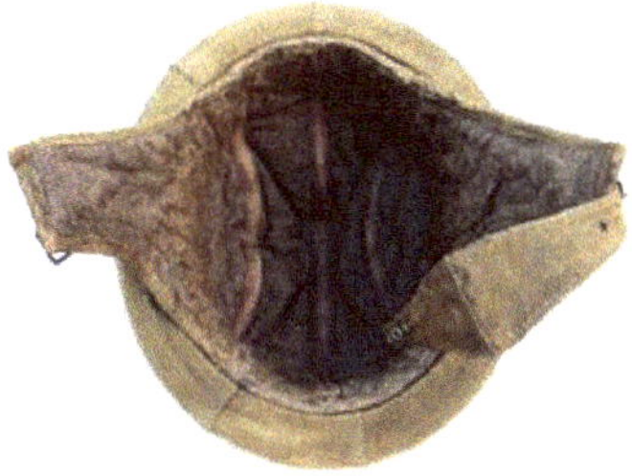

Modèle à bord arrondi
(collection E. Krapovickas)

Casque militaire type OTAN modèle M2 *(collection E. Krapovickas)*

Le Casque M2

Le M2 qui lui succéda, était basé sur le Casque militaire d'acier type OTAN. Ce casque ne diffère du US M1 que par la présence de courroies en forme de "V" renversé pourvues en leur milieu de boucles métalliques bleu sombre, auxquelles vient se fixer une mentonnière comportant quatre trous de chaque côté.

Confectionnées en ruban de coton vert, celles-ci sont fixées au casque, pour les deux premiers modèles, par des rivets de cuivre noirci et, pour les modèles suivants, par des rivets de cuivre.

On rencontre deux formes de fixation des courroies au sous-casque, l'une par les mêmes rivets que sur la coiffe de type M1-C de la Seconde Guerre mondiale, l'autre par des rivets indépendants de la coiffe.

La jugulaire du casque M2 est la même que celle du M1 sauf la prolongation de la courroie dotée d'un bouton pression destiné à assujettir le sous-casque au casque d'acier.

Intérieur du M2

Rivets indépendants
de la coiffe

Filets et couvre-casques mimétiques utilisés par l'armée

Le premier élément de camouflage utilisé pour les casques argentins fut le bandeau de manœuvres appliquée au casque M18 et destinée à recevoir des feuillages masquant la silhouette du casque.

Ultérieurement fut introduit un filet réglementaire dont l'usage débuta avec le M18 suisse, se poursuivit avec les modèles ETA M44 de parachutistes, le premier casque de tankiste et finalement avec les modèles M1 et M2. La caractéristique de ces filets est que leur construction part d'un cordon circulaire situé en son centre et se termine à la périphérie par un autre cordon destiné à s'ajuster aux bords du casque. Ceux ci existent en couleurs crues et en diverses nuances du vert-olive.

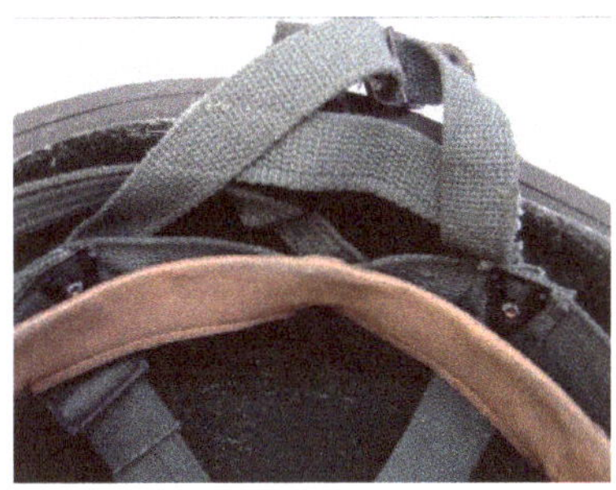

Rivets fixés sur la coiffe
(collection E. Krapovickas)

Soldats coiffés de casques M18 avec le bandeau pour recevoir les feuillages *(droits réservés)*

Filets réglementaires de l'armée *(collection E. Krapovickas)*

Casque muni du couvre-casque avec élastique

Couvre-casque avec élastique

Couvre-casque d'infanterie de marine utilisé par l'armée aux Malouines *(collection E. Krapovickas)*

C'est à la fin des années 1970 que des couvre-casques de toile de camouflage commencèrent à être utilisés, en liaison avec les premiers uniformes camouflés de type commando. Dans les années 1980, leur usage fut généralisé à l'ensemble de l'Armée. Lors de la guerre des Malouines, l'armée utilisa une quantité significative de couvre-casques, dont les premiers étaient fabriqués avec des chutes de toile. Ils s'ajustaient au casque à l'aide d'un élastique et ne comportaient pas de coutures permettant leur adaptation à la forme de la bombe, mais présentaient au contraire un certain nombre de plis. Le modèle de toile utilisé était un camouflage végétal (forêt-bois) dérivé de l'*ERDL* américain et ne comportait pas d'oeuillets destinés à permettre la fixation d'un camouflage végétal.

L'armée utilisa aussi, en petites quantités, un couvre-casque de l'infanterie de marine, comportant 16 orifices destinés à recevoir les branchages et six languettes destinées à l'attacher a la bombe et ou casque léger. Ce modèle était confectionné dans le même camouflage *ERDL* que les modèles évoqués ci-dessus et la construction de ce couvre-casque était analogue à celle du modèle américain.

Pendant la guerre, certaines compagnies du régiment d'infanterie mécanisée RI 25 et la Compagnie N° 9 du Génie étaient dotées des couvres-casques Mitchell *Leaf Pattern* d'origine américaine, provenant manifestement d'une maison privée de surplus américains de Buenos Aires.

Troupe du Régiment du Génie 9 à l'aéroport de Puerto Argentino *(droits réservés)*

Couvre-casque Mitchell utilisé par le RI 25 *(collection E. Krapovickas)*

De même on note l'usage, à une échelle inconnue, de couvres-casques fabriqués dans les ateliers des régiments avec des chutes de toile provenant de la fabrication des uniformes camouflés de différents modèles.

On observe également l'usage réglementaire comme couvres-casques, de la capuche de la veste verte d'uniforme de combat, fixée au casque par une bande de caoutchouc provenant des chambres à air de véhicules militaires.

Capuche de la veste portée comme couvre-casque *(collection E. Krapovickas)*

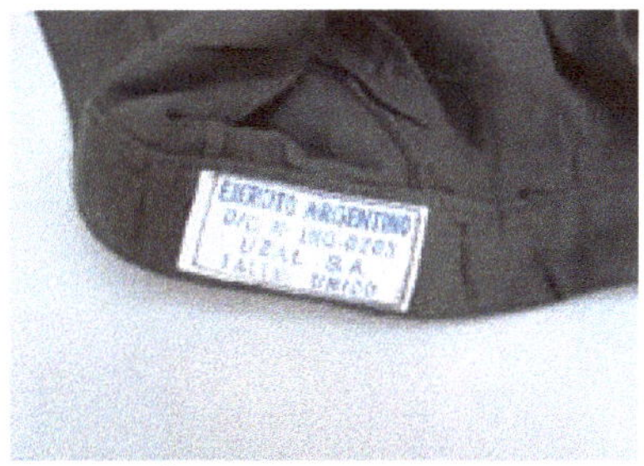

Capuche d'uniforme de combat Étiquette de l'armée *(collection E. Krapovickas)*

Complément indissociable des casques utilisés aux Malouines, les lunettes et les paquets de médicaments. Celles utilisées par l'armée étaient d'origine francaise et pourvues de lentilles *Sansbuée* et comportaient trois filtres de couleur interchangeables, respectivement gris, jaune et translucides, et d'origine argentine Fravida pourvus de filtres translucides, rouges, jaunes et verts.

Troupe du R.I. 25 avec lunettes Fravida aux Malouines *(droits réservés)*

Ces lunettes se portaient sur le casque et comportaient un support pour le paquet sanitaire. Pour l'armée, on rencontre deux modèles de paquets sanitaires, l'un est emballé de toile verte et comporte une étiquette de papier, l'autre à un emballage nylon blanc avec des inscriptions sur fond azur. Ces paquets comportent le nécessaire pour donner les premiers soins.

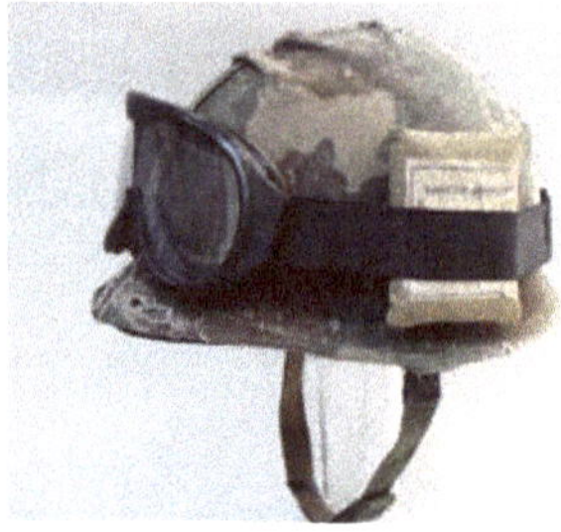

Configuration typique des Malouines

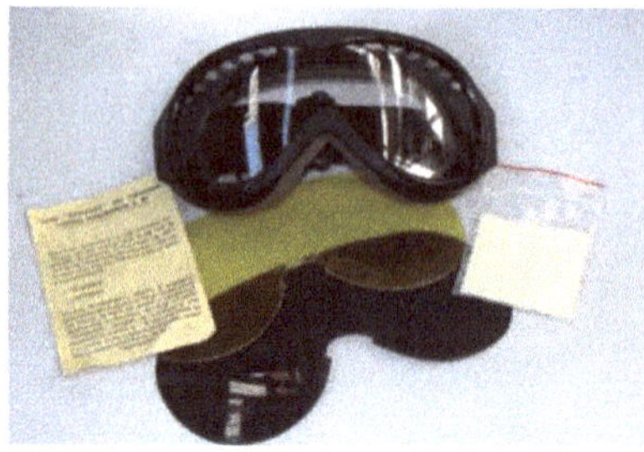

Lunettes francaises (*collection E. Krapovickas)*

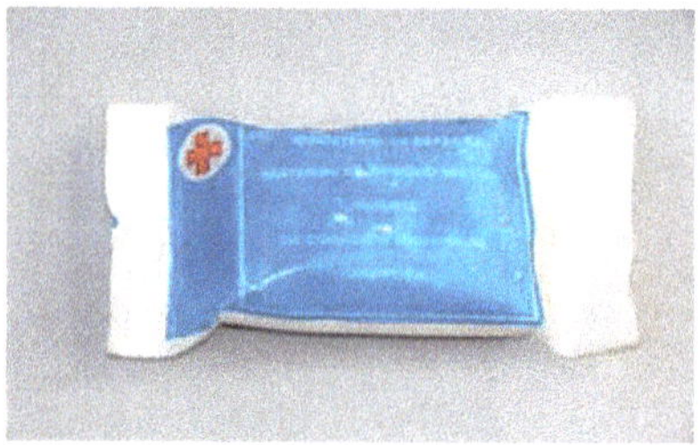

Paquet sanitaire en nylon

Paquet sanitaire en toile verte *(collection E. Krapovickas)*

La guerre terminée, trois types de camouflages devinrent réglementaires: le *Woodland* de type américain, le patagonien, adapté aux zones désertiques et le blanc pour les troupes de montagne. Ces camouflages mimétiques étaient fabriqués en Argentine par la société Monsil SRL au moyen de toiles de fabrication nationale, à l'exception d'un modèle réalisé avec de la toile d'origine chinoise.

Aujourd'hui, on utilise un couvre-casque de toile verte, ceux en toile camouflée étant désormais réservés à certaines troupes particulières.

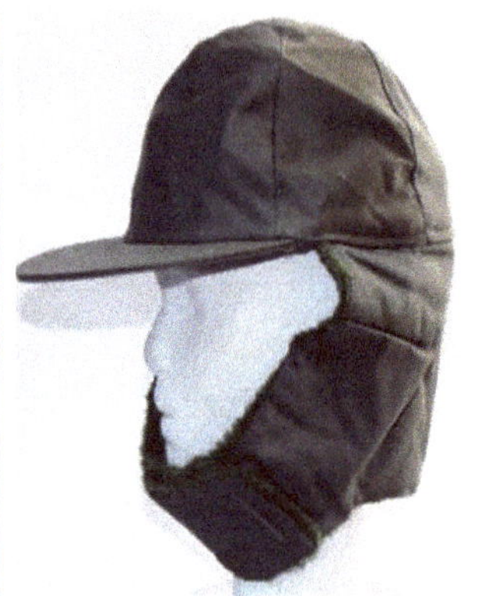

Casquettes appelées *chavo* portée sous le casque M1 par les troupes aux Malouines *(droits réservés* et *collection E. Krapovickas)*

Soldats d'infanterie argentins munis de casques avec couvre-casques *Woodland* argentin *(cliché Armée argentine)*

Woodland (collection E. Krapovickas)

Patagonien *(collection E. Krapovickas)*

Toile chinoise
(collection E. Krapovickas)

Étiquette de l'armée
(collection E. Krapovickas)

Toile d'uniforme

Nombre de camouflages étaient aussi fabriqués dans les ateliers des régiments à l'aide de toiles d'uniformes, ce qui explique la variété des modèles, même si la plupart de ceux-ci sont de type forêt-bois.

Le Modèle RBH-303

En 1997, un appel d'offre international fut lancé en vue de l'acquisition de 1250 casques fabriqués en plastique balistique, à l'issue duquel la Société Rabintex Industries fut sélectionnée. Dénommé Casque d'infanterie RHB-303, ce casque de *Kevlar* est de type PASGT. D'un poids de 1,5 kg, il offre une protection balistique de C50 640 m/*seg*.

Il est doté d'une coiffe similaire à celle du M1 des Fabricaciones Militares et est fabriqué à partir de matériaux d'un haut niveau d'élasticité, afin d'absorber les chocs durant les sauts en parachute et autres manœuvres violentes. Sa jugulaire est réglable et dotée d'agrafes de plastique.

La couleur extérieure de la bombe est vert-olive mat et celle-ci est revêtue d'un agrégat de poussière de silice appliquée sur la seconde couche de peinture pour éviter les reflets.

Ces modèles furent distribués aux compagnies de commandos 601 et 602 ainsi qu'au Bataillon d'assaut 601.

Casque Rabintex RBH-303
(collection E. Krapovickas)

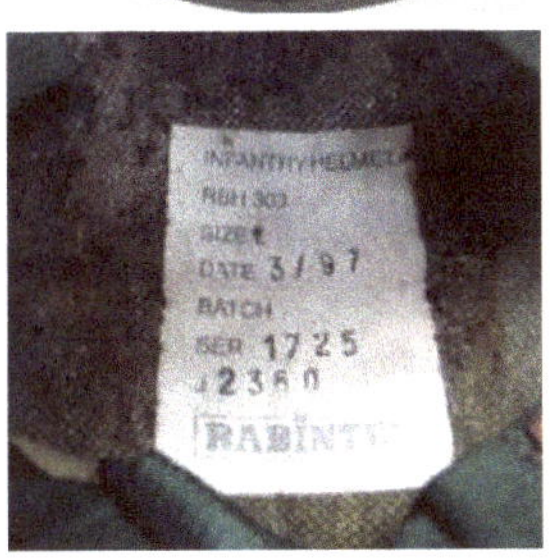

Étiquette de fabricant
(cliché Armée argentine)

Bataillon d'Assaut Aérien 601
(cliché Armée argentine)

Casques de tankistes

C'est en 1937 que l'Argentine achète au Royaume-Uni les premiers chars Vickers-Carden Lloyd Modèle 1934 qui prendront en Argentine la dénomination de tanks légers Vickers Modèle 1938. Les uniformes de ces premiers tankistes ne se distinguaient pas de ceux des troupes d'infanterie; en particulier, ces équipages utilisaient les mêmes couvre-chefs que celles-ci, des bérets, un casque de matière synthétique *(Casco de fibra)*, le M18 et, dans les provinces chaudes du Nord, le casque tropical.

Durant la Seconde Guerre mondiale, l'Argentine éprouva de sérieuses difficultés d'approvisionnement, ses fournisseurs européens étant pris dans la tourmente du conflit. Au début, les États-Unis refusèrent de leur côté de fournir l'Argentine, le pays n'ayant pas déclaré la guerre à l'Axe.

Ce n'est qu'en 1942 que fut créée par une loi une Direction Générale des Fabrications Militaires. Une fois mise en place, celle-ci entreprit énergiquement de stimuler la modernisation des établissements publics s'occupant de fabrications militaires afin d'assurer un équipement adéquat des forces armées du pays. Le lieutenant-colonel Alfredo Baisi fut notamment nommé pour établir le projet d'un char d'assaut de fabrication entièrement nationale. Ce projet ayant été mené à bien, ce char, d'un poids de 35 tonnes, reçut la dénomination *Tank Nahuel Modele Baisi 1943.*

C'est par la suite, le même Baisi qui créa l'uniforme de tankiste correspondant et il est vraisemblable que c'est à lui également que l'on doit le premier casque national de blindés. Ce casque d'aluminium à une forme semi-sphérique et comporte une bordure de caoutchouc revêtue de cuir, à la manière du modèle *Daughnut* utilisé par les Américains avant-guerre.

Tanks légers Vickers Modèle 1938
(collection E. Krapovickas)

Tank *Nahuel* Modèle 1943
(droits réservés)

Casque avec bordure modifiée
(collection E. Krapovickas)

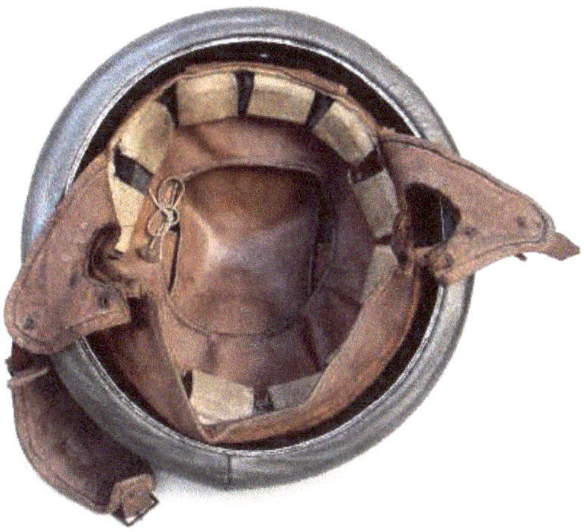

Casque de tankiste argentin et son intérieur *(collection E. Krapovickas)*

La bombe d'aluminium de 1,5 cm d'épaisseur est pourvue de 12 trous de 10 mm de diamètre destinés à la ventilation. La coiffe de cuir repose sur un bandeau supportant 12 coussinets de caoutchouc mousse revêtus de toile de couleur claire faisant le tour du périmètre intérieur de la coiffe. Un couvre-nuque de cuir, muni d'un support réglable, pour adapter les écouteurs téléphoniques et une jugulaire de cuir à mentonnière, pourvue de deux boucles de réglage, complètent ce casque d'allure très originale. L'ensemble de la coiffe est fixé à la bombe au moyen de 12 boutons-pression permettant de retirer celle-ci pour la nettoyer ou la réparer. Au fond de la bombe, on trouve l'inscription *Industria Argentina*, laquelle figure également parfois sur le cuir de la coiffe. La couleur de ce casque a varié avec le temps, les premiers exemplaires livrés étaient peints en vert sombre et s'ornaient de la cocarde réglementaire de 45 mm de diamètre.

Ces casques furent encore utilisés ultérieurement avec les chars Sherman jusque dans les années 1970.

En 1977, on assiste au début d'une crise avec le Chili au sujet du canal du Beagle. L'armée se préoccupe alors de la modernisation de ses 120 chars Sherman, lesquels sont dotés d'un nouveau canon de 105 mm et d'une motorisation diesel. Au nombre des autres modifications secondaires, il faut mentionner l'amélioration de l'équipement radio qui, pour l'essentiel, était encore des matériels britanniques WS-19 datant de la Seconde Guerre mondiale. Ceux-ci furent alors remplacés par des matériels Philips et un système d'intercommunication d'origine nationale qui offrait également un boitier de poitrine pour chaque homme d'équipage permettant la connexion des oreillettes d'audition et du micro avec un nouveau modèle de casque de tankiste.

Ce casque est fabriqué en cuir de couleur noire sur sa face externe et, de grosse toile de couleur claire pour la doublure intérieure. De chaque côté du casque, deux demi-cercles rembourrés servent de protection anti-chocs. Sur le devant et à l'arrière du casque, on trouve deux orifices de ventilation et, de chaque côté, trois groupes de cinq perforations plus petites. À l'arrière du casque, deux languettes de cuir pourvues de boutons-pression sont destinées à assujettir les lunettes.

L'équipement de communication consiste en deux auriculaires de marque Lea et d'un laryngophone Ingetec AL-36, tous deux de fabrication argentine ainsi que du matériel T30 américain. Il existe deux

modèles de ce casque qui se ressemblent beaucoup. Ce qui les distingue est la manière de fixer les auriculaires; dans un cas par une vis et un écrou de cuivre noirci et dans l'autre par des boutons-pression. Ce dernier modèle comporte en outre deux rubans de toile de couleur grise, munis de *Velcro* pour ajuster les auriculaires aux oreilles du porteur. On observe que, dans aucun de ces modèles, on ne trouve d'étiquette de fabricant ni d'identification du modèle.

Tankistes de char léger AMX-13 portant des casques de cuir 2° modèle *(droits réservés)*

Ces casques, qui seront également utilisés avec les chars légers AMX-13, clones du modèle de tankiste belge des années 1970, étaient intégralement fabriqués en Argentine.

En 1977, l'Argentine procède à l'acquisition de véhicules blindés Panhard AMX-13 d'origine française, et, pour l'usage de ces véhicules, elle reçoit des sous-casques Radio Char modèles 1965.

Tankistes du Détachement explorateur blindé 181 prêt à partir pour les Malouines *(droits réservés)*

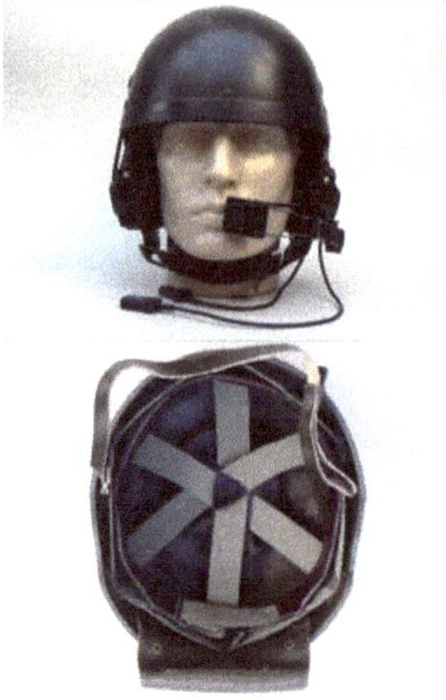

Casque Radio Char modèle 1965 et sa coiffe *(collection E. Krapovickas)*

Ces casques, livrés sans le casque métallique M51, ne comportent ni marque de fabricant, ni code permettant d'identifier le matériau utilisé pour leur fabrication. Le seul marquage que l'on peut observer est le sigle *G.C.I.E.*, correspondant à un fabricant de matériel d'équipement de communication. Ce casque, identique, à celui utilisé par l'armée française, est peint d'origine de couleur verte.

Casques du 1° Modèle et 2° Modèle *(collection E. Krapovickas)*

1980 marque le début de la réception par l'Armée des premiers chars modernes d'origine nationale fabriqués par la société Tamse. Les équipages de ces véhicules sont initialement dotés de bérets de couleur noire.

Casque DH-132 de l'armée argentine
(collection E. Krapovickas)

Après le remplacement du matériel d'intercommunication allemand par le AM-1780 (VIC1) d'origine américaine, débuta l'utilisation de casques DH-132 peints extérieurement de couleur verte. Ces casques ne portent pas d'étiquette indiquant leur fabricant.

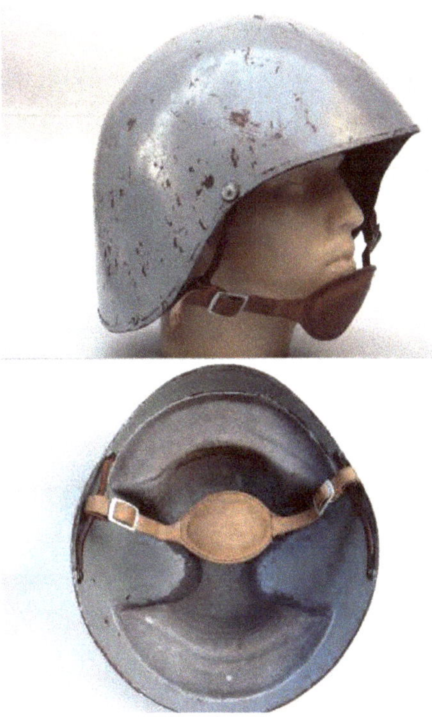

Casque Mk-II *Telephone Talker (collection E. Krapovickas)*

Casques utilisés par la marine de guerre

Comme avant elle l'Armée, dans le cadre des accords de collaboration militaire, la Marine achète divers équipements aux États Unis et notamment des navires provenant des surplus de guerre. Ces navires sont livrés complètement équipés et comportent notamment un certain nombre de casques M1 et Mk-II *Telephone Talker*.

Les premier M1 de marine utilisés en Argentine étaient, dans ces conditions, des modèles datant de la Seconde Guerre mondiale. Ensuite apparurent des surplus de la Guerre de Corée et finalement des modèles des années soixante pourvus de coiffes de *Nylon*.

US M1 de la marine argentine
(collection E. Krapovickas)

Les casques utilisés par le personnel embarqué, initialement peints de la couleur bleu azur de l'US *Navy*, furent repeints en couleur gris-clair argentine, les casques d'infanterie de marine conservant, eux, leur couleur verte d'origine.

À cette époque, l'infanterie de marine arborait, sur le côté droit de ses casques, une décalcomanie représentant une cocarde bleu-blanc-bleu avec un soleil en son centre, frappé d'une ancre de marine, tous deux de couleur jaune.

Casque US M1 de la marine avec sous-casque de nylon *(collection E. Krapovickas)*

M1 de fabrication US avec cocarde en décalcomanie d'infanterie de marine, US Westinghouse *(collection E. Krapovickas)*

Casque US M1 à pattes fixes portant l'insigne peint de l'infanterie de marine *(collection E. Krapovickas)*

L'insigne peint

Police Militaire *(collection E. Krapovickas)*

Sous-casque "CAPAC"

Les casques de la Police Militaire étaient, quant à eux, peints en blanc avec les lettres *PM* en noir et avec une bande noire entourant la base de la bombe, alors que ceux des services sanitaires embarqués étaient blancs frappés d'une croix rouge pouvant se trouver au sommet ou sur le devant du casque. Quant à ceux de l'infanterie de marine, ils portaient le traditionnel rond blanc orné de la croix rouge.

Services sanitaires

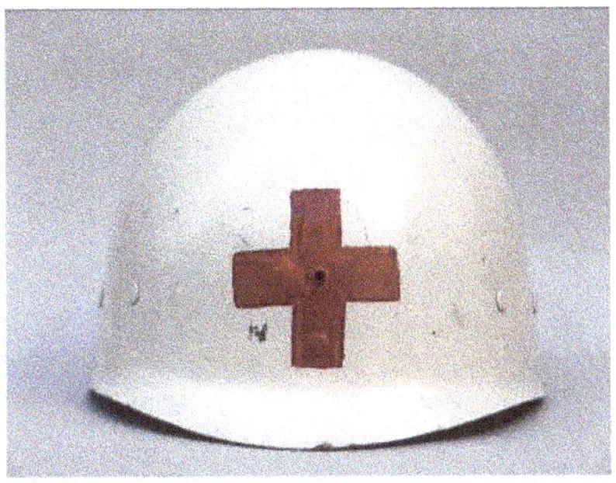

Service sanitaire

Service sanitaire d'infanterie de marine (*collection E. Krapovickas)*

Casque CVC de l'infanterie de marine (*collection E. Krapovickas)*

Au cours du temps et en fonction des besoins, ces casques furent réparés dans les ateliers de la marine, la coiffe se trouvant ainsi remplacée par une nouvelle garniture fabriquée à base de matériaux de qualité très ordinaires, la jugulaire s'articulant à la charnière du casque avec des rivets de cuivre.

Au cours des années 1970, la Marine commença à utiliser des casques produits par les Fabricaciones Militares et, pour l'infanterie de marine on fit l'acquisition de modèles M2 avec une jugulaire de type parachutistes.

Lors du débarquement aux Malouines, l'infanterie de marine utilisa des véhicules amphibie LVTP et LARC dont les équipages étaient dotés de casques CVC d'origine américaine.

Aujourd'hui, c'est le modèle PASGT qui est couramment utilisé, revêtu d'un camouflage type *Woodland*. On rencontre aussi chez les équipages des véhicules Panhard VCR et ERC 90 de l'Infanterie de marine des casques 1965 Radio Char d'origine française.

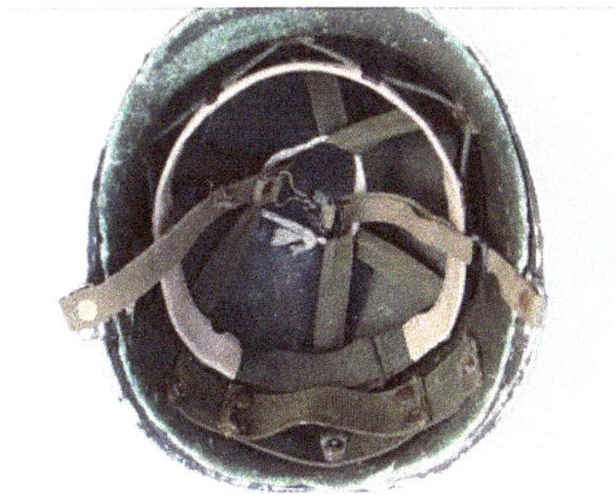

Casques réparés dans les ateliers de la marine *(collection E. Krapovickas)*

Casque produit par les Fabricaciones Militares et l'intérieur du casque *FM* *(collection E. Krapovickas)*

Casque PASGT de l'infanterie de marine *(collection E. Krapovickas)*

Filets et couvres-casques mimétiques utilisés par l'infanterie de marine

Dans les années 1950 l'infanterie de marine utilisait un couvre-casque selon un modèle de camouflage utilisé par le US *Marine Corps* dans la zone Pacifique. Celui-ci fut rapidement abandonné au profit d'un filet semblable à celui utilisé par l'armée.

L'utilisation de ce filet se poursuivit jusqu'à la fin de la guerre des Malouines.

Infanterie de marine
(*droits réservés*)

Casque M1 d'un capitaine de navire d'infanterie de marine muni du filet (*collection E. Krapovickas*)

Couvre-casques de toile fine avec 16 trous pour feuillage (*collection E. Krapovickas*)

Durant ce conflit, on utilisa divers types de couvre-casques, deux d'entre-eux étant fabriqués à partir de toile fine, selon le modèle *ERDL* américain, un autre de couleur dominante marron et un autre de couleur dominante verte. Ces couvres-casques comportaient 16 trous destinés à recevoir de la végétation ainsi que 6 languettes destinées à assurer l'arrimage du sous-casque.

Le troisième couvre-casque utilisé par la Marine était fabriqué en grosse toile et selon le même modèle qu'auparavant, seules les nuances de couleur ayant changé.

Couvre casque de grosse toile avec 16 trous pour feuillage (*collection E. Krapovickas*)

Un autre modèle de couvre-casque, de toile grossière, semblable à celles des uniformes camouflés de type *ERDL*, ne comporte pas de trous pour feuillage ni de languettes destinées à fixer le couvre-casque, l'arrimage aux bords du casque se faisant alors au moyen d'un ruban élastique.

Il existe une variante de ce modèle qui comporte sous ses bords une rallonge de trois centimètres.

Un bandeau de caoutchouc est fréquemment utilisé pour aider à fixer la housse.

Les lunettes utilisées par l'infanterie de marine sont une copie des Polaroid américaines et sont fabriquées en Argentine par la société Fravida. Elles sont équipées de lentilles translucides, rouges, jaunes et vertes.

Couvre-casque sans trous pour feuillage (*collection E. Krapovickas*)

Couvre-casque sans trous pour feuillage fabriqué par Suministros Hecar SA en 1982 (*collection E. Krapovickas*)

Couvre casque avec rallonge (*collection D. Varela*)

Couvre-casque sans trous pour feuillage fabriqué par Suministros Hecar SA en 1982 (*collection E. Krapovickas*)

Lunettes Fravida à lentilles vertes (*collection E. Krapovickas*)

Marquage Fravida N° 109 (*collection E. Krapovickas*)

Lunettes Fravida (*collection E. Krapovickas*)

Un paquet sanitaire est fréquemment assujetti à l'élastique maintenant les lunettes. Au cours de la guerre, divers types de modèles furent utilisés. Les plus fréquents étant ceux avec un emballage blanc en plastique, pourvu d'inscription sur fond vert, et ceux à emballage plastique vert revêtus d'inscriptions en caractères noirs.

Casque muni d'un paquet sanitaire avec emballage plastique vert *(collection E. Krapovickas)*

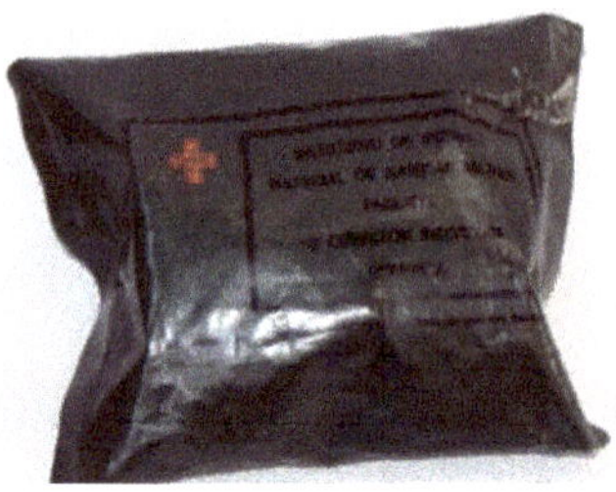

Paquet sanitaire avec emballage vert *(collection E. Krapovickas)*

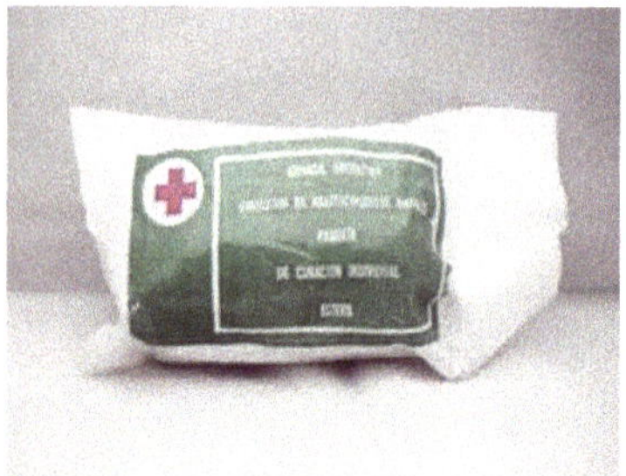

Paquet sanitaire avec emballage blanc *(collection S. Lancha Ruiz)*

Casques utilisés par la Force aérienne argentine

La Force aérienne utilisa pour ses troupes de terre le casque M1 et ses versions successives M1-51 et M1-61 et finalement le M1 des Fabricaciones Militares.

Dans les années 1960, elle entreprit d'appliquer sur le côté gauche de ses casques un emblème représentant le drapeau national de 35 mm de large et de 20 mm de haut aux couleurs bleu ciel-blanc-bleu ciel. Au début il s'agissait d'une décalcomanie, mais celle-ci fut ultérieurement remplacée par une vignette auto-adhésive.

Soldats de l'infanterie de marine aux Malouines, l'un d'eux porte le paquet sanitaire *(droits réservés)*

Casque de la force aérienne muni du drapeau national *(collection E. Krapovickas)*

Intérieur du casque M1-51 *(collection E. Krapovickas)*

Drapeau national en décalcomanie casque M1-51

Au fil des ans, nombre de ces casques verront leurs coiffes remplacées et il existe aujourd'hui de nombreux modèles de remplacement.

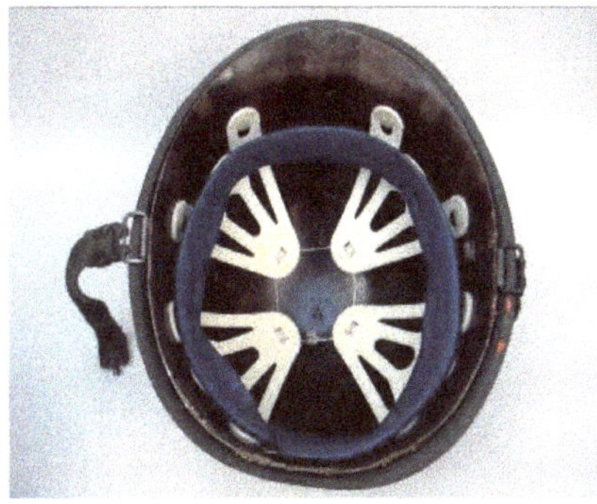

Sous-casque M1-51 et sa coiffe de remplacement *(collection E. Krapovickas)*

Sous-casque Westinghouse et sa coiffe de remplacement *(collection E. Krapovickas)*

Sous-casque FM 3° modèle et sa coiffe de remplacement *(collection E. Krapovickas)*

Sous-casque FM 2° modèle et sa coiffe de remplacement *(collection E. Krapovickas)*

On trouve par exemple des casques légers américains pourvus de coiffes textiles argentines, des sous-casques M1-51 avec des coiffes plastiques de type civil d'origines diverses. On trouve même ce type de coiffe dans des exemplaires provenant des Fabricaciones Militares.

Casque PM fabriqué par Rister *(collection E. Krapovickas)*

Les casques PM et PAN

Au cours des années 1970, la Force Aérienne commença à faire l'acquisition d'une quantité importante de casques de type M1, fabriqués en fibre de verre et polyester. Ces casques étaient destinés aux missions de surveillance des installations et autres aéroports de la Police militaire et de la Police militaire de l'air. Ils correspondaient à la norme de sécurité IRAM 3620 pour les casques industriels et, de plus, en 1978, la Force Aérienne acquit, grâce à la société N.A Helmets l'équipement permettant de tester la capacité d'amortissement des impacts et de la pénétration par une pointe aigue.

La majorité de ces casques sont dotés de coiffe en plastique de type civil, certains étant néanmoins pourvus de coiffes de toile. Ceux pourvus de coiffes plastiques assujetties au casque par des boutons du même matériau, sont dotés d'une jugulaire fabriquée à partir d'un ruban de plastique et d'une bande de sudation en toile de fibre synthétique.

Casque PAN fabriqué par NA Helmets *(collection E. Krapovickas*

Les modèles de Police militaire sont ornés de deux bandes peintes. Il existe aussi un modèle totalement blanc avec les lettres *PM* peintes en noir, ainsi qu'un autre peint en bleu clair avec les lettres *PM* en blanc avec une bande blanche latérale de 35 mm de haut.

Les modèles de la Police Aéronautique Nationale sont peints en bleu clair avec les lettres *PAN* en blanc et les bandes latérales en blanc.

Il existe aussi des casques du même type portant les lettres *PA* pour *Policia Aeronautica* ornés sur le devant de l'emblème métallique doré (armoiries nationales entourées de deux ailes) de la Force Aérienne. Ces casques possèdent une bande de nuque et une jugulaire textile de couleur blanche pourvue de dispositifs d'attache de plastique de même couleur.

Casque de la *Policia Aeronáutica (collection E. Krapovickas*

Ces casques ont été fournis à la Force Aérienne par des entreprises diverses. Ainsi, la société Crifo fabriqua ce type de casques plastiques, les complétant par des coiffes d'origine différente de type industriel. Autre fabricant de casques, la société Lentino ne produisait pas de coiffes et se les procurait auprès de la société Monocrom. La société Mebo fournissait elle des casques de marque Rister. La société Monocrom livrait de son côté des casques produits par les firmes Crifo et Lentino avec des coiffes de sa fabrication. La société Rister, principal fournisseur de sous-casques destinés à équiper les casques d'acier des Fabricaciones Militares, livrait à la Force Aérienne des casques pourvus de coiffes plastiques.

L'entreprise publique participa, elle aussi, à l'appel d'offres pour fournir ce type de casques, mais en fait, ce sont des casques de marque Rister qu'elle livra, avant de s'adresser finalement à la société N.A Helmets qui fournit des casques pourvus au début de coiffes plastiques et, ultérieurement de coiffes textiles. Certains de ces casques portent la marque du fabricant, soit à l'intérieur de la bombe (décalcomanie) soit gravée dans la coiffe.

Parmi toute cette série de casques, ceux produits par N.A Helmets sont les mieux finis et ceux qui correspondent le mieux aux diverses normes de sécurité. Ils se distinguent par leur peinture extérieure granulée et par leur coiffe de textile pourvue d'une bande de sudation revêtue de cuir ainsi que d'une bande de nuque et d'une jugulaire adaptable. Les accessoires métalliques sont bleuis. Des modèles analogues furent utilisés par l'Armée de terre, la Gendarmerie Nationale, la Préfecture Navale ainsi que par diverses unités de police.

Le casque M1 de matériau composite, utilisé aux Malouines par la Force Aérienne

Quatre ans avant la Guerre des Malouines, N.A Helmets décida spontanément d'expérimenter l'usage de feuilles de matériau composite, présentant une résistance balistique, destinées à être incorporées dans des casques d'infanterie. La même entreprise avait auparavant proposé à la Force Aérienne un dossier présentant diverses expérimentations mais dépourvu de plan de financement pour mener ces diverses recherches à terme. À l'époque, les choses en étaient restées là. Après le début du conflit, l'entreprise fut convoquée par la Force Aérienne en vue d'accélérer la mise en œuvre du projet et de parvenir à la fabrication de ces équipements.

C'est cette même société qui fournit les casques *PM* et *PAN* ainsi que le modèle Avia destiné aux équipages de cabine des avions Hercules C-130 qui entreprit de livrer 300 exemplaires du modèle M-1 N en un temps record.

Ce casque était réalisé en un matériau composite non aramide développé par la société N.A. Helmets, pourvu de la capacité d'arrêter un projectile de 9 x19 mm. Sa coiffe de textile était similaire à celle des modèles *PAN*.

Malheureusement, on ne connaît aujourd'hui aucun exemplaire de ce casque car aucun d'entre-eux ne fut rapatrié à l'issue du conflit.

Le projet CABAL II de casque balistique argentin pour l'infanterie

Sur la base de l'expérience accumulée en matière de blindages balistiques et au vu du succès du casque M1, la société N.A Helmets entreprit, conjointement avec le CITEFA (Institut de Recherches Scientifiques et Techniques des Forces Armées) la mise en œuvre du projet CABAL. Ce projet concernait la réalisation d'équipements et de matrices pour la fabrication de prototypes préfigurant un nouveau type de casque identifié comme Casque de combat et de maintien de la sécurité.

Le projet en question concernait un casque de type contemporain, destiné à succéder au M1 et offrant une bonne protection latérale et de meilleures performances balistiques et en matière de fragmentation. La fabrication de ce casque devait être réalisée à partir de matériaux de provenance nationale permettant des économies en matière de prix, tout en offrant une durabilité de cet équipement d'au moins vingt ans. Pour la conception de ce modèle, la société fut assistée par le CITEFA en vue du respect des normes balistiques et de fragmentation MIL, STANG et NIJ.106.1

Casque CABAL II *(photo N.A Helmets)*

La bombe du casque devait être fabriquée en matériau composite de dernière génération, évitant l'usage de *Kevlar* ou d'autres fibres aramides, afin d'assurer au casque une durée de vie utile maximum. Le casque était revêtu d'une peinture mate, incorporant éventuellement de l'agrégat de silice.

Casque CABAL II *(photo N.A Helmets)*

Le casque comporte une coiffe à suspension flottante, ajustable en circonférence et en profondeur avec un réglage permettant un ajustement à la taille du crane du porteur de 56 à 63 cm. Sa jugulaire était ajustable par trois oeuillets, conférant ainsi une grande stabilité au casque.

Ce modèle attend toujours une décision politique pour être distribué aux forces armées argentines.

Eduardo Krapovickas

Bibliographie

Bovio, J., *Uniformes de l'armée argentine en 1886* (s.l.n.d).
Ejército Argentino, *Reglamento de Uniformes*, Arsenal Principal de Guerra, 1904.
Ejército Argentino, *Reglamento de Uniformes,* 1913.
Ejército Argentino, *Reglamento de Uniformes,* R.R.M.44, II edición, 1926.
Ejército Argentino, *Álbum Uniformes militares usados en el país,* Revista Militar, 1929.
Ejército Argentino, *Reglamento de Uniformes,* R.R.M.44, III edición,1931.
Ejército Argentino, *Boletín Militar,* 1935, 1936 y 1937.
Ejérciro Argentino, *Cartilla Militar,* 1938.
Ejército Argentino, *Reglamento de Uniformes,* R.R.M.44, I edición, 1947.
Ejército Argentino, *Reglamento de Enmascaramiento,* RC-65-63, 1968.
Ejército Argentino, *Uniformes,* RV-170, 1971.
Escudé, C. y Cisneros, A., Historia general de las relaciones exteriores de la República Argentina, Centro de Estudios de Política Exterior (CEPE), Grupo editor Latinoamericano, 1998.
García Molina, F., La germanización del ejército en la Argentina de comienzos de siglo, *Todo es Historia* N° 275.
Ministerio de la Guerra, *Historia de los premios militares,* Talleres graficos, 1910
Republica Argentina, *Reseña historica del Colegio Militar 1810-1926,* Buenos Aires, Bardori, 1927.
Sigal Fogliani, R., *Blindados de Argentina, de Uruguay y Paraguay,* Ayer y Hoy Ediciones.
Udaondo, Enrique, *Album reproduciendo uniformes militares usados en el pais,* Buenos Aires, Anexo de Revista Militar, 1922.

Musée

Museo de Armas de la Nación,
la place San Martín à Buenos Aires

(photo Museo de Armas)

Remerciements:

Adolfo Martínez, pour les photos et l'information sur le casque de cuirassier, Christian Valls, pour l'information sur les sous-casques M1, casques *PAN*, casques PM et CABAL, sous-officier Daniel Crudo, pour l'information sur les casques M1 FM

SUMARIO DEL CAPÍTULO
CHAPTER SUMMARY

(xxx: ar-i, ar-d) = pág. xxx, arriba-izq., arriba-der.
(xxx: ab-i, ab-d) = pág. xxx, abajo-izq., abajo-der.
(xxx: mi, md) = pág. xxx, al medio-izq., al medio-der.

ARGENTINA

En 1810 el Cabildo de Buenos Aires depuso al Virrey del Río de la Plata, y gobernó en nombre del rey de España, hasta que el Congreso de Tucumán, en 1816, declaró la independencia de Argentina. Hasta el fin del siglo diecinueve, sólo shakos y morriones fueron empleados por el ejército argentino.

De 1900 a 1904, la Guardia Presidencial se vistió con corazas y cascos del modelo empleado por la *Garde Républicaine* francesa *(1:ab-d; 2:ar-i,mi)*. En 1903, un casco de corcho blanco, similar al modelo empleado por el Servicio Extranjero británico, se introdujo para el uso de los oficiales.

Un año después, con el advenimiento de la influencia alemana entre los líderes militares argentinos, los *Pickelhaube* estilo M95 son adoptados por la Escolta Presidencial *(2:ab-i)*. Favorablemente recibidos, los M95 se volvieron el modelo estándar en las fuerzas armadas argentinas, a comienzos de 1910 *(3:ar-d,md; 4; 5:der.)*. Inicialmente, estos cascos se importaron de Alemania, pero cuando la Primera Guerra Mundial lo impidió, Buenos Aires se vio en la obligación de comenzar a fabricar sus propias copias de modelos M95 (por el Arsenal de Guerra). Identificados localmente como el Modelo 1910, estos cascos se usaron hasta el año 1924.

Entre 1924 y 1935, sólo cascos tropicales de corcho, decorados con una variedad de emblemas, estuvieron en servicio *(5:ab-i)*.

(xxx:tl,tr) = page xxx, top-left, top-right
(xxx:bl,br) = page xxx, bottom left, bottom-right
(xxx:ml,mr) = page xxx, middle-left, middle-right

ARGENTINA

In 1810 the Cabildo of Buenos Aires deposed the local viceroy and ruled on behalf of the king of Spain until Argentine independence was adopted at the Congress of Tucumán in 1816. Until the end of the nineteenth century, only shakos and morions were worn by the Argentine military.

From 1900 to 1904, the Presidential Guard was issued cuirasses and helmets of the type worn by the French *Garde Républicaine (1:br; 2:tl,ml)*. In 1903, a white cork helmet, similar to the British Foreign Service Helmet, was also introduced for officers.

One year later, with the rise of German influence among the Argentine military leaders, the M95 style *Pickelhaube* was adopted by the Presidential Escort *(2:bl)*. Favorably received and beginning in 1910, the M95 became standard issue, throughout the Argentine armed forces *(3:tr,mr; 4; 5:right)*. Initially, these helmets were imported from Germany, but when the First World War broke out, Buenos Aires was obliged to begin manufacturing (by the *Arsenal de Guerra*) its own M95 clones. Identified locally as the Model 1910, these helmets were used until 1924.

Between 1924 and 1935, only cork tropical helmets, decorated with a variety of emblems, were in use *(5:bl)*.

Facing what was perceived as threatening Chilean and Brazilian military aggressiveness, Argentina began an expansion and modernization of its military in the

Enfrentando a lo que se percibió como la amenaza chilena y la agresividad militar brasileña, Argentina comenzó una expansión y modernización de su ejército, a mediados de los años `30, adoptando el casco de acero.

Después de una larga serie de experimentos (incluyendo al M16 austríaco) *(7:mi; 10:ar-i)*, se optó por el M18 suizo *(7:md,ab-i; 8:arriba; 9)*. Reteniendo su color original, se decoró a menudo con una escarapela nacional, en el lateral del casco.

Cómo las relaciones con sus vecinos había mejorado, el ejército introdujo en 1938 el casco ligero alemán M35, bajo el nombre de Casco de Fieltro *(11:arriba)*. Las escarapelas nacionales permanecieron . A comienzos de 1947, se introdujo el nuevo modelo de casco de sol – salacot *(13:ab-i)*. Fabricado localmente, éste fue producido en diferentes versiones *(14; 15:ar-i)*. Luego, en 1951 el ejército introdujo el casco ligero francés M1, fabricado en plástico y de color caqui. Mal concebido, fue rápidamente abandonado.

Habiendo firmado el Tratado Interamericano de Asistencia Recíproca (Tratado de Río) en 1947, el Ejército Argentino comenzó a recibir, a partir de 1951, cantidades significativas de equipo americano, particularmente los cascos US M1 *(17:ar-d)*. Desde el principio, copias de M1 fueron fabricadas localmente, probablemente por razones presupuestarias. Se conocen tres tipos de interiores de M1, producidos por la industria nacional *(17:ab-i; 18:izq.)*. El modelo conocido como M2 *(21:der.)* ha disfrutado de una larga vida útil en las fuerzas armadas argentinas. Diferentes cobertores de camuflaje, se han usado en éstos cascos. La Fuerza aérea y la Armada, han usado los mismos cascos, pero con sus propios colores específicos de uniformidad y emblemas.

En 1997, siguiendo a una propuesta

mid-1930s, starting with the adoption of the steel helmet.

After a long series of experiments (including the Austrian M16) *(7:ml; 10:tl)*, the Swiss M18 *(7:mr,bl; 8:top; 9)* was adopted. Retaining its original color, it was often decorated on the side with the national cockade.

As relations with its neighbors improved, the military introduced in 1938 the lightweight German M35 helmet under the name *Casco de fieltro* (felt helmet) *(11:top; 12)*. The side cockade remained. Beginning in 1947, a new model of pith helmet was introduced *(13:bl)*. Manufactured locally, it was produced in different versions *(14; 15:tl)*. Then in 1951 the army introduced the khaki-colored, lightweight, French M1 plastic helmet. Badly conceived, it was rapidly abandoned.

Having signed the Inter-American Treaty of Reciprocal Assistance (Rio Treaty) in 1947, the Argentine Army began receiving in 1951 significant quantities US equipment, particularly US M1 helmets *(17:tr)*. From the beginning M1 clones were man-ufactured locally, probably for budgetary reasons. Three types of liners are known to have been produced *(17:bl; 18:left)*. The locally manufactured model known as the M2 *(21:right)* enjoyed a long life in the Argentine armed forces. Different camouflage covers were worn on these helmets. The Air Force and Navy used the same helmets but with their own unit-specific colors and emblems.

In 1997 following an international tender, the Israeli model RBH-303 was introduced on a limited scale *(25:bottom)*.

The paratroops used, rather early on, a locally made jump helmet known as the ETA M1944 *(19:bl; 20:tr)*.

Tank crews had used different US headgear, until a locally created model, the Baisi Helmet was introduced around 1943. Produced in two versions *(28:tr)*, this

internacional, el modelo israelita RBH-303 se introdujo en servicio, en cantidades limitadas *(25:abajo).*

Las tropas paracaidistas usaron, en tiempos bastante tempranos, un casco de salto fabricado localmente, conocido como el ETA M1944 *(19:ab-i; 20:ar-d).*

Las tripulaciones de tanque usaron diferentes modelos de cascos americanos, hasta que un modelo fabricado localmente – el casco Baisi – fue introducido, alrededor de 1943. Producido en dos versiones *(28:ar-d),* este casco se usó hasta la aparición de modelos más modernos, y electrónicamente equipados, que se comenzaron a emplear, en los años setenta. Modelos de varios países (particularmente Francia) se han usado desde esas fechas.

A comienzos de los años `70, las unidades de policía, usaron sus propios cascos de materiales sintéticos compuestos, fabricados localmente *(30:ab-d).*

Durante varios años un casco del tipo PAGST, conocido como CABAL II ha sido estudiado por las fuerzas armadas *(38).* Pero la adopción de este moderno de casco ha sido pospuesta.

helmet was used until the more modern, electronically equipped headgear was introduced in the 1970s. Models from various countries (particularly France) have been used since that date.

Beginning in the 1970s, military police units used their own locally made, synthetic composite helmets *(30:br).*

For a number of years now a PAGST-type helmet, known as the CABAL II has been studied by the armed forces *(38).* But the adoption of this modern helmet has been postponed.

BOLIVIE

L'histoire moderne de la Bolivie ne peut se comprendre si l'on n'intègre pas l'issue défavorable des guerres qui ont opposé ce pays à certains de ses voisins à la fin du XIXème siècle et au début du XXème.

C'est d'abord la grave défaite dans la guerre contre le Chili (1879-1883) qui prive le pays de son littoral et de riches minerais. C'est ensuite, de 1932 à 1935 la terrible guerre du Chaco qui oppose Bolivie et Paraguay et se solde par une défaite et l'abandon de cette riche région minière.

Une influence française

Au début du XXème siècle une mission militaire française (1905-1909) conseille les Boliviens. Cette influence (comportant un essai de casque) restera sans suite.

Les *Husares de Bolivar (Guardia de Daza, Colorado)* portaient un casque et une armure de dragon, achetés à Paris[1].

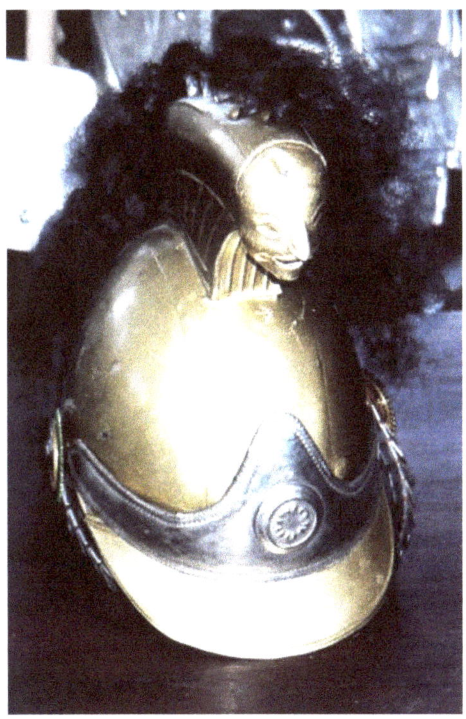

(collection Musée militaire de la Paz (reconstitution), cliché YP)

[1] *Gazette des Uniformes,* N° 295, mars 2005

Guerre du Pacifique 1875, *Husares de Bolivar, Guardia de Daza* N° 1 *(droits réservés)*

Berlin remplace Paris

En 1911, une mission militaire allemande (Major Hans Kundt) arrive en Bolivie. La mode est désormais au style prussien, auréolé du prestige de la victoire de Berlin contre la France en 1870. Bien que les militaires allemands aient regagné leur pays en 1914 et que la Bolivie ait déclaré la guerre à l'Allemagne (17 avril 1917) sous pression des États-Unis, le style allemand se maintiendra de longues années.

Dans ces conditions, durant le premier quart du siècle, l'intendance bolivienne achètera à l'Allemagne (1911) de nombreux équipements militaires et notamment des *Pickelhaube* ornés de plaques frontales aux armes de la République.

De 1921 à 1926, Kundt, devenu brigadier-général, reviendra d'ailleurs en Bolivie comme chef d'État-major de l'armée.

En revanche, jusqu'à l'aube de la Seconde Guerre mondiale, les hommes de troupes des forces armées boliviennes ne portent guère de casques, se contentant du traditionnel chapeau de brousse beige des soldats boliviens.

Collège militaire bolivien 1930 *(droits réservés)*

Officier d'infanterie et cuirassier, tous deux de type M1867 (cliché YP et collection et cliché Diethelm König)

M16 allemand peint en noir. Cette couleur sera désormais fréquemment utilisée pour les casques boliviens. *(Musée militaire de La Paz, cliché YP)*

Casque de police *(document Jan K. Kube)*

Le *Stahlhelm* s'impose

En 1921 une centaine de casques allemands M16 sont importés de Berlin en même temps que 150 pistolets de marque Lüger. À la fin des années trente, le M16 allemand fait ainsi son apparition sur une petite échelle dans l'État-major de l'infanterie bolivienne[2]. Très visibles sur les clichés d'époque, ces quelque casques ne disent rien de l'équipement réel de l'armée bolivienne. Il s'agit en l'occurrence de M16 et de M18, de couleur d'origine et manifestement portés sans modification.

Noter le rivet frontal. *(cliché ancienne collection Tubbs)*

On connaît cependant un certain nombre de casques reconditionnés et dotés d'une nouvelle coiffe de fabrication bolivienne. Ces casques sont pourvus d'un rivet frontal qui leur donne une allure très reconnaissable.

Certaines photos montrent des soldats d'infanterie équipés de ce modèle, mais il s'agit manifestement de clichés de propagande.

[2] Information Institut d'histoire militaire, 1999

M18 allemand
(clichés YP)

Les trois clichés ci-joints (photos de l'auteur) représentent un casque resté dans la famille de son porteur depuis des décennies. La couleur kaki est celle d'origine et les étoiles sont – une décoration ajoutée par des enfants de la famille.

Après la Seconde Guerre mondiale (la Bolivie déclare la guerre à l'Axe en 1943), ces casques sont abandonnés et on s'oriente vers la recherche d'un nouveau modèle national.

1941 : Introduction du M1917-A1 et recherche d'un modèle original

En 1928, le modèle britannique Steel Mk1-1916 (Vickers Ltd de Sheffield) est introduit sur une petite échelle . Toutefois, l'intendance n'est pas satisfaite et continue à chercher autre chose.

Divers modèles étrangers sont examinés et soumis à des tests, y compris le modèle de type *Brodie* non-identifié, *figurant* sur les clichés ci-dessous.

Brodie, noir *(collection Musée militaire, clichés YP)*

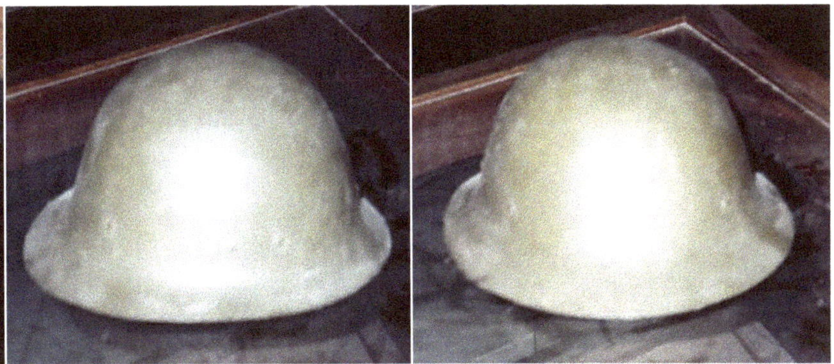

Un modèle non-identifié, testé par l'armée bolivienne *(collection Musée militaire, clichés YP)*

Le US M1917-A1 en 1941 *(dessin Sgto Grover Ururi Mamani)*

En 1941, une aide américaine massive vient modifier la donne et, dans ces conditions, c'est finalement le casque américain qui sera retenu comme modèle standard de l'armée bolivienne en 1941. Une partie seulement des troupes boliviennes sera cependant équipée de ce casque.

Par ailleurs, en dépit de ce choix, c'est toujours le style allemand – porteur d'une image de puissance et de revanche – qui prévaut dans les milieux militaires.

À nouveau un *Stahlhelm* pour les soldats boliviens.

Dans ces conditions, le choix des autorités concernant un nouveau casque se porte sur le M34 allemand de police.

Ceci est d'autant plus facile que des quantités considérables de ceux-ci sont disponibles dans les casernes abandonnées des forces armées du Reich.

Le M34 allemand *(dessin Sgto Grover Ururi Mamani)*

Une prise d'arme dans un *puebla* dans les années 1960 *(droits réservés)*

Arrestation de Régis Debray. Les casques M34 de la PM sont peints en blanc *(droits réservés)*

Modèle M34 de troupe de l'armée
(collection particulière)

Modèle M34 officier
(collection particulière)

Le US M1 devient absolument dominant

À partir de 1960, et plus encore en 1964 avec l'accession au pouvoir du Général Jose Barrientos, le US M1, livré en grandes quantités par Washington, se répand rapidement. En 1975, la transition est terminée.

Le US M1 *(dessin Sgto Grover Ururi Mamani)*

Au début, le principe des couleurs nationales est maintenu sur le sous-casque (décalcomanie). Ceci ne durera pas plus de trois ans. Les casques lourds sont eux généralement portés sans attribut (parfois avec une marque de grade frontale).

Le US M1. Noter la couleur foncée du casque lourd *(collection Musée militaire, clichés YP)*

Divers autres modèles de casques légers ont été utilisés comme on peut le voir sur le cliché ci-dessous.

Liner US MI *(collection Musée militaire, cliché YP)*

Un MI en plastique balistique

Vers le milieu des années 1980, des casques en matière synthétique de fabrication coréenne et brésilienne furent introduits dans l'armée bolivienne.

Infanterie *(cliché Armée bolivienne)*

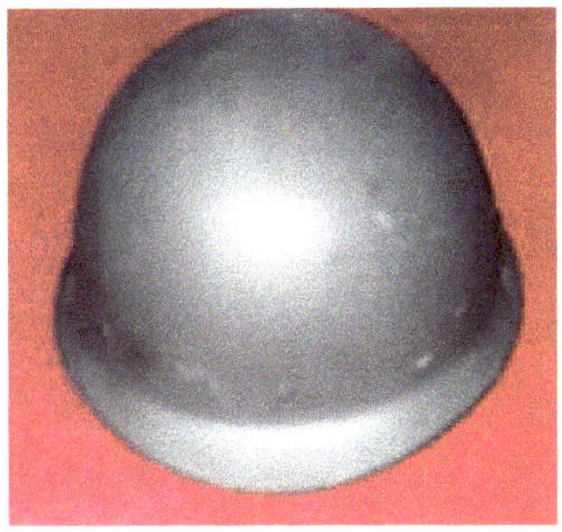

MI en plastique balistique *(clichés YP)*

Casques PM de plastique balistique *(cliché YP)*

M1 balistique *(clichés YP)*

Femmes parachutistes équipées de M1 de fabrication coréennes *(cliché Armée bolivienne)*

Le PASGT fait son chemin

Au milieu de le décennie 1990, le PASGT américain fut introduit, au début sur une petite échelle en raison de son coût élevé.

Palais présidentiel, La Paz, janvier 2000
(droits réservés)

Un casque alors prestigieux et rare! *(clichés Armée bolivienne)*

Le M34, toujours là

Comme en atteste la photo récente ci-contre, même en opérations, le M34 allemand n'a pas complêtement disparu. Trois unités d'infanterie et de cavalerie l'ont en effet conservé et par conséquent, il apparaît encore régulièrement au cours de défilés. En fait les divers types de US M1, les PASGT et le M34 de type allemand continuent à être utilisés simultanément au gré des circonstances.

Noter la décalcomanie nationale sur le côté du casque *(cliché Armée bolivienne)*

Noter la décalcomanie de spécialité sur le côté du casque *(Armée bolivienne)*

Une unité de police militaire défilant au pas de l'oie *(cliché Armée bolivienne)*

Armée de l'air

Celle-ci a toujours utilisé les mêmes modèles que l'armée de terre.

Une utilisation originale de l'emblème de la force aérienne est à noter sur le casque allemand des clichés ci-contre.

Police militaire de l'air *(collection David Powers)*

Casques de blindés

C'est pendant la guerre du Chaco que les premiers casques de tankistes (chars Vickers) firent leur apparition. Selon certaines sources, ces casques, dont des exemplaires capturés figurent notamment dans les collections du Musée militaire d'Asuncion (Paraguay), seraient d'origine italienne.

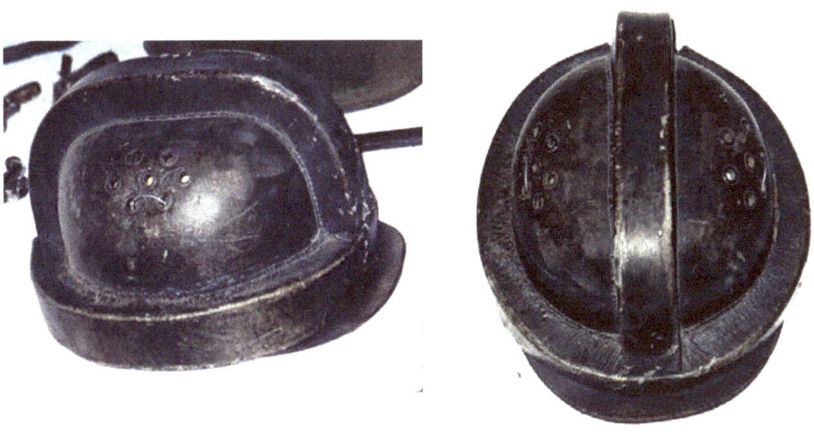

Casque de blindés de la Guerre du Chaco (origine italienne) (*clichés YP)*

Actuellement les unités blindées boliviennes utilisent divers modèles d'origine américaine (notamment des *CVC (Combat Vehicle Crewman,* T56-6) et brésilienne.

Blindés actuels *(droits réservés)*

Bibliographie

ASTURIZAGA FERNANDEZ, Augusto, *Uniformes militares bolivianos, 1825-1938*, La Paz, 1991.

DIAZ, A., *Historia del ejercito de Bolivia, 1825-1932,* La Paz, 1940.

RAUCH, Georg, von, The Chaco War, International Armies and Weapons, La Paz, *Revista Militar*, Collection.

Remerciements:

Tomas PEÑA Y LILLO, La Paz
Ricardo JARA FRANCO, Chili

Musée

Collège & Musée militaire

SUMARIO DEL CAPÍTULO
CHAPTER SUMMARY

(xxx: ar-i, ar-d) = pág. xxx, arriba-izq., arriba-der.
(xxx: ab-i, ab-d) = pág. xxx, abajo-izq., abajo-der.
(xxx: mi, md) = pág. xxx, al medio-izq., al medio-der.

BOLIVIA

A pesar de su larga tradición de lucha por la libertad, Bolivia fue el último país de América del Sur en obtener su independencia de España, con la rendición de las fuerzas realistas en 1825. Desde 1836 a 1839, Bolivia formó parte de la Confederación Peruano-Boliviana, de efímera existencia, la cual fue disuelta en 1839 por el Ejército Unido Restaurador, integrado por Argentina, Chile y peruanos contrarios a dicho proyecto. Ningún casco fue empleado durante dicho período.

Después de la Guerra del Pacífico de 1879-1883, contra Chile, y el breve conflicto de El Acre de 1904, Bolivia perdió una gran parte de su territorio, y su acceso al mar, en Antofagasta. Durante dicho período, la prestigiosa unidad militar, conocidos como el Regimiento Colorados de Bolivia (Guardia de Daza), empleó cascos de coraceros, de origen francés *(43:ab-d; 44:arriba).*

En 1911, con la llegada de una misión militar alemana a La Paz, la influencia francesa es reemplazada, y los Pickelhaubes de variados modelos, se convirtieron en la prenda de cabeza por excelencia entre oficiales y suboficiales por igual *(44:ab-d; 44:arriba).* La policía boliviana también empleó sus propias versiones de cascos de punta.

En 1921 se importaron y probaron cascos Alemanes de los modelos M16 y M18, pero ellos resultaron demasiado pesados para el clima tropical y la altitud de Boli-

(xxx:tl,tr) = page xxx, top-left, top-right
(xxx:bl,br) = page xxx, bottom left, bottom-right
(xxx:ml,mr) = page xxx, middle-left, middle-right

BOLIVIA

Despite its long tradition of fighting for freedom, Bolivia was the last South American county to obtain independence from Spain with the surrender of the royalist forces in 1825. From 1836 to 1839, Bolivia was part of the short-lived Peruvian-Bolivian Confederation. An alliance known as the United Army Restaurateur *(Ejército Unido Restaurador)* and composed of Argentina, Chile, as well as Peruvians who were opposed to this project, put an end to the Confederation in 1839. No helmets were worn by any soldiers during this period.

Following the Pacific war of 1879-1883 and the brief Acre conflict of 1904, Bolivia lost a large part of its territory and its access to the sea at Antofagasta. During this period, the prestigious military unit known as the Colorados of Bolivia Regiment *(Guardia de Daza)* used French-made cuirasses and helmets *(43:br; 44:top).*

In 1911 with the arrival of a German military mission in La Paz, German influence replaced the French, and the *Pickelhaube* of various types became the prestige headgear of officers and non-commissioned officers alike *(44:br; 45:top)*. The Bolivian police also used its own version of the spiked helmet.

Beginning in 1921 the German M16 and M18 helmets were imported and tested, but as they were too heavy for the tropical climate and altitude, they never won general

via, por lo cual nunca fueron de aceptación general *(45:mi; 45:ab-i; 46:arriba)*.

Otro evento desafortunado fue la Guerra del Chaco (1932-1935), durante la cual sólo los sombreros para selva fueron utilizados. Esta guerra produjo pérdidas extensas de territorio boliviano.

Al comienzo de la Segunda Guerra Mundial (1941), y bajo la influencia americana, el casco US M1917-A1, se adoptó oficialmente *(46:ab-d; 47:ab-i)*. Ningún emblema especial se empleó en estos modelos. Durante el mismo período, otros modelos extranjeros fueron testeados, pero sin entrar en servicio, probablemente por razones económicas *(47:arriba)*.

En los años cincuenta, el ejército boliviano, impresionado por las hazañas del ejército alemán, compró una gran cantidad de cascos M35 de Polizei. Pintado de negro y decorado con los colores nacionales, estos se convirtieron en el modelo estándar en el ejército boliviano. Estos modelos fueron conocidos localmente como M34, y eran muy apreciados por el ejército *(48; 49)*.

El resurgimiento de la influencia americana en los años sesenta, y bajo la presidencia del general José Barrientos, el US M1 americano se introdujo en 1964, manteniendo al principio el emblema lateral *(50)*.

En los años ochenta, estos viejos y pesados cascos fueron reemplazados gradualmente por copias de M1 más ligeros, de origen surcoreano y brasileño. Estos modelos, no emplearon emblemas laterales *(51)*.

A comienzos de los noventa los modelos PASGT comienzan a aparecer *(52:arriba)*, pero sorprendentemente el popular modelo M34, permanece todavía en servicio para eventos especiales *(52:ab-i)*.

Las tripulaciones de tanques, han usado generalmente modelos americanos, y actualmente el CVC T56-6 es el modelo genérico en uso *(54:ar-d)*.

acceptance *(45:ml; 45:bl; 46:top)*.

Another unfortunate event, the *Chaco War* (1932-1935), during which only jungle hats were worn, resulted in further territorial losses for La Paz.

As the Second World War approached and with American influence on the rise, the US M1917-A1 was officially adopted in 1941 *(46:br; 47:bl)*. No special emblems were worn on these helmets. During the same period, other foreign models were tested but not put into service, probably for budgetary reasons *(47:top)*.

In the 1950s the Bolivian Army, impressed by the exploits of the German military, purchased a large quantity of surplus M35 Polizei helmets. Painted black and decorated on the side with the colors of the country, they became standard issue in the Bolivian Army. These helmets were known locally as the M34 and were considered to be prestigious by the military *(48; 49)*.

The US influence reemerges in the 1960s, and under the presidency of General Jose Barrientos the US M1 was introduced in 1964. At the beginning the side emblem was retained *(50)*.

In the 1980s, these aging, heavy helmets were gradually replaced by Korean and Brazilian lighter M1 clones. However, no emblem was added. *(51)*.

Beginning in the 1990s PAGST models began appearing *(52:top)*, but surprisingly, the popular M34 is still in use today for special events *(52:bl)*.

Tank crewmen have generally used US headgear, and currently the CVC T56-6 is the most popular model *(54:tr)*.

BRÉSIL

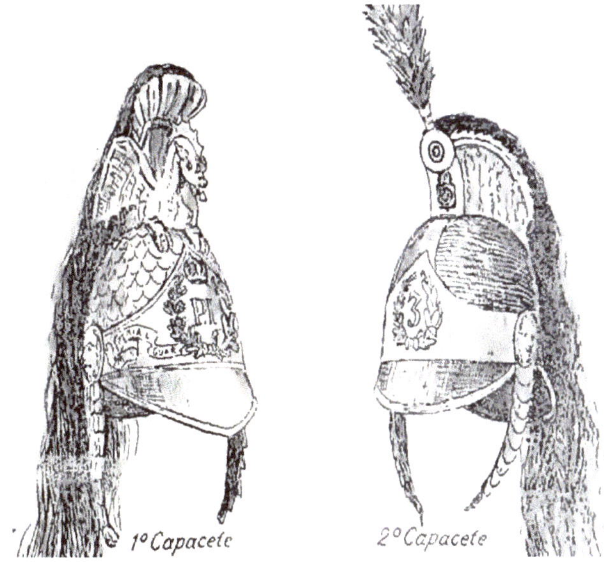

Casque de dragon de style ancien (*source Uniformes do Exercito Brasileiro 1730-1922, p. 33, archives privées)*

Un des premiers casques dont on trouve la trace fut en usage dans la Garde d'honneur impériale de l'ancienne armée brésilienne, il s'agissait d'un matériel semblable à celui des cuirassiers français. Nous avons à ce jour connaissance de deux modèles, l'un, avec les initiales P1 (Pedro 1°) sur la face antérieure, entièrement en métal, avec des écailles et un dragon sur son cimier (le dragon de la maison de Bragance), entre les ailes ouvertes duquel se déploie la crinière. Dans le second modèle, beaucoup plus simple, le dragon a disparu. Il est en cuir, avec des accessoires en métal doré. Sur la partie supérieure du cimier on trouve une cocarde en cercles concentriques verts et blancs, (plus tard remplacée par une étoile jaune sur champ vert). Au dragon maintenant embossé sur les parois métalliques latérales du cimier, s'ajoute un panache et un écusson frontal arborant le numéro de l'unité. Ces casques commenceront à être en usage respectivement en 1825 et 1831. On ne connaît aucun exemplaire du second modèle qui soit arrivé jusqu'à nous.

Il existe un matériel similaire qui fut utilisé par l'Escadron du Minas, mais il fut directement importé de France.

Orchestre régimentaire d'État du Minhas Gerais, circa 1919 *(collection privée)*

Le premier casque qui pourrait être qualifié de moderne et qui fut adopté par le Brésil est le casque à pointe de fabrication allemande, aux termes du décret du 28 novembre 1889, dans le but de différencier les uniformes de la République de ceux de l'époque impériale. Dans l'uniforme de gala, la pointe est remplacée par des aigrettes en crin de cheval de couleur différente selon l'arme ou le service (rouge pour l'infanterie, blanc et rouge pour la cavalerie, carmin et noir pour l'artillerie, etc.).

En 1890 et 1894 (décrets du 28 août 1890 et 11 juin 1894) sont introduites des modifications sous forme de housses pour les casques à pointe, et apparaissent des plumets et crinières décorées pour certains modèles dans la cavalerie, l'artillerie de campagne et les fanfares. On voit aussi apparaître dans les plumets une combinaison de couleurs selon l'arme ou le service (artillerie de campagne, artillerie de forteresse, etc.)

Casque à pointe de la police de l'État du Parana (1913-1917) *(source Wikipedia Commons)*

Pickelhaube de cavallerie *(collection privée)*

Toutefois, si ce casque reprend les lignes générales de son homologue allemand, on relève quelques différences avec ce dernier, l'écusson est de style portugais avec le blason particulier de l'arme concernée, il est entouré de drapeaux avec une étoile sur le sommet et de plus, les pommettes de la mentonnière sont en forme de tête de lion. Avec le temps se sont ajoutés des modifications et éléments décoratifs particuliers, comme les bases des pointes ou des crinières, des petites décorations sur les côtés ou à l'arrière, etc. Si bien qu'il est possible de rencontrer une certaine variété, et, dans les cas les plus élaborés, on est bien loin du modèle allemand traditionnel pour se rapprocher par certains côtés du modèle portugais, alors que d'autres restent (dans la plupart des cas) proches de la configuration originale. Les rares exemplaires que l'on peut encore trouver de nos jours sont ceux d'officiers et d'officiers supérieurs.

Enfin, en 1903, après un usage relativement court mais très varié, le casque à pointe fut remplacé par un casque de modèle tropical, semblable au modèle français de 1878 et à ses homologues portugais – en fait une version en liège du casque colonial de l'époque – recouvert de tissu blanc et orné d'aigrettes, de plumets, de pointes et autres éléments décoratifs.

L'intérieur était garni de cotonnine, une toile grossière, ou de tissu vert, et se composait d'une bande de cuir ou de tissu destinée à absorber la sueur, le tout étant soutenu dans l'axe médian par des crochets fixes séparés par du liège. Le casque était complété par une jugulaire de métal doré à l'extérieur et par un écusson de même matière.

En fin de période, le casque à pointe au Brésil ne demeura plus en usage qu'au sein des forces de police ou para-policières, ou encore dans certaines unités de pompiers de quelques États. On estime que les derniers modèles se rencontraient dans les forces de police de l'État de Rio de Janeiro jusqu'en 1928.

Pendant toutes ces années, comme très souvent dans les nations jeunes, les uniformes brésiliens se caractérisent par leur allure chaotique et désordonnée, dans leur tentative de copier des styles, des traditions et même des modes militaires d'inspiration européennes. On voit ainsi se succéder au fil des changements, des décrets introduisant dans les uniformes des modifications rappelant les styles anglais, portugais, prussien, français, allemand, centre-européen ou même nord-américain, sans beaucoup d'attention ni de coordination.

Tandis que les nations les plus puissantes effectuaient les efforts nécessaires pour adopter des casques modernes et fonctionnels, celles situées en marge de la scène mondiale portaient, elles, sporadiquement, leurs efforts sur des casques de défilé ou décoratifs.

L'année 1932

La décennie 1930 à San Paolo est caractérisée, du point de vue économique, par les efforts d'ajustement aux nouvelles conditions crées par la crise mondiale de 1929. C'est dans ce contexte que se firent jour les revendications en faveur d'un gouvernement pauliste qui souhaitaient le retour de l'hégémonie de San Paolo dans la fédération, dont les intérêts, tant économiques que politiques, avaient été lésés par la nouvelle situation.

Le 9 juillet 1932, éclata la révolution constitutionnaliste de San Paolo. Le pauliste Pedro de Toledo qui dirigeait l'État en qualité de Préfet fédéral fut alors proclamé gouverneur. Des bataillons de volontaires furent constitués et quelques unités de l'armée se joignirent au mouvement, un fort contingent du Mato Grosso et la quasi-totalité de la force publique de l'État.

Au début, cinquante mille hommes furent mobilisés sous les ordres du colonel Euclides de Oliveira Figuereido, puis du général Bertoldo Klinger, et enfin sous le commandement suprême du général Isidoro Dias Lopes.

Modèles paulistes classiques: a) modèle français, b) modèle britannique, c) variante du modèle français, souvent appelé Casque pauliste *(collection particulière)*

Les milieux industriels participèrent avec enthousiasme à la révolution. Dirigés par Roberto Cochrane Simonsen, c'est toute l'industrie pauliste qui se mit au service de la rébellion et se consacra à l'industrie de guerre. L'approvisionnement interne aussi fut organisé. Cette lutte dura trois mois à peine et s'acheva par la déroute des paulistes et la perte de centaines de vies.

Coiffes et marquages classiques *(archives P. da Silva)*

Durant leur effort de guerre, les paulistes avaient créé différents départements, dont l'un était chargé de produire des casques d'acier, à l'imitation de ceux des nations européennes, pour préparer l'affrontement avec les troupes fédérales. Deux modèles furent présentés à ce département, l'Adrian français M1915 et le britannique MK-1, issus d'une collection privée. Ils furent tous deux agréés pour une production de masse, et, s'ils conservaient les lignes générales des modèles originaux, ils incluaient toutefois des modifications significatives. Le modèle français fut par exemple confectionné d'un seul tenant et son cimier était plus petit que celui de l'original, de même, les jugulaires et les languettes de cuir de la coiffe, sont très différentes de celles du modèle français, et variaient de plus selon les divers ateliers chargé de sa fabrication.

Carte postale d'époque, montant un soldat pauliste coiffé d'un Adrian *(archives P. da Silva)*

Le second modèle est une copie rustique de son homologue anglais et il n'est pas rare de rencontrer des asymétries dans l'aspect général du casque. Ses jugulaires sont un mélange de l'original anglais avec quelques points semblables aux jugulaires portugaises utilisées pour les casques MK-1.

Un dernier modèle, variante du modèle français, fut doté d'un système d'aération sous forme de bosse perforée en son centre, ce qui constitue une solution technique des plus simples pour aérer le casque, et ce modèle, appelé aussi pauliste, est celui qui attire le plus l'attention. S'il utilise des jugulaires semblables à celles du modèle Adrian, on le rencontre aussi avec des jugulaires de type «manche de pullover», plus élastiques et semblables à celles en usage dans les modèles russes et autrichiens de la Première Guerre mondiale.

La responsabilité de la fabrication des casques échut à l'Association Commerciale, qui avait à charge de recueillir des fonds pour leur production à grande échelle pour fin juillet 1932.

Diverses sociétés s'impliquèrent dans la fabrication des casques, parmi elles la Société Loucas e Esmaltos, les Industries Réunies Martin Ferreira y Bernardini Industrie et Commerce. Ces usines livraient les casques pressés à froid dans une plaque d'acier et l'Association Commerciale se chargeait des finitions, mise en place des coiffes et des jugulaires, ainsi que de la peinture, un vert-olive satiné au début, puis un vert plus sombre.

Ce casque fut largement diffusé dans la troupe et son usage très répandu.

Ouvrière travaillant à l'estampage d'un modèle de type britannique *(archives P. da Silva)*

En quelques mois, fut fabriquée l'étonnante quantité de 70.000 casques utilisés dans leur plus grande partie par les combattants de première ligne. À leur qualité pratique est, avec le temps, venue s'ajouter une grande valeur symbolique et affective, et aujourd'hui encore, ils demeurent le symbole de la lutte pauliste, et pour ajouter à la nostalgie et à la mystique, les coiffes de la plupart des casques portent, dans une typographie dorée, les légendes qui suivent "Offre du peuple pauliste aux soldats de la Constitution" sur le modèle anglais, ou, la plus émouvante "Le peuple pauliste, aux soldats de la Constitution," sur les modèles français, enfin, quelques casques portaient simplement en impression le mot: Pauliste.

Les casques, largement distribués parmi les combattants, furent décorés à la mode de ce que l'on appelle l'art des tranchées; drapeaux de l'État, grades militaires, marques des différentes armes (artillerie, santé, infanterie, etc.) d'une façon plus ou moins officielle, et même les boys-scouts utilisés comme courriers et messagers peignaient des insignes sur leurs casques.

Détail à prendre en compte par les collectionneurs, ces casques à grande charge symbolique furent conservés par les vétérans, peints et décorés après le conflit, en conséquence, il est difficile de distinguer entre ceux de l'époque du conflit et ceux postérieurs. Un détail significatif est que ceux de l'époque postérieure affichent des couleurs beaucoup plus vives et voyantes.

Après la déroute des paulistes, le gouvernement fédéral se trouva en possession d'une grande quantité de casques modernes et aussi de chaînes de fabrication qui n'avaient pas été détruites, et il décida de mettre à profit cette expérience, et le modèle britannique fut fabriqué à nouveau, avec un nouveau type de jugulaires, si bien que pour la première fois, l'armée du Brésil utilisa des casques d'acier.

Ce nouveau modèle fut fabriqué par l'usine de projectiles d'artillerie d'Andarai, à Rio de Janeiro qui était alors la capitale du pays.

Les trois modèles paulistes en action *(collection particulière)*

Modèle fédéral, basé sur le modèle britannique pauliste *(collection P. Massolo)*

Modèle fédéral, basé sur le modèle britannique pauliste *(collection P. Massolo)*

Quelques casques français qui restaient de la révolution furent aussi utilisés.

Ce nouveau casque, utilisant de vieux modèles anglais paulistes et un nouveau type de finition, se caractérisait par des jugulaires de toile synthétique d'un gris moyen d'une fabrication spécifique qui faisait montre d'un fini plus professionnel. Une série de rivetages extérieurs et latéraux portant les jugulaires permet ici une identification plus aisée.

Ceci date des années 1933 et 1934 et l'usage en fut conservé, à plus ou moins grande échelle jusqu'en 1945.

Il fut aussi importé une petite quantité de casques M1917-A1 de provenance nord-américaine dont l'usage fut limité à l'infanterie de marine, et sur certains exemplaires, on trouve aujourd'hui des jugulaires dont la réparation a été effectuée de façon artisanale. Ils se caractérisent par leur couleur vert pomme, selon l'usage officiel brésilien de ces années-là.

Préalablement à ces choix, en 1931 environ, on démarra la fabrication et la distribution d'un casque local qui conjuguait les caractéristiques du modèle Adrian mais avec un corps de liège ou autres fibres. Il fut le fruit de l'analyse de l'État-major où l'on jugea qu'en relation avec les caractéristiques propres du climat et de la géographie national, l'armée devait pouvoir bénéficier d'un casque harmonisant les caractéristiques d'un casque moderne en acier avec le confort d'un casque plus léger.

Ce casque de liège présente de légères variantes, parce que les fabricants privés, les ateliers militaires et les petits ateliers avaient de légères différences dans leur processus de fabrication.

Sa matière est le liège ou autres fibres couvertes d'un tissu vert olive et ses accessoires, cimier et bords des visières sont en métal.

Ce modèle présente une certaine similitude avec le modèle Adrian – on l'appelle d'ailleurs modèle français – et l'emblème de l'arme était visible sur le front, ainsi que le blason national pour les officiers. En particulier, les modèles pour officiers présentaient une forme plus aplatie, nommée type anglais, avec une jugulaire extérieure au casque, en cuir tressé, et d'un usage purement décoratif. Ces casques arboraient aussi l'écusson national à l'intérieur d'un ovale, seul ou entouré de rinceaux décoratifs. On rencontrait aussi une étoile en métal pour les aspirants, et pour les sous officiers et hommes de troupe, l'écusson de l'arme.

Casque de fibre avec badge de l'infanterie *(collection P. Massolo)*

a) Casque de fibre utilisés par les sous-officiers *(archives privées)*, b) Modèle officier *(collection P. Massolo)*, c) Casque de général *(collection P. Massolo)*

Lors des défilés, les généraux utilisaient un modèle identique, mais couvert de tissu blanc avec des accessoires dorés. Ce modèle est aujourd'hui extrêmement rare.

Les fusiliers marins utilisaient un casque de gala similaire, mais en cotonnine blanche, avec des accessoires dorés, et notamment l'extérieur de la jugulaire, l'écusson spécifique sur le front, et une pointe dans le style des vieux casques de liège.

Ces matériels furent utilises jusque dans les années 1950, et leur usage fut peu à peu abandonné, et ils furent remplacés par le casque d'acier modèle M1 de fabrication nord-américaine.

On relève en particulier parmi les entreprises qui le fabriquaient Trinidade & Nelson, qui a continué à produire des couvre-chefs pour l'Armée du Brésil jusqu'aux années 1980, et l'entreprise Ouro.

Le casque M1

En 1944 le gouvernement brésilien envoya en Europe un contingent de 25.334 hommes qui passèrent sous le commandement de la 5° armée des États-Unis sur le front italien, dans le cadre de l'effort final contre les armées de l'Axe en Europe.

Le groupe fut ensuite assigné au 4° corps d'armée de l'armée des États-Unis et constituait l'une des vingt divisions alliées présentes sur le théâtre d'opérations italien.

Soldats de la FAB rentrant au pays. Le casque du premier homme à droite est orné d'un badge américain, alors qu'il arbore le *Patch* de bras des FAB *(archives historiques FAB, via A. Donosio)*

Patches des la FAB, parfois peints sur les casques *(collection particulière)*

Les emblèmes officiels que l'on peut aussi trouver sur les casques de l'époque sont les grades officiels brésiliens, peints de couleur bleu-clair ou blanche. D'autres insignes correspondent aux unités américaines auxquelles appartenait la Force Expéditionnaire Brésilienne (FAB)[1].

A partir de 1945, l'armée brésilienne reçut de nombreux M1 américains, surplus de la Seconde Guerre mondiale. Cette adoption fut ultérieurement officialisée par le "Règlement des Forces Ter-restres du Brésil" de 1958.

Casque de la Police militaire, décoré au retour, destiné à la parade *(collection Fabio Pradeira)*

[1] Cet équipement fut offert aux soldats à leur retour au Brésil.

Liner de M1 en fibre, fabriquée par Diana Paolucci Co.*(collection P. Masolo)*

L'adoption du casque M1 fut complètée dans les années suivantes par l'achat de M1 d'origine autrichienne, à la firme USCH, casques destinés à l'exportation et conçus en conformité parfaite avec leurs homologues américains.

A la fin des années 1970, fut entreprise la fabrication locale des casques, avec l'appui des industries nationales. Les plus connues pour avoir fabriqué des M1 sont les entreprises Vergueiro et Diana Paolucci. Outre les marques à l'intérieur du casque léger moulé à même la fibre, le corps d'acier présente d'ordinaire des chiffres de marquage sur le rebord antérieur de la visière, indiquant généralement le numéro de lot et l'année de fabrication et sur un autre côté, ceux fabriqués par Diana Paolucci, portent sur la partie arrière un sceau à l'intérieur avec le mot "Diana" en jaune.

Les casques produits au Brésil sont très semblables au M1 américain, ils montrent une coiffe de type *Ridell* et possèdent aussi un orifice frontal en ce qui concerne le casque léger (*liner*) avec la particularité que sa jugulaire en coton est réglable et présente une bande double en guise de mentonnière.

Le casque M1 reste aujourd'hui encore en usage dans l'armée du Brésil et cohabite avec les modèles autrichiens et nord-américains. Outre ceux fabriqués localement, on peut trouver ainsi un grand nombre de variantes étant donné les nombreuses années où il fut en usage et le grand nombre de réparations effectuées au niveau des régiments.

On relève aussi une version M1-C pour parachutistes dont les caractéristiques sont identiques à celle du modèle nord-américain.

Camouflage de M1 brésilien en toile Lézard caractéristique *(collection J. Panuncio)*

Les Fusiliers Marins

La Marine du Brésil et son corps d'infanterie, les Fusiliers Marins, qui se considèrent comme une unité d'élite, ont toujours présenté une différenciation notable avec les autres corps de l'armée.

Leur premier casque d'acier fut le M1917-A1 d'origine américaine, pour adopter plus tard le M1, postérieurement à l'Armée de terre qui l'utilisait depuis 1945.

Cependant, dans les années 1970 et 1980, on commença à utiliser de petites quantités de casques OR-201 et OR-404 d'origine israélienne, très appréciés par la troupe et ce matériel équipa sur une échelle modeste les unités les plus exposées, patrouilles et contingents de paix de l'ONU.

Fusiliers marins en exercice, avec des casques de plastique israéliens *(Magazine Infobahia)*

Casque de fusiliers marins, en matière plastique, fabriqué par Ouro co *(collection privée)*

Dans les années 1970 (certains avancent l'année 1978), entre en scène un casque de fibres polyamides utilisé par les fusiliers et les parachutistes. Il s'agit d'une coiffure aux lignes modernes munie d'une jugulaire double, de style israélien mais de formes plus arrondies, assez semblable au MKV britannique et l'on parle d'une petite production de 3.700 exemplaires.

Casque de fusiliers marins plastique avec badge *(collection P. Massolo)*

Ce casque est fabriqué en fibre de verre et plastique balistique très épais, avec un gros rebord de caoutchouc. La suspension de type *Cradle* est complétée par une mentonnière double de type israélien.

Ce modèle s'est avéré trop lourd (1,650 kg), et fut refusé pour une application généralisée dans l'armée, si bien que sa production fut interrompue et son usage limité aux fusiliers marins et aux parachutistes.

Les parachutistes

Les parachutistes brésiliens sont, à l'origine, un petit groupe de volontaires qui avaient participé aux États-Unis à un cours sur les troupes aéroportées en 1944. Ces diplômés ont constitué le noyau de l'organisation parachutiste brésilienne avec le début, un an plus tard, des premières formations dans cette spécialité. Se sont ensuite succédées plusieurs modifications dans l'organisation jusqu'à ce qu'enfin voie le jour la compagnie actuelle sous le nom de Brigade d'infanterie parachutiste.

Une ancienne version du même casque avec jugulaire simple *(collection particulière)*

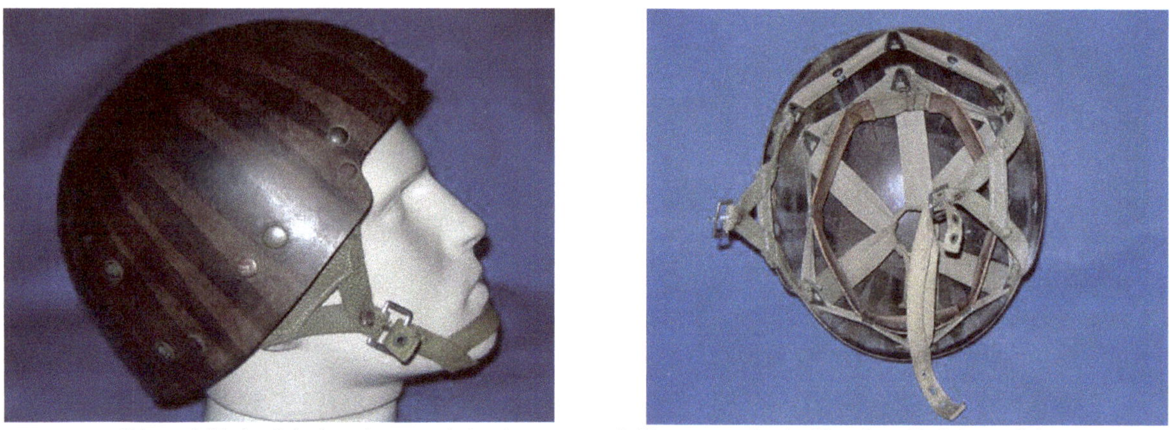

Liner M1 de fabrication américaine avec visière coupée *(collection P. Massolo)*

Dès le début, le casque en usage fut le M1-C de provenance américaine, très exactement ceux du type d'après-guerre, et très souvent, pour les sauts au cours de l'instruction, on utilisait le casque léger du M1 avec une visière raccourcie manuellement.

Dans les années 1970 et 1980, furent testées différentes formes de casques de fabrication locale en fibres, comme le modèle commun avec les fusiliers marins, clone du M1 réalisé en matériaux synthétiques, de sorte que le M1 fut de toute manière l'option la plus souvent retenue, dans sa version américaine ou dans la locale. D'apparence, ils sont parfaitement identiques.

Modèle M1 d'essai de fabrication brésilienne *(collection E. Lacaze)*

Cadette parachutiste avec casque plastique à l'entraînement *(folha do Sao Luis)*

Troupes de montagne

Les troupes de montagne, outre le M1 ou le modèle en fibre plus moderne, utilisent une version du casque de tankistes des années 1970 et 1980, de fabrication nationale, sans les ajouts portant le nécessaire de communication, un équipement léger et très résistant, très apprécié pour la plupart des activités spécifiques de l'alpinisme.

Casque d'alpiniste utilisé par les troupes de montagne *(collection P. Massolo)*

Casque de tankiste, sans équipement de communication, utilisé par les troupes de montagne *(collection P. Massolo)*

Le casque en fibre balistique

Le modèle le plus connu est le clone du M1, conçu en fibre balistique, semblable au modèle sud-coréen qui possède une suspension du type *Cradle* en coton, la mentonnière possèdant une ganse que l'on peut dénouer et ajuster. Avec son bord extérieur en caoutchouc et son rivetage extérieur, lui donnant une allure aplatie il ne parvint pas à se généraliser. Il fut testé dans les années 1980 particulièrement auprès des unités parachutistes.

Soldats brésiliens sous commandement des ONU utilisant un PASGT (*La Plara Press)*

Au début des années 90, comme dans de nombreux pays, la première solution fut d'acquérir immédiatement un modèle qui existait déjà sur le marché, principalement pour les troupes sous mandat des Nations Unies et les missions de ce type, et le modèle choisi fut le PASGT américain qui fut distribué au sein de l'armée. Les première unités à en être dotées furent celles déployées en Angola et au Mozambique.

Ce problème trouva sa solution à partir de 1993 avec l'entrée en service d'un modèle similaire au PASGT américain.

Son aspect extérieur montre des lignes générales semblables au PASGT, mais à l'intérieur, il rappelle pour les courroies le modèle israélien, avec une jugulaire double et des coussinets en cuir, et des éléments en caoutchouc permettant un meilleur capitonnage.

Modèle Imbrafiltro Co. en *Kevlar (collection E. Lacaze)*

Il existe une version spécifique pour parachutiste qui possède une visière de taille plus réduite et une jugulaire plus large.

Fabriqué par l'entreprise Inbrafiltro, dans sa branche Inbratextil, de Maua dans l'État de San Paolo, il existe en deux versions dont l'usage est officiellement imposé dans l'Armée, la Marine et les Forces aériennes, dans le but d'homogénéiser ce matériel dans l'ensemble des forces armée. Les différentes versions sont fabriqués en polymères différents, l'un en fibre aramide, et l'autre en polyéthylène ballistique, il sont fournis en trois tailles différentes et il existe des versions pour les militaires et d'autres pour la police.

On relève en particulier parmi les entreprises qui le fabriquaient Trinidade & Nelson, qui a continué à produire des couvre-chefs pour l'Armée du Brésil jusqu'aux années 1980, et l'entreprise Ouro.

Modèles Imbrafiltro en *Kevlar (Folha de Sao Luis)*

Autres modèles

On trouve communément beaucoup de types de casques dans les forces de défense et de sécurité du Brésil, en raison de l'étendue du territoire et du nombre des formations affectées à la sécurité, d'où cette variété de casques militaires et policiers.

Citons quelques exemples, sans ambition d'exhaustivité, mais avec l'idée de brosser un panorama des casques militaires et para-militaires présents dans ce pays.

Le casque de Dragon de l'Indépendance

Les Dragons de l'Indépendance ou Gardes de l'Indépendance sont nés d'une unité créée en 1808 par le Prince Régent Don Joao, et deviendront avec l'indépendance la Garde d'Honneur des Mousquetaires de Don Pedro (1822-1831).

Bien des années plus tard, la Chambre des Députés décide (en 1917) d'utiliser cette unité traditionnelle comme Garde d'Honneur et unité des défilés historiques. Son uniforme est basé sur celui traditionnel des anciens Gardes.

Le casque des Gardes est un rappel de celui des Dragons français de l'unité d'origine, selon la réglementation en cours (rapport ministériel 698 du 14 juillet 1986).

Dragons de l'Independence en mission de cérémonie *(Folha de Sao Luis)*

Le casque est en cuir ou en plastique moulé avec un dragon sur le cimier, avec les ailes déployées d'où pendent des crins décoratifs noirs d'un mètre de long. Le casque cônique léger, en cuir de porc avec un cordon de réglage, a un écusson frontal métallique composé de deux branches, l'une de cacao, l'autre de café qui forment une couronne incomplètement fermée, frappée au milieu de l'étoile nationale. La jugulaire est composée d'écailles dorées et comporte un lacet intérieur qui permet son ajustement.

Un officier supérieur de cette unité *(Savante Magazine)*

Le casque de gala du Collège Militaire

Les collèges militaires utilisent un casque de gala en matière plastique, qui rappelle les casques en liège d'autrefois. Il est d'un blanc brillant, avec une fausse jugulaire extérieure dorée et un cimier dans le style du dragon classique, lui aussi doré d'où pend un panache de crins synthétiques de couleur verte et jaune. Il porte de plus l'écusson frontal des collèges, une étoile rouge et dorée, frappé d'une forteresse.

Une des usines qui fabrique ces deux casques, ainsi que ceux de gala des pompiers et des policiers est MM pisc de Sao Joao de Meriti, dans l'État de Rio de Janeiro.

Casque du College Militaire, en plastique *(MM pisc.)*

Le casque léger du M1

Cette partie des M1 est en usage spécialement dans les bataillons de la Garde, ainsi que dans la PE et la Police de l'Armée dite aussi Police militaire.

Selon l'actuel Réglement des Uniformes de l'Armée, les Unités de la Garde doivent utiliser le modèle de la Garde, qui est le casque léger du M1, d'une couleur vert sombre satiné, avec à l'intérieur des courroies de cuir blanc ou noir ou encore en matière synthétique, une jugulaire de cuir blanc, l'emblème de l'unité sur le front et des lignes de couleur sur les côtés (noir-blanc-rouge), le tout en autocollants.

Police d'État, années 1980
(collection P. Massolo)

Casques divers, destines à des usages variés
(Armazo Museum)

La *PE* utilise le même modèle avec le badge de l'unité au centre avec les lettres *PE* sur les côtés et des bandes latérales rouges. La couleur de ces casques est le vert pour l'usage quotidien et le blanc pour les galas.

Casque de la Police militaire de l'arme navale de l'Armée *(collection P. Massolo)*

Casque léger de MP avec badge national de la garde des fusilier marins *(collection L. Lucio)*

Les collèges militaires utilisent ce même casque, de couleur turquoise très pâle cette, fois avec des bandes latérales rouges et l'écusson du collège sur le devant (l'étoile rouge et dorée avec une forteresse).

Il existe d'autres insignes spécifiques, plus petits et en très grande variété, spécialement dans le cas des casques légers du M1, mais aussi, dans une moindre mesure, dans le cas des casques lourds M1 d'acier et les autres modèles.

Le casque léger M1 et de type PASGT la garde de la Force Aérienne

Casque PASGT de la Force Aérienne *(collection G. Llado)*

La Force Aérienne Brésilienne utilisait jusqu'à recemment un casque léger M1 identique à celui de la Police Militaire. Il existe en deux versions, l'une en bleu marine et l'autre en blanc, toutes deux avec l'écusson de la FAB et des lignes latérales en matériau adhésif, la version bleue pour les gardes habituelles, la blanche pour les galas et les gardes d'honneur. Avec les mêmes caractéristiques visuelles et d'usage, ce matériel a été remplacé par un casque plus moderne élaboré en PVC injecté, non balistique, qui imite la forme du PASGT, utilisé aussi par les motocyclistes. Le casque léger est en matière synthétique et caoutchouc et les jugulaire sont aussi en rubans de plastique. Il a une pièce de capiton central qui rappelle celle en usage pour le casque français M78F1. Il est fabriqué par l'usine Global à San Paolo.

Armée de l'air: Casque de garde et de parade special aviation *(collection G. Llado)*

Casques pour véhicules blindés

Equipages de chars légers Ansaldo *(archives J. Revuelta)*

Il a existé quatre modèles de base en matière de casques pour blindés, la plupart de fabrication nationale.

Le premier est une copie du modèle italien de la Seconde Guerre mondiale, très similaire à ce dernier, sauf qu'il comporte des orifices d'aération extérieurs, élément commun à l'ensemble des casques pour véhicules blindés brésiliens, il est en usage dans les blindés légers Ansaldo et CV-33 II d'origine italienne.

Le second modèle est une copie du casque américain M38 avec toutefois des proportions différentes, il est en bakélite et comporte dix orifices d'aération. Il offre une protection de nuque et des oreillettes à la manière de son homologue nord-américain, bien que de facture plus simple. L'intérieur est en cuir noir et vert et comporte quatre languettes. Utilisé jusqu'aux années 1960-1970 d'abord dans les chars légers Stwar, puis sur les Grant, puis enfin sur les Sherman.

Casque des années 1940 *(Collection J. Revuelta)*

Le suivant est un casque qui apparaît dans les années 1970. Il ressemble à un casque de motocycliste avec dix orifices d'aération et un rebord de caoutchouc noir. Il est confectionné en fibre plastique. Son casque léger est un petit casque de cuir synthétique démontable et tenu par une bande de *Velcro*. Il a deux crochets extérieurs de côté pour l'équipement de communications. Ce même casque, sans les équipements audio est utilisé aussi par les troupes de montagne et les parachutistes en entrainement. Ils ont été utilisés dans les chars M41 et autres modèles de blindés légers.

Casque de tankiste avec équipement de communications *(collection P. Massolo)*

Le dernier modèle fait son apparition dans les années 1980, il s'agit d'un casque semblable au DH132 américain, avec une housse en *Kevlar* et un gros rebord de caoutchouc qui s'appuie sur le casque léger de cotonnine à même de recevoir les équipements de communication. Ce casque est utilisé dans les chars de fabrication nationale et exporté au Moyen-Orient et en Amérique Latine (Urutu, Cascabel etc.)

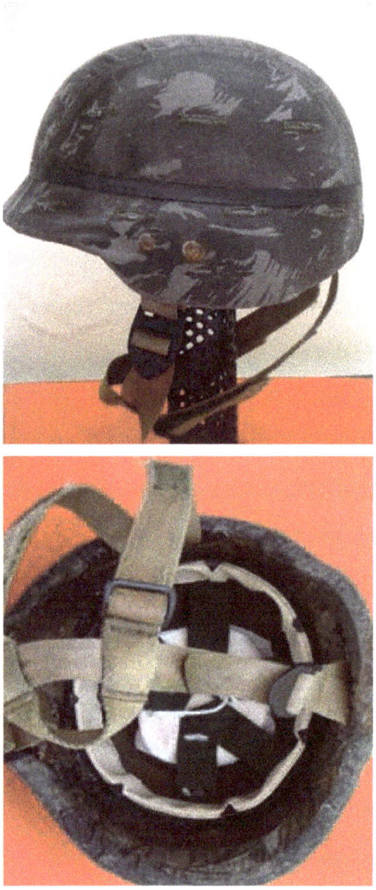

PASGT modifié
(clichés P. Massolo)

Dernier modèle brésilien. Il est aussi exporté. *(archives privées)*

Enfin, quelques modèles étrangers furent utilisés, qui accompagnaient l'achat de certains véhicules, comme le modèle CVC des États-Unis et un casque de pro tection pour les premiers blindés français des années 1920, au sujet duquel, malheureusement, ne nous sont parvenues à ce jour aucune information intéressante.

Casque américain utilisé par l'armée
(collection P. Massolo)

Soldat brésilien coiffé d'un PASGT en *Kevlar* de fabrication nationale, en mission à Haiti en 2011 *(Sagaverde archives)*

Epilogue

Le thème des casques militaires brésiliens devrait faire l'objet d'une étude plus exhaustive qui n'existe pas même au Brésil. Quelques petites monographies ont été rédigées, presque toujours centrées sur les casques paulistes et les M1 de la FAB. Le propos de cet article est de donner une idée générale du sujet, avec la possibilité d'être amendé ou développé. C'est là notre souhait.

Pablo E. Massolo

Remerciements aux collectionneurs suivants:

Paolo Da Silva
Ricardo Jara Franco
Eduardo Krapovickas
Eric Lacaze
Gabriel Llado,
Jorge Panuncio
Gregg Picksel
Joseba Revuelta

Bibliographie

Baccarat, Samuel, Capacetes de Aço, Sao Paulo, *Revista dos Tribunais*, circa 1936.

Barroso, Gustavo, *Uniformes do exercito brasileiro 1730-1922*, Paris, Ferroud, A. et Ferroud, F., 1922.

Bastos, Expedito et Stephani, Carlos, *Capacetes de Aço no exercito brasileiro 1932-2005*, Juiz de Fora, Universidad Federal de Juiz de Fora, 2005.

Cenni, Italo, *Uniformes des troupes brésiliennes*, 1926.

Marzetti, Paolo, *Elmetti/helmets,* Parma, Ermmano Albertelli editore, 1st edition, 2003.

Ringoni, Carmen Lucia, *Bravos combatentes da FEB*, Rio de Janeiro, Editorial Samnana, 2006.

Rivera, Edmundo, *Uniformes historicos do exercito federal*, Rio de Janeiro, Ed. Castrobarrios, 1998.

Varios, *Depoimiento de Oficias de reserva sobre a FEB*, Sao Paulo, Ed. Guaranao, 1946.

Varios, *Regulamento de exercito brasileiro 2005*, Brasilia, Editorial do exercito, 2005.

Musées

Museu Histórico do Exército e Forte de Copacabana,
Praça Cel. Eugenio Franco, 1, Rio de Janeiro, Brazil.

Museu da Força Expedicionária Brasileira,
Rua das Marrecas, 35 Lapa - Rio de Janeiro, RJ.

Museu do Expedicionário,
Praça do Expedicionário s/n, Curitiba, Parana. Brasil

Musée historique de l'armée, au fort de Copacabana à Rio de Janeiro *(droits réservés)*

Museo do Expedicionário, Curitiba *(droits réservés)*

SUMARIO DEL CAPÍTULO
CHAPTER SUMMARY

(xxx:ar-i, ar-d) = pág. xxx, arriba-izq., arriba-der.
(xxx:ab-i, ab-d) = pág. xxx, abajo-izq., abajo-der.
(xxx:mi, md) = pág. xxx, al medio-izq., al medio-der.

BRASIL

En 1821, Pedro I fue coronado Emperador de Brasil, lo cual dio comienzo al país como un estado independiente. Este evento fue inmediatamente seguido por una desastrosa guerra contra Argentina (1826-1828) que resultó en la secesión de territorios, que posteriormente dieron origen a Uruguay.

Al menos dos modelos de cascos de coraceros de estilo francés se emplearon durante éste periodo (1825-1831). Uno de ellos lució el dragón de Braganza en su cresta. El otro muy similar, no portaba dicho atributo *(57:ar-d).*

La famosa pintura de Pedro Américo (1888) titulada "Independencia o Muerte" muestra dragones portando cascos cobrizos de coraceros, decorados con una melena negra y un pompón rojo. Cascos de cuero aparecen en varias ilustraciones, siendo algunos de éstos cascos importados de Francia.

A comienzos de 1889, y en orden a resaltar las diferencias con el período imperial (1822-1889), se introdujo en el Ejército brasileño, el estilo alemán del casco *Pickelhaube.* De distintas variedades, algunos de estos cascos revelaron una característica influencia portuguesa *(58:abajo).*

Con la excepción de la policía y algunas otras unidades paramilitares, la mayoría de los cascos de punta fueron reemplazados, en 1903, por cascos tropicales, similares al modelo M1878 francés.

Durante la guerra Paulista de 1932, entre la provincia de Sao Paulo, enfrentada

(xxx:tl,tr) = page xxx, top-left, top-right
(xxx:bl,br) = page xxx, bottom left, bottom-right
(xxx:ml,mr) = page xxx, middle-left, middle-right

BRAZIL

In 1821 Pedro I was crowned Emperor of Brazil, and it marked the beginning of the country as an independent state. This event was immediately followed by a disastrous war with Argentina (1826-1828), which resulted in the secession of territory which later became the country of Uruguay.

At least two models of French-style cuirassier helmets are believed to have been worn during this period (1825-1831). One sported the dragon of Bragance on its crest. The other one was similar, but without the dragon *(57:tr).*

The famous painting by Pedro Américo (1888) entitled, "Independance or Death," shows dragoons wearing copper cuirassier helmets decorated with a black mane and a red pompon. Leather helmets appear in various illustrations. Some of these helmets were imported from France.

Beginning in1889, in order to highlight the difference with the imperial period (1822-1889), the German-style *Pickelhaube* helmet was introduced into the Brazilian Army. Of several varieties, some of these helmets revealed a distinct Portuguese influence *(58:bottom).*

With the exception of police and some other paramilitary units, most spiked helmets were replaced in 1903 with tropical helmets similar to the French M1878.

During the Paulista war of 1932, with the province of Sao Paolo pitted against the Brazilian Army, the first steel helmets in

contra el Ejército brasileño, se introdujeron los primeros cascos de acero en la historia brasileña. Creado por los Paulistas, estos cascos aparecieron en tres formas diferentes *(60; 62:ab-i)*.

Después de la derrota de los Paulistas estos cascos se distribuyeron en el Ejército brasileño. El casco tipo *Brodie* se mantuvo como el modelo estándar *(61:ab-d; 62:ab-d; 63:arriba)*. Algunos US M1917-A1 fueron importados en ese momento.

Durante el mismo período (1931), se dio inicio a la producción de una versión ligera (de corcho) del modelo Adrián francés. Más aptos para el clima tropical, que los pesados modelos de acero, estos cascos fueron usados ampliamente (con una gran variedad de emblemas frontales) hasta principios de la Segunda Guerra Mundial *(64)*.

Habiendo declarado la guerra a Alemania, los Cuerpos Expedicionarios de Brasil entraron en combate en Europa en 1944, siendo equipados con el US M1 *(65)*. Este casco, entregado a todas las ramas de las fuerzas armadas, fue estandarizado por el Reglamento de 1958.

Posteriormente, algunas copias de M1 se importaron de Austria, y a comienzos de 1970, otros tantos fueron manufacturados localmente *(66:arriba)*.

Los infantes de marina usaron sucesivamente el US M1917-A1 y el US M1. En los años setenta, fueron introducidos el modelo israelita OR-201 y el OR-404 *(67:mi,abajo)*, así como el modelo británico MKV, fabricado localmente. Las unidades de la marina emplearon también cascos de punta, para eventos ceremoniales *(67:ar-d)*.

Las unidades de paracaidistas y tropas de montaña, usaron inicialmente cascos americanos, antes de emplear las versiones locales de dichos modelos *(68; 69)*.

A comienzos de 1993 el Ejército comenzó a adoptar el PAGST. Los primeros modelos

Brazilian history were introduced. Created by the Paulistas, these helmets appeared in three different forms *(60; 62:bl)*.

After the defeat of the Paulistas, these helmets were distributed to the Brazilian Army. The Brodie-type helmet was retained as the standard model *(61:br; 62:br; 63:top)*. Some US M1917-A1 were also imported at that time.

During the same period (1931) the production of a lightweight (cork) version of the French *Adrian* was undertaken. More adapted to the climate than the heavy steel models, these helmets were widely used (with a variety of front emblems) until the beginning of the Second World War *(64)*.

Having declared war on Germany, Brazil's Expeditionary Corps entered the fighting in Europe in 1944 and was equipped with the US M1 *(65)*. This helmet, issued to all the branches of the armed forces, was made standard-issue by a 1958 regulation.

Some M1 clones were later imported from Austria, and beginning in 1970, others were manufactured locally *(66:top)*. The Marines used successively the US M1917-A1 and the US M1. In the 1970s the Israeli OR-201 and OR-404 were introduced *(67:ml,bottom)*, as well as the locally made British MKV model. Marine units also wore a spiked helmet for ceremonial events *(67:tr)*.

Paratroops and mountain troops initially used US helmets before turning to local versions of these models *(68; 69)*.

Beginning in 1993 the Army began adopting the PAGST. The first models were US-made, but soon local production was begun. Existing in two versions, it is now widely used by all the armed services *(70; 71)*.

The Honor Guard (Dragons of Independence) uses an impressive French-inspired dragon helmet for ceremonial events *(72; 73)*, and for similar occasions, the Cadets

fueron de origen americano, pero pronto la producción local fue iniciada. Existiendo en dos versiones, se usan ahora ampliamente por todos los servicios armados *(70; 71)*.

La Guardia de Honor (Dragones de la Independencia) usan un impresionante casco de dragón, de inspiración francesa, para eventos ceremoniales *(72; 73)*, y para ocasiones similares, los Cadetes de la Academia Militar "Agulhas Negras" portan un tipo muy especial de casco ligero, en que destaca una estrella roja en la parte frontal *(74:md)*.

Varios modelos de cascos, de plástico ligero, tipo US M1 o PASGT son usados por algunas unidades militares en funciones de guarnición.

Las tripulaciones del tanque han llevado, en el transcurso de los años, una diversa variedad de modelos nacionales o americanos *(77; 78)*.

of the Military College wear a very special type of lightweight helmet featuring a red star on the front *(74:mr)*.

Different plastic light helmets of US M1 or PASGT-style are used by the various military units for guard duties.

Tank crews have worn, over the course of years, a variety of locally manufactured and US-made headgear *(77; 78)*.

CHILI

Depuis l'origine, la mode militaire chilienne refléta celle de l'Europe et, tout particulièrement celle des pays ou régnaient des Bourbon. Les uniformes et coiffures influencés par l'Espagne, le Portugal et ensuite la France, étaient toutefois généralement simplifiés, au vu du contexte climatique et de pauvreté régnant en Amérique latine. Les unités créoles qui, au XVIIIème siècle affrontèrent les indiens Mapuches, développèrent notamment un style particulier.

La France comme modèle

L'armée chilienne vit le jour le 2 décembre 1810, comme continuatrice de l'armée de la Capitainerie Générale du Chili. Au début du XIXème siècle, le prestige des armes napoléoniennes conduit à l'adoption d'uniformes "à la française" comme on peut le voir sur l'illustration ci-dessous.

A: Officier, Régiment de Hussar de la Grande Garde, ca. 1812; B: Officier, Artillerie à pied, 1827; C: Troupe, Escadron de Cuirassiers, 1827 *(dessin J. Berrios S.)*

L'ordonnance du 29 avril 1852 (en vigueur jusqu'en 1878) introduit le large pantalon rouge, le dolman et le képi, à la mode du Second empire français.

Durant la Guerre du Pacifique, (1879-1884), les uniformes se simplifièrent et un casque de liège fut introduit pour les officiers.

Une influence prussienne se substitue à celle de la France

Avec la victoire prussienne de 1870, la mode allemande se répand et les casques à pointe sont adoptés par les armées de plusieurs nations d'Amérique latine, dont le Chile.

Sortis vainqueurs de la Guerre du Pacifique[1], les Chiliens décident de franchir un pas de plus et de réorganiser l'ensemble de leur armée à l'allemande, Berlin, contrairement à Paris, étant resté neutre durant le conflit. Les règlements de 1898 et 1905 voient ainsi progressivement disparaître l'influence française.

Après 1898, des *Pickelhaube* de type M95 sont introduits.

Le commandant Virgilio Mendez et des officiers du 3ème régiment de ligne vers 1879. A droite, on voit le capitaine R.E Garriga du bataillon d'Antofagasta vers 1881 *(Uniformes de la Guerra del Pacifico: Las campañas terrestres 1884, Greve et Fernández)*

Soldat du Régiment Chacabuco. Assis, le commandant du régiment le colonel D. de Torro Herrera *(www.guerradelpacifico1879.cl)*

Une compagnie du Régiment Chacabuco (San Bernardo, 1880) Noter le casque haut type allemand. *(collection General Roberto Arancibia Clavel)*

Entre 1895 et 1900, l'École militaire, l'École des sous-officiers, l'Académie de guerre et les unités en général, reçoivent l'enseignement de la dernière version de la théorie et de la technique militaire allemandes. Cette influence à perduré plus d'une centaine d'années dans l'armée chilienne, ayant exercé également une forte influence formatrice dans les forces armées d'autres pays d'Amérique latine. Les forces armées de la Colombie, de l'Équateur, du Venezuela et du Salvador ont ainsi été sous la tutelle de missions

[1]Torti, Juan Angel, *La guerre du Pacifique,* Uniformes, N°232, mars 205, p. 32 s

militaires chiliennes, dans certains cas pendant de longues périodes. On peut aussi noter une présence militaire chilienne dans les pays suivants: Honduras, Nicaragua, Venezuela, Mexique, Cuba, Costa Rica, Bolivie et Paraguay[2]

Officiers prussiens en instruction de recrues, École militaire du Chili, 7 septembre 1911 *(cliché Dirección Escuela Militar)*

Cadets de l´armée en uniforme de défilé, année 1910, *Escuela Militar del Libertador Bernardo O´Higgins (cliché Florencio Infante Diaz, 1985)*

Jusqu'en 2006, l'Allemagne puis l'Autriche, ont fabriqué régulièrement les casques de pointe destinés au Chili (initialement des M1891 et ultérieurement des M1895).

Jusqu'à la fin des années 1920, l'armée portait un casque à pointe à visière carrée, sans *Haarbusch* réservé exclusivement aux officiers, et aux élèves de l'École militaire et "des classes" (sous-officiers).

Premier emblème sur le casque à pointe, utilisé jusqu'en 1927 par l'École militaire *(collection Raúl Yañez Muñoz)*

Modèle officier avec l'emblème national actuel, utilisé dans l'armée jusqu'à la fin des années 1920 *(collection Ricardo Jara Franco)*

Les officiers d'artillerie arboraient eux la boule métallique à l'allemande, sur leurs casques jusqu'au milieu des années 1920.

De même, de 1900 jusqu'aux années 1920, les membres de l'Escadron de cavalerie de la Garde Présidentielle, portaient un impressionnant casque type *Jäger zu Pferde*, surmonté d'un condor aux ailes déployées pour l'escorte, et avec une pointe pour l'école de cavalerie.

[2] ARANCIBIA CLAVEL, Roberto, *La Influencia del Ejército Chileno en América Latina **1900-1950***, ISBN 956-291-449-6

Plus tard, à compter de 1924-1925, l'Armée réserva les casques à pointe à visière ronde (avec un *Haarbusch* blanc pour les officiers et les cadets et rouge pour la fanfare de l'École militaire) à la seule École militaire, tradition qui s'est maintenue jusqu'à aujourd'hui. Actuellement le casque à pointe est intégralement fabriqué au Chili, depuis l'interruption de la production de son fournisseur européen, en 2006.

Lieutenant d'artillerie du régiment N° 3 *Chorrillos (collection Raúl Yañez Muñoz)* et porte-drapeau de l'École militaire en 1910 *(cliché Album Gráfico del Ejército de Chile, année 1910, EMGE)*

Caporal de 1ère classe de l'Escadron d'escorte de Cavalerie. Tiré de l'*Historia del Ejército de Chile, Nuestros Uniformes* de l'EMGE et *Jäger zu pferde* (chasseur à cheval) *(collection de John Mordini, www.pickelhaube.net)*

Cavalerie chilienne avec casques type *Jäger zu Pferde,* dans les années 1920 *(cliché Musée Historique National (MHN), référence PFB-000939)*

Le Décret Suprême du 24 mars 1919, a établi qu'après la fin du port du casque à pointe à visière carrée, les troupes chiliennes utiliseraient comme coiffure, un casque de liège et de tissu, gris-vert, sans garnitures. Ce casque était fabriqué en Allemagne (Bortfeldt) et en Angleterre (Hawkes & Co.), et son utilisation s'est poursuivie de 1920 jusqu'à la fin des années 1950.

Casques de l'École militaire, crinière retombante, rouge pour la fanfare et blanche pour les cadets et les officiers *(collection Ricardo Jara Franco)*

L'École en manoeuvres, 14 novembre 1914
(collection Dirección Escuela Militar)

Au cours des années 1930, l'armée chilienne réalise la nécessité d'envisager le port du casque d'acier dans ses unités. Vers 1936-1939 un nombre important de casques tchécoslovaques modèle Vz-32 sont ainsi achetés et distribués à 2 régiments chiliens (un de cavalerie – *Guías* N° 7 et un autre d'infanterie – *RI* N° 20 *Tucapel*), pourvus d'une décalcomanie aux couleurs nationales sur le côté droit, de manière erronée au regard du téton qui, frontal, marque son bon usage.

À gauche: Le sous-lieutenant Mariano Puga Vega, année 1920, avec un casque de liège *(cliché Musée Historique National, référence PF-002196)*. À droite: un lieutenant d´infanterie du régiment N° 16 *Chiloé*, année 1930, avec casque de liège gris-vert, appelé au Chili: *Cucalón (illustration Historia del Ejército de Chile, Nuestros Uniformes du EMGE-ECH)*

À l'usage, ces casques ne se sont pas révélés satisfaisants, de par leur tendance à basculer. Toutefois, ceux-ci sont restés en service dans l'armée, jusqu'au début des années 1970.

À gauche: casque tchécoslovaque Vz-32, avec emblème national. À droite: jeune recrue avec Vz-32
(collection Ricardo Jara Franco)

Section de mortiers *RI* N° 20 *(archives photographiques Museo Histórico y Militar Ejército de Chile)*

Troupes chiliennes avec casque tchécoslovaque Vz-32, au musée du Fort Bulnes en 1950 *(cliché Museo Histórico Nacional, référence FB-008162)*

Regardant vers l'Europe, et en particulier vers le *Reich* allemand, le Gouvernement chilien procède alors à d'importants achats d'équipement pour ses forces armées, comme des avions *Junker*, des véhicules 4x4 *Skoda*, des carabines Mauser-Werke AG modèle 1935, des camions *Magirus Deutz*, etc. Toutefois, les casques d'acier d'infanterie du modèle M1935, les pièces d'artillerie LFH18-L28 105 mm. Ainsi que les chars légers *Leichte Kampfwagen Ausland* (modèle d'exportation du *Panzer-Kampfwagen I*)[3], commandés, ne sont jamais parvenus au Chili, en raison du fait que l'armée allemande devait d'abord répondre à ses propres besoins. En revanche, sont arrivés en grandes quantités des casques du type M1933 en fibre vulcanisée *(Vulkanfiber Leichthelmen)*, fabriquées par la firme Erel, lesquels ont été employées largement jusqu'aux années 1970.

Le Général Pinochet avec le casque *Vulkanfiber* M1933 *(cliché El Mercurio 1972)*

Soldat de la Garde du Ministère de la défense, année 1952 *(cliché Carlos Barría Hernández)*

Soldat chilien doté d'un M1933, année 1944 *(collection Ricardo Jara Franco)*

[3] Marambio, Cristián, Medios Blindados del Ejército de Chile, *Fuerzas de Defensa y Seguridad*

Casque M1933 *Leichthelm (collection Ricardo Jara Franco)*

Tous ces casques avaient reçu du côté droit, avant leur départ d'Allemagne, une décalcomanie aux couleurs nationales chiliennes.

Pendant les années 1940, l'armée continue d'utiliser l'uniforme gris-vert (modèle d´échantillon n° 19), tant pour les officiers, que pour la troupe, selon les ordonnances de 1940 et 1948. Le casque modèle allemand, devient obligatoire pour les défilés à partir de 1940. Cette période commence avec le modèle M1933, lequel est ensuite remplacé par des versions fabriquées en matériaux plus modernes.

Ces nouvelles coiffures sont fabriquées en matières plastiques résistantes, avec suspensions intérieures en matériau synthétique, produits par la société Duroplastic. Ensuite, elle seront fabriquées par d'autres entreprises nationales, avec de solides coiffes de toile. La dénomination officielle locale de ce modèles est: Casque Modèle Allemand Gris-Vert (Règlement d'habillement et de Matériel de l'Armée R.L.I.(R) N° 1536-2002).

École d'infanterie *(cliché du 31 mai 1940, Historia del Ejército de Chile, tome IX, p. 257, EMGE)*

Casque de défilé, gris-vert, premier modèle *(collection Ricardo Jara Franco)*

École des classes (sous-officiers) *(cliché EMDN-Chili)*

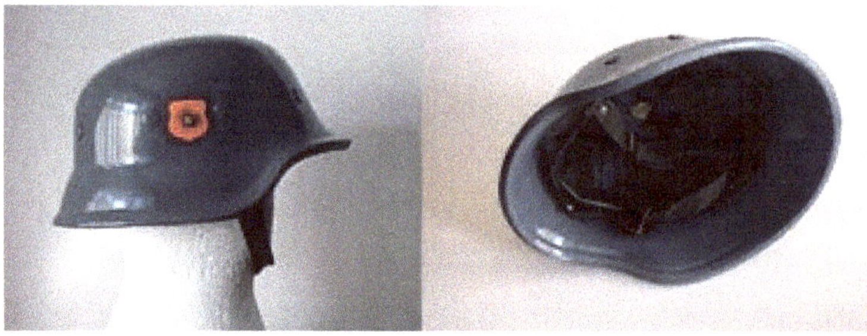

Casque de présentation gris-vert, modèle à bord renforcé *(collection Ricardo Jara Franco)*

Ce casque reste actuellement en usage, comme élément de l'Uniforme N°1 de présentation gris-vert, en formations, défilés, gardes d'honneur, célébrations des fêtes nationales et serments au drapeau.

Toujours au sein de la même famille de casques, il existe un autre modèle très similaire, dénommé Casque Modèle Allemand de l'Armée, utilisé pour les défilés et les sorties. Il est fabriqué par les entreprises *El Askar* et *Baselli*, cette dernière avant livré des lots depuis 1986. La caractéristique de ce casque est d'être un clone du modèle allemand M35, bien qu'il existe un modèle aux bords larges, très semblable au modèle M42, qui a été utilisé pour les défilés, par des unités de la II Division de l'armée. On distingue trois versions de ce modèle: sans jonc, avec rebord et côtés larges. Les modèles de type allemand présentent les décalcomanies de l'armée, apposées du côté droit.

Cérémonie militaire. On note l'uniforme N°1 de présentation gris-vert *(cliché Strike Nahuel)*

Uniforme N° 1 de présentation gris-vert. Officiers et *Fusileros (page du Règlement d'uniformes et de Matériel du ECH. R. L. I. (R) n° 1936, année 2002*

Casque sans jonc. Grade de commandant (Major) *(collection Ricardo Jara Franco).*

Casque avec jonc. *(collection Ricardo Jara Franco).*

Sous-lieutenant, casque avec jonc *(cliché MyM Forum 5wk)*

Modèle à bords larges. Noter le casque du second homme à droite, année 2004 *(cliché Video de Canal 13)*

Le modèle antérieur, a cessé progressivement d'être utilisé à partir de 2002, date à laquelle il à été remplacé par les modèles en *Kevlar*, tant au combat que pour la parade.

Insignes apposés sur les casques chiliens

Ceci correspond au vieil insigne employé depuis les années 1940 par l'armée, et adapté aux casques M1933 (pour remplacer les décalcomanies originales endommagées), et dans les années 1960-80 dans les *liner* du M1 et ses clones *(Réglement d'Uniformes, année **1939**, article **60B**, collection Ricardo Jara Franco)*

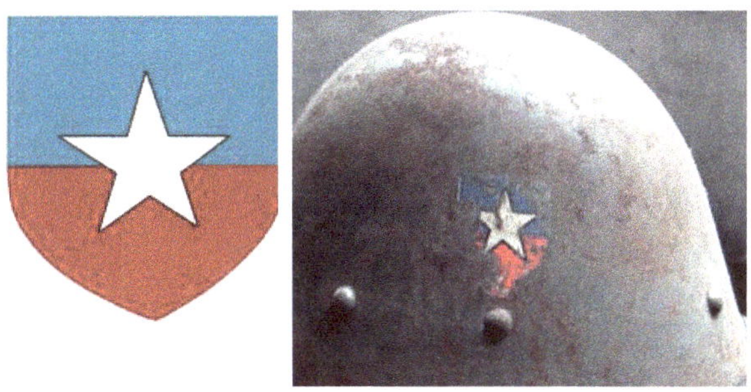

Décalcomanie allemande, utilisée sur des casques type Vz-32 et *Vulkanfiber* M1933 (1939-1970) *(collection Ricardo Jara Franco)*

Décalcomanie ancienne pour les Instituts militaires, années 1970-80 *(collection Ricardo Jara Franco)*

Décalcomanie des Instituts de formation de l'Armée, années 1980-2010 *(collection Ricardo Jara Franco*

Décalcomanie actuelle des unités de l'Armée, en revue *(collection Ricardo Jara Franco)*

Rare insignes type stencil, utilisé sur les casques des années 1980-90 *(collection Ricardo Jara Franco)*

Attribut de la Force Aérienne du Chili *(FACH)*, employé sur les casques de parade et de combat *(collection Ricardo Jara Franco)*

Manoeuvres d´été de 1950, de l'École d'infanterie, avec le fusil M1, la carabine M1, le canon sans recul de 37 mm et des casques M1-A1 *(cliché d'archivesphotographiques revue Ercilla)*

L'influence américaine

Au milieu des années 1940, et à la suite de la signature en 1947 du Traité Interaméricain d'Assistance Mutuelle (TIAR) et du Pacte d'Aide Militaire (PAM) en 1951, uniformes et équipements américains commencent à être intégrés à l'armée chilienne, remplaçant le casque allemand, par le US M1, reléguant ainsi le premier au seul usage des défilés et des services de sortie.

Le matériel livré, provenait en principe de stocks issus des excédents de la Seconde Guerre mondiale et de la Guerre de la Corée, principalement des modèles M141, M143 et M151. Plus tard et au cours des années 1960 et 1970 arriveront des versions plus modernes de la famille du US M1, tels que le M161, M166 et M173.

Lieutenant de Fusiliers marins, M. Fernando Bascuñán D. en tenue de campagne de l'infanterie de marine de 1963, avec casque M1-A1, et camouflage *Landgericht*, type *Duck Hunter (cliché Legionim.cl.)* À droite US M1-1943, utilisé par la Marine chilienne, sur les vieux croiseurs de la classe *Brooklyn* *(collection Ricardo Jara Franco)*

Serment au drapeau dans le Régiment Arauco, année 1968 *(cliché Teo Veloso)*

Troupes en campagne, avec M1-A1, avec couvre casque *Woodland* et fusil Sig 510-4 *(cliché EMDN-Chili)*

À partir de 1948, il est institué, rattaché à l'école d'infanterie, un bataillon aéroporté et, à partir de 1949, celui-ci commence à recevoir un matériel pour l'instruction aérienne, dont des casques type M1-C.

Toutefois, pendant la périodes critique des années 1970-80, durant laquelle le Chili s'est préparé à défendre ses frontières contre l'Argentine, tout en redoutant aussi des troubles aux frontières du nord (Pérou et Bolivie), on commence à acheter de grandes quantités de casques d'origine européenne – allemands tels que le M1-C de SW, ou le *Zweiteilige Stahlhelm* 56 (pour la *FACH*), et autrichiens M58, ainsi que certains modèles brésiliens et sud-coréens.

M1-CII 1983, avec couvre casque *Woodland (collection Ricardo Jara Franco)*

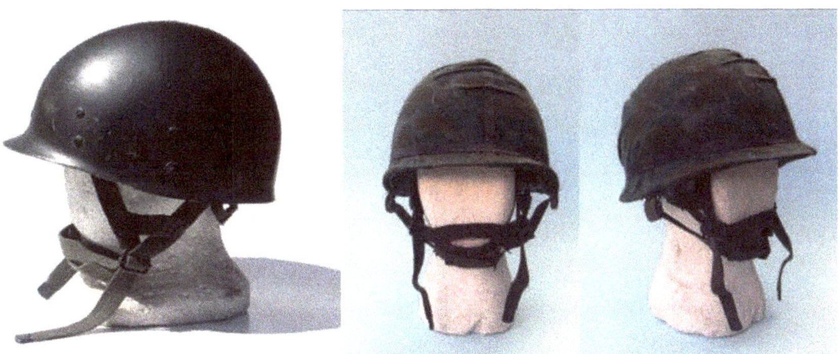

Casque M1-C SW (Schuberth Werke) avec couvre-casque de montagne *(Mountain Camo Cover) (collection Ricardo Jara Franco)*

Casque M58 Usch 1971, avec couvre-casque gris-vert, et décalcomanie de l'armée du Chili *(collection Ricardo Jara Franco)*

Ancienne pièce anti-aérienne de 37 mm avec ses servants équipés du casque M56 *(cliché Jack forum Solomaquetas.com)*

Au cours de cette période, apparaît, pour son utilisation dans les forces spéciales et unités de parachutistes, le casque israélien OR-201, modèle 76. Il sera ultérieurement suivi du RBH-103 (OR-404), avec une variété de couvre-casques, qui remplacent les anciens M1-CII et *SW* allemands. Actuellement, l'armée emploie pour les manoeuvres l'omniprésent RBH-303 et les *FACH*, le vieux modèle RBH-103.

Réserviste féminine de la *FACH*, avec casque OR-201/76 *(cliché FACH)*

OR-201/76 de la *FACH* *(collection Ricardo Jara Franco)*

Ces casques (clones d'allemands, autrichiens et brésiliens), conjointement avec les US M1, ont servi jusqu'à la fin des 1990, lorsqu'ils ont commencé à être remplacés dans les unités. Ils sont aujourd'hui stockés en lots de 10.000 unités dans les réserves de l'armée. Celle-ci a par ailleurs éliminé comme ferraille un dernier lot de 53.500 casques, au cours de l'année 2003.

Zweiteilige Stahlhelm M56 avec décalcomanie de la Force Aérienne du Chili *(FACH) (collection Ricardo Jara Franco)*

Casque lourd en acier *(collection Ricardo Jara Franco)*

Spécialiste de la *FACH* avec OR-201/76 *(cliché FACH.cl)*

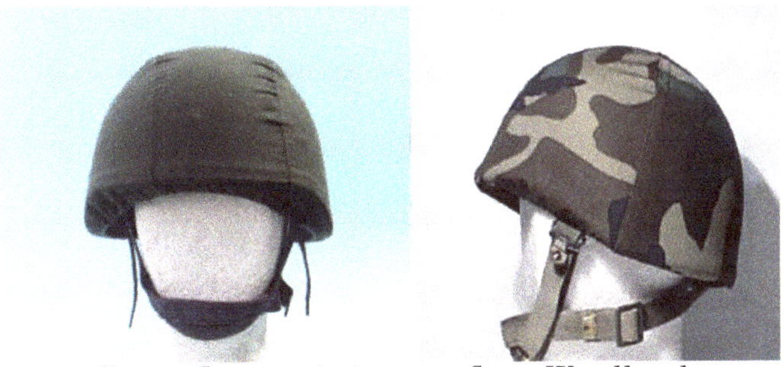

Camouflage vert et camouflage *Woodland* *(collection Ricardo Jara Franco)*

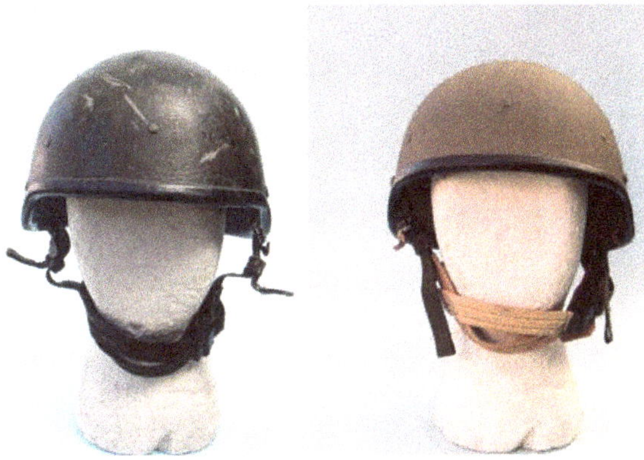

Casques dans les tons vert et ocre de l'armée (collection *Ricardo Jara Franco)*

Parachutistes prêts pour le saut, avec des casques OR-404 et M76 *(cliché EMGE-CH)*

On commence aussi à utiliser le casque de fibre balistique composée *(Corlon)* Daewoo M76 d'origine sud-coréenne et israélienne, initialement avec couvre-casques sud-coréens, provenant des premiers lots. Ce casque est resté longtemps en service, en raison de la facilité de rechange de sa garniture intérieure dotée du système de suspension jetable employé dans le *liner* du modèle américain M1-A1 de 1972. Sa jugulaire originale, a été remplacée ultérieurement par un modèle fabriqué par Baselli.

Parachutistes de la II Division prêts pour le saut depuis un avion Casa 235 avec Casques OR-404. *(cliché Gunner forum Chiledefensa.cl)*

M76 avec filet de camouflage *(collection Ricardo Jara Franco)*

Modèle Daewoo M76 *(collection Ricardo Jara Franco)*

Objectif télescopique ultra-léger pour fusil MS4GT avec filet de camouflage *(revue Armas y Servicios del Ejército N° 28, page 21, ECH)*

Casques M76 avec camouflage coréen des Fusiliers marins, année 1978 *(cliché Legiónim.cl)*

Soldat avec casque M76 et jugulaire d'assaut de la II Division de l'armée, unité d'infanterie N° 1 *Buin (cliché revue Poder, octobre 2009)*

Soldates de l´armée avec M76 et jugulaire modifiée type Baselli *(cliché EMDN-Chili)*

Casques M1/83, avec intérieurs verts émeraude et ardoise *(collection Ricardo Jara Franco)*

Vues latérales du M1/83 *(collection Ricardo Jara Franco)*

Contribution nationale, en matière de clones du M1, apparaît à partir de 1983, le modèle M1/83, fabriqué par Baselli Hnos. Ltda. Cette réalisation a essentiellement consisté à fabriquer un intérieur *(liner)* à partir de plastiques injectés du type ABS, de couleurs émeraude et ardoise, pour remplacer les intérieurs des casques d'acier d'origine américaine, européenne et brésilienne. Cette fabrication nationale avait évidemment pour objet de prolonger la période d'utilisation de ces casques. Ils se rencontrent avec ou sans décalcomanie latérale, en couleur vert et sable. Ce modèle terminera sa carrière à la fin des années 1990 et au début des années 2000. Ses principales caractéristiques étaient: épaisseur de 4 mm, poids: 0,635 kg, largeur: 22 cm, longueur: 25,6 cm et hauteur: 15,5 cm, 15.000 unités de ce type de coiffes pour les casques type M1 ont été fabriqués.

Intérieur du M1/83 *(collection Ricardo Jara Franco)*

L'armée actuelle (2001-2012)

L'armée actuelle utilise un uniforme gris-vert modèle allemand en tenue de sortie et de formation (R. L. I. (R) N° 1536 de 2002). En garnison et en campagne l'uniforme est vert mimétique ZS (Zone Centre-Sud, type *Woodland*) ou désert ZN (Zone Nord), avec demi-bottes. Toutefois on rencontre déjà des uniformes *pixelados*, tant dans l'infanterie de marine, la force aérienne et l'armée (la Brigade des Opérations Spéciales (BOE), le Régiment renforcé n°8 *Rancagua*, et le Régiment n° 12 *Sangra* ayant servi de terrain d'essai pour l'utilisation de cet uniforme).

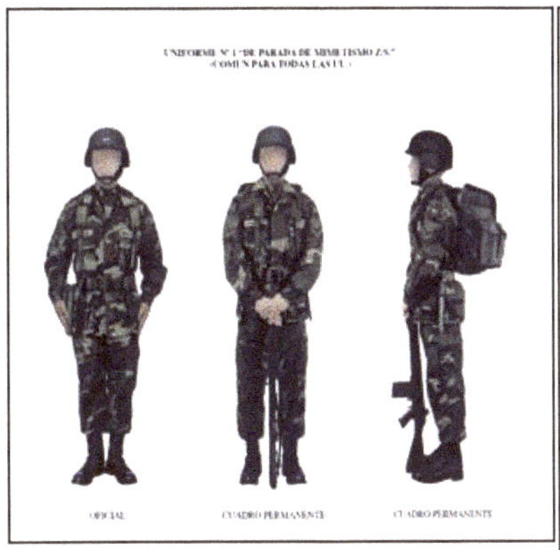

Page du Règlement des uniformes et du matériel *(ECH, Ejército de Chile, Armée Chilienne, R. L. I. (R) N° 1936, année 2002)*

Page du Règlement des uniformes et du matériel *(ECH, R. L. I. (R) N° 1936, année 2002)*

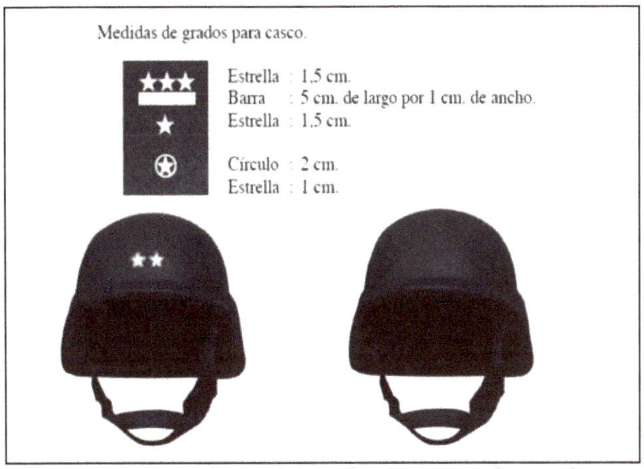

Page concernant la position des insignes de grade sur les casques, Règlement de l'habillement et du matériel *(ECH, R. L. I. (R) N° 1936, année 2002)*

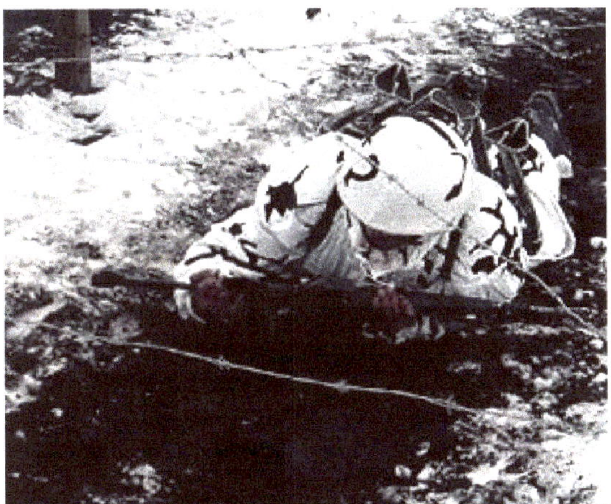

Uniforme de camouflage type *peau de vache*, pour haute montagne *(cliché Gunner forum Chiledefensa.cl)*

Divers uniformes utilisés par l'armée (forces spéciales et parachutistes). Notez le port du casque RBH-103. *(cliché Dragon forum 020mag.com)*

Fusilliers marins avec uniformes ACU et casque PASGT, année 2009 *(cliché Saorbats)*

Soldats du régiment *Sangra* N° 2, avec RBH-303-*Golfo* et uniformes *pixelados (cliché Saorbats)*

À la fin des années 1980 et au début des années 1990, l'État major commence à tracer les grandes lignes du plan *Alcázar* qui restructure de manière substantielle l'organisation de l'armée. Ceci a pour but d'affronter les défis de la globalisation et les menaces militaires qui subsistent à la frontière nord TON (théâtre des opérations Nord).

À partir de 2001, l'armée chilienne se transforme, adoptant l'interopérabilité pour atteindre le niveau OTAN[4], et la polyvalence des forces, avec des systèmes intégrés de manoeuvre, support, interprétation et contrôle; permettant une dissuasion conventionnelle en désert chaud, steppe australe et montagne de moyenne et haute altitude, ainsi que l'utilisation des forces hors des frontières nationales, sous mandat de l'ONU. À cet égard, le Chili et l'Argentine ont constitué un groupe de forces combinées, dénommé *Croix du Sud*, pour agir conjointement sous le contrôle des Nations Unies.

Simultanément, il fallait faire face à la nécessité de remplacer les anciens modèles M1 et ses clones, par un modèle offrant de meilleures prestations balistiques, ergonomiques et en matière d'accessoires (assemblage viseurs et éléments de télécommunications). C'est la raison de la création du modèle *Golfo*, fabriqué entièrement par l'industrie nationale Baselli Hnos., avec l'assistance technologique de Du Pont,

Troupes chiliennes, (*FACH* et Armée) en Haiti. *(cliché EMD, Chili)*

fabricant d'un casque anti-fragmentation conforme à la norme de Niveau NIJ II, et qui satisfasse la norme US standard 662 sur les fragments (Limite Balistique V50 ≥ 1500 ft/s), et aussi celles de pénétration à impact de 9 mm à courte distance.

Troupes chiliennes à Haïti, équipées de *Golfo* *(cliché El Mercurio)*

4 Cavallo, Ascanio, La Revolución del Ejército Chileno, *Poder*, octobre 2009

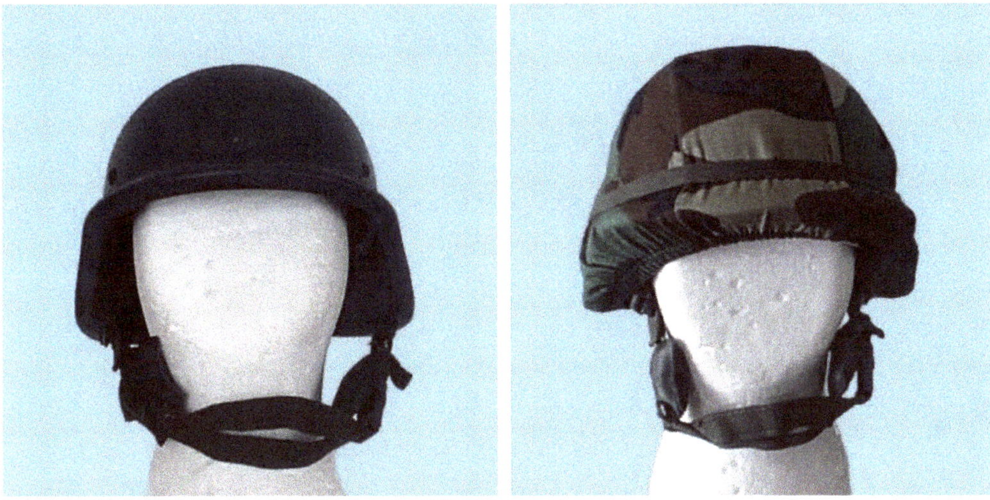

Casque ballistique Golfo Baselli 1 avec 1° type de coiffe et avec couvre-casque type *Woodland (collection Ricardo Jara Franco)*

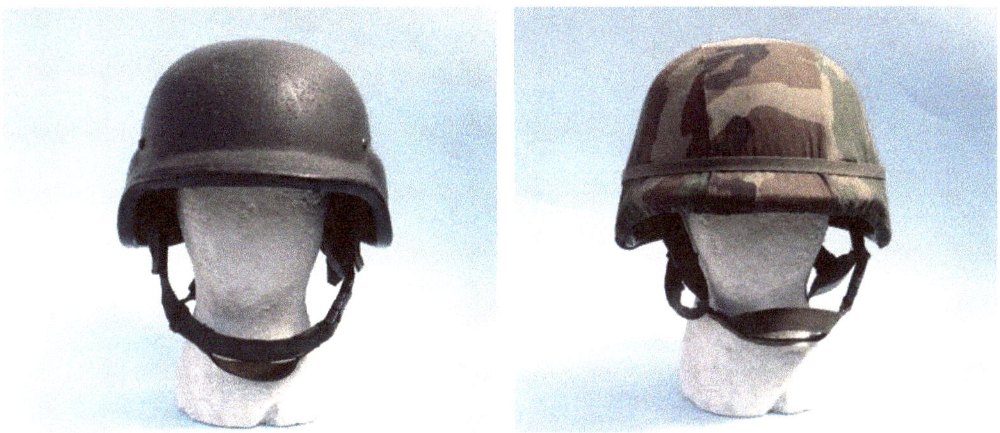

Casque ballistique Golfo Baselli 1 avec 2° type de coiffe et avec couvre-casque type *Woodland (collection Ricardo Jara Franco)*

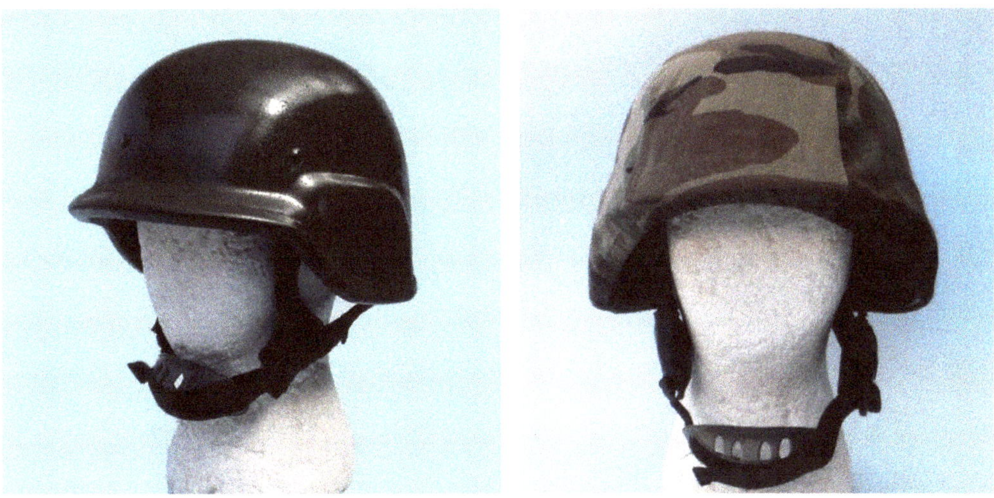

Casque ballistique Golfo 2 ou Bs41 Baselli et avec couvre-casque type *Woodland*. C'est un modèle plus simple et économique que le *Golfe* 1. *(collection Ricardo Jara Franco)*

Ceux-ci ont été livrés à partir de l'année 2000 – 15.000 unités de ce modèle – au départ avec des coiffes de fort tissus de toile et, postérieurement, avec un système de suspension moderne. C'est ce modèle qui fut utilisé par les forces d'intervention chiliennes à Haïti. Parmi les régiments qui l'utilisent, figure le Régiment Renforcé N° 17 *Los Angeles*. Ce modèle est disponible en deux versions (*Golfo* 1 et *Golfo* 2 or Bs41), la dernière est de 300 g plus légère que la première et fournit des prestations semblables au modèle initial.

À partir de 1986, la société Baselli Hnos. Ltda à commencé à livrer à la Force Aérienne Chilienne des modèles non-ballistiques M1 (sans bords renforcés) et M2 (avec bords renforcés). Actuellement, elle fournit à la Police militaire de l'Armée, la version légère du modèle Golfo – appelée "de présentation" (de parade), réalisée en une matière synthétique de haute résistance (*Sargal)* destinés au service de caserne, aux défilés et autres parades. Ces casques sont frappés de lettres de 6 cm de haut, 1,5 cm de large, avec un bandeau noir de 6 cm.

Les forces de déminage du génie, reçoivent quant à elles, des modèles particuliers.

Modèles de parade M2 de la *FACH* *(cliché de vidéo TVN, année 2000)*

Différents systèmes de coiffe des modèles *Golfo* 1, 1er at 2° Type *(collection Ricardo Jara Franco)*

A gauche: détail du marquage sur les coussinets du *Golfo* 1, à droite: système de coiffe de modèle *Golfo* 2 *(collection Ricardo Jara Franco)*

Haïti, soldats chiliens avec des casques *Golfo*. Au fonds un soldat américain avec un PASGT *(cliché El Mercurio)*

Modèles de parade M2 et service de la *FACH* (bord renforcé) *(collection Ricardo Jara Franco)*

Police militaire *(Page du Règlement Vestiaire et Équipement de l'ECH, R.L.I. (R) N° 1936, année 2002)*

Casque de police militaire, type *Golfo* de parade *(cliché Gacitúa et Baselli)*

Récemment, le M1 a été remplacé par le modèle d'exportation israélien, le RBH-303 *Golfo*, qui correspond à la norme de niveau de protection IIIA et limite balistique V50 ≥ 2000 ft/s, exigée par l'État-major general de l'Armée, Direction de logistique, dans la spécification tech-nique CAK-5024-2006 de janvier 2006, et qui équipe actuellement la plupart des soldats de l'armée chilienne, avec quelques lots de casques de modèles type PASGT et ACH (niveau IIIA) fabriqués par Armour Austral. Ces casques sont livrés pour le TON (désert) dans les couleurs *Pampa-RAL 1001* et pour le Centre-Sud, en couleur *verte RAL 6014*. Un autre fournisseur de casques pour les forces armées, est Gacitua & Baselli, qui livre des modèles *Golfo* ONU, *MICH* et de parade.

Casque avec protecteur visuel *(cliché Ricardo Jara Franco)*

Capitaine d'infanterie avec le casque israélien RBH-303 *Golfo (cliché Cristián Concha)*

Démineur en action *(cliché El Mercurio)*

Tireur embusqué avec un RBH-303 *Golfo* et un fusil Barret M82, calibre 50 *(cliché Steal24 mforos)*

Parachutistes de l'Armée avec des casques RBH-303 *Golfo*, zone Nord (TON) *(cliché Strike Nahuel forum Saorbats)*

Cadets de l´École militaire d'infanterie avec des casques RBH-303 *Golfo* et fusil Sig 550 *(cliché Strike Nahuel)*

Infanterie chilienne, Zone Nord (TON) avec des casques RBH-303 *Golfo (cliché Superbe 2onico)*

À Gauche: troupes ONU chiliennes avec des casques Gacitúa et Baselli.
À droite: production de casques pour troupes ONU chiliennes
(clichés Gacitúa et Baselli)

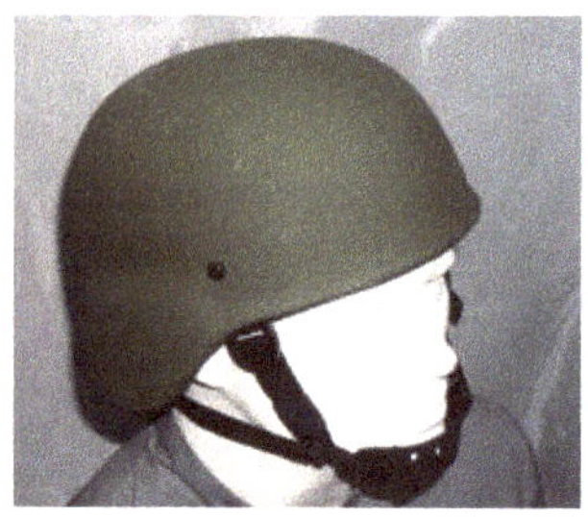

Casques ACH et PASGT de la société Armour Austral *(cliché Austral Armour Ing.)*

Pendant le fort séisme de 2010, le casque modèle *MICH* a pu être observé utilisé par les forces spéciales de l'armée. Il est venu remplacer le vieux modèle RBH-103 dans ces unités.

À gauche: troupes chiliennes en zone Nord (TON) avec casque *MICH (cliché Snof forum Sin Dramas)* À droite: infanterie en manoeuvres avec casque type *MICH (cliché: Bulladictoribio forum Gran Capitán)*

Fusiliers marins chiliens avec des casques PASGT et le camouflage ACU Multicam *(cliché Steal24_mforos)*

Le modèle PASGT américain, équipe seulement au Chili, les Fusilliers marins, qui emploient déjà le camouflage ACU pour leurs uniformes de combat.

Fusiliers marins chiliens avec des casques PASGT et le *Woodland* camouflage *(cliché Steal24_mforos)*

La Police territoriale – les *Carabineros de Chile*, conserve les modèles US M1-A1, et possède en outre 15.000 exemplaires du modèle RBH-303, ainsi que quelques modèles de casques balistiques anti-fragmentation ACH d'Armour Austral, pour ses Forces d'Intervention Rapide (GOPE). Ses forces spéciales anti-mutineries, emploient un modèle de Baselli, qui remplace le vieux casque Römer Autrichien. Au Chili, indépendamment de leurs tâches en temps de paix, les *Carabineros* sont intégrés dans la structure de l'armée, jusqu'à niveau de divisions, en cas de conflit externe.

Carabinero de Chile équipé d'un casque US M1-A1 et fusil-mitrailleur UZI *(cliché patrimoniochileno.net)*

Aspirants officiers de *Carabineros*, en campagne avec casque RBH-303 *(cliché École d'officiers de Carabineros du Chile)*

Groupe d'Opérations Spéciales de *Carabineros* (GOPE–Groupe d'Opérations Policières Spéciales) avec des casques ACH d'Armour Austral *(cliché U.S. Army Spc. Thaddeus Harrington, année 2008)*

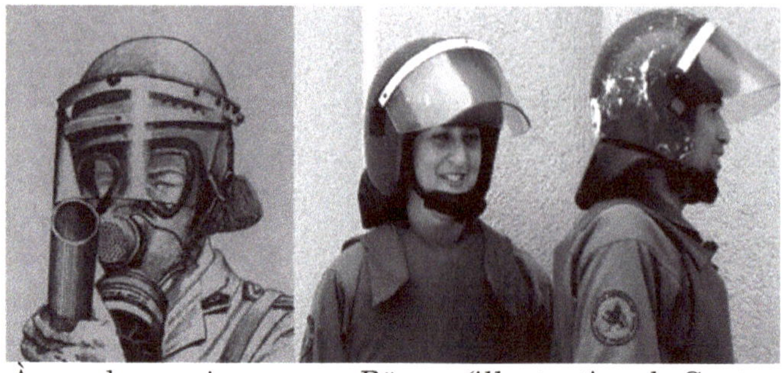

À gauche: ancien casque Römer *(illustration de Cuatro Siglos de Uniformes en Chile)*. À droite: casque moderne anti-émeutes BS-32 de Baselli Hnos. *(cliché Latro Foro Militar Internacional)*

Forces blindées

Char M3-A1 Stuart avec tankistes dotés de casques M1938 *(cliché Faroportales)*

L'Armée du Chili a traditionnellement utilisé des véhicules blindés de fabrication occidentale, depuis les vieux Carden-Lloyd Mk.IV des années 1930, jusqu'aux modernes MBT Leopard 2-A4. Entre les deux types, le Chili a utilisé les M3-A1 livrés en septembre 1943, pourvus de casques de modèle américain M1938.

Postérieurement sont apparus les chars Sherman M4A1E9, M24 Chafee, M41-A1 *Walker Bulldog*, GIAT AMX-30B, M51-I Sherman, M50 Super Sherman. Les casques utilisés étaient alors de type *Combat Vehicle Crewman* CVC d´origine américaine et israélienne, avec suspension M64 Riddell.

Char M51-I Sherman, chefs de chars coiffé de casques CVC, année 1980 *(cliché El Mercurio)*

Membres d'équipage d'APC M113-A2 avec casque CVC circulant dans la zone sud du Chili *(cliché Cristián Marambio)*

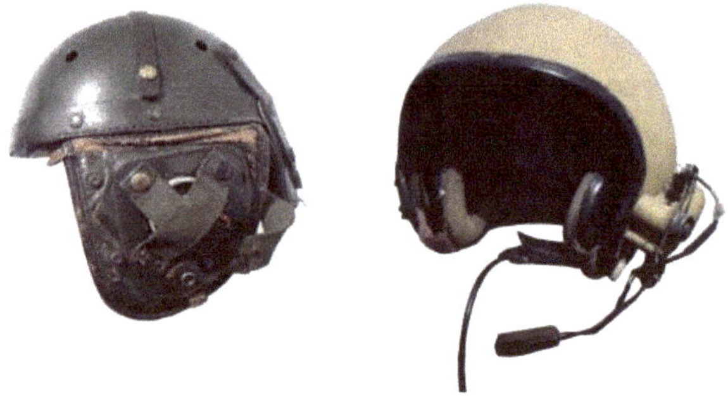

À gauche: casque M1938, utilisé depuis 1943 dans les chars Stuart M3-A1. À droite: casque CVC avec suspension M64 Riddell *(collection Raúl Yáñez M.)*

Actuellement, on utilise dans les forces blindées, le casque d'origine américaine, *Combat Vehicle Crewman* DH-132A.

APC type Mowag Piraña 6X6 antiaérien avec torreta Ramta TCM de 20 mm *(cliché Forum Razón y Fuerza)*

Casque Gentex DH-132A *(cliché Carlos Barria H.)*

Les équipages des MBT Leopard 1V, Leopard 2-A4, M109 Kawest et Gepard, utilisent le casque d'origine allemande type *Lederhelm* (utilisé par la *Bundeswehr*).

Véhicule d'accompagnement APC Marder 1-A3 et MBT Leopard 2-A4 dans des manoeuvres dans la zone Nord du Pays. Le membre de l'équipage du premier char porte un CVC DH-132A, et ceux du MBT les *Lederhelme* *(cliché Strike Nahuel forum Saorbats)*

Casque *Lederhelm* employé dans les MBT Leopard 1V et 2-A4 *(collection Roger C. Lucy, Helmnet)*

Casques Famae

Durant les années 1998-1999, l'intendance de l'Armée, a produit quelques casques métalliques, dans le style du M35 allemand (Projet du Lieutenant Colonel Isler). Le premier d'entre eux, fabriqué à partir d'une plaque d'acier magnétique 1,4 mm, était destiné principalement aux défilés. Ces casques présentaient des défauts en raison de tensions dans le métal utilisé pour leur fabrication. Leur poids est de 0,86 kg.

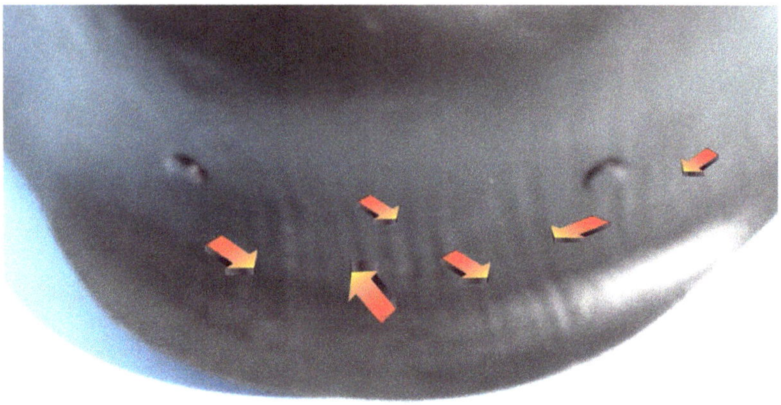

Modèle Famae M35 Métallique *(collection Ricardo Jara Franco)*

Uniforme réglementaire de Nomex, anti-flamme, de membre de l'équipage de véhicules blindés, avec son casque Gentex DH132A *(page du Règlement de vêtements et de matériel de l'Armée R.L.I. (R) N° 1536, année 2002)*

Un autre modèle Famae, a été produit à partir de coques de M1 termo – imprimés pour faire place à un modèle type M35 (Projet Isler, 1998/99). Ces exemplaires n'ont pas dépassés le stade de prototypes, seuls 300 exemplaires ayant été fabriqués. Son poids approche les 0.99 kg et il présente une épaisseur de 1.6 mm.

Ricardo Jara Franco

Modèle Famae M1-35, fabriqué à partir d'une coque de M1 *(collection Raúl Yáñez M.)*

Bibliographie

Album Gráfico del Ejército de Chile, Centenario de 1910.
ARANCIBIA CLAVEL, Roberto, *La Influencia del Ejército Chileno en América Latina 1900-1950*, ISBN 956-291-449-6.
CAVALLO, Ascanio, La Revolución del Ejército Chileno, *Poder*, octubre 2009.
GARCÍA, D., Regimiento Rancagua, el Ejército Chileno en Transformación, *FAM* N° 70, 2008.
GREVE et FERNÁNDEZ, *Uniformes de la Guerra del Pacífico: Las Campañas Terrestres 1879-1884*, ISBN 978-1-85818-582-8.
Historia del Ejército de Chile. Nuestros Uniformes, publié par l'EMGE Chilienne, 1985.
Historia del Ejército de Chile 1940-1952, l´EMGE Chilienne.
INFANTE, Florencio, *Escuela Militar del Libertador Bernardo O´Higgins*, 1985.
MARAMBIO, Cristián, Medios Blindados del Ejército de Chile, *Fuerzas de Defensa y Seguridad (s.l.n.d.).*
MÁRQUEZ A., Antonio et al., *Cuatro Siglos de Uniformes en Chile*, Editorial Andrés Bello, 1976, (US Library of Congress UC485.C5 M37 1976).
Reglamento de Vestuario y Equipo del Ejército R.L.I.(R) N° 1536-2002.
Revue Armas y Servicios del Ejército, N° 28, décembre 1983, l´EMGE Chilienne.
TORTI, Jean-Manuel et BERRAFFATO, Laurent, Les coiffures prussiennes de l´armée chilienne, *La Gazette des Uniformes* N° 204, septembre 2002.
VARAS FLORES, Teresa, *Colección Fotográfica Dirección Escuela Militar* (s.l.n.d).

Abréviations

BOE: Brigade d'Opérations Spéciales de l'Armée
ECH Armée Chilienne – Ejército de Chile
EMDN État-Major de la Défense Nationale
EMGE État-Major Général de l'Armée Chilienne
EM École Militaire General Bernardo O´Higgins.
GOPE Groupe d'Opérations Policières Spéciales
MHM Musée Historique et Militaire du Chili
MHN Musée Historique National
TON Théâtre d'Opérations Zone Nord

Remerciements:

Colonel d'Armée Alberto MÁRQUEZ ALLION(†)
Raúl YÁÑEZ MUÑOZ, Collectionneur

*Musée*s

Museo Histórico Nacional (MHN)
http://www.fotografiapatrimonial.cl
Museo Histórico y Militar de Chile (MHM)
www.mhm.cl

Accès au Musée Histoire et Militaire du Chili *(MHM)*, ex-École Militaire entre 1901 et 1958, construit en 1887 par l'Architecte Henry Víctor Villeneuve: Blanco Encalada # 1550, Santiago du Chili *(cliché Ricardo Jara Franco)*

SUMARIO DEL CAPÍTULO
CHAPTER SUMMARY

(xxx: ar-i, ar-d) = pág. xxx, arriba-izq., arriba-der.
(xxx: ab-i, ab-d) = pág. xxx, abajo-izq., abajo-der.
(xxx: mi, md) = pág. xxx, al medio-izq., al medio-der.

CHILE

Oficialmente, Chile ganó su independencia en 1818, después de la derrota de las fuerzas realistas en la batalla de Chacabuco, pero desde 1810 el ejército chileno ya se había conformado. Desde su origen y hasta 1890, la influencia francesa fue dominante, y los cascos franceses de coraceros fueron ampliamente usados *(83:md; 84:ar-d)*. Después de la victoria chilena en la Guerra de Pacífico, en 1884, la influencia francesa en el ejército decrece rápidamente, siendo reemplazado por la doctrina y equipamiento del ejército alemán.

En 1898, el *Pickelhaube* se introduce oficialmente en las fuerzas armadas chilenas – en 1879, fueron empleados algunos ejemplares, capturados al Perú. Estos cascos todavía están en uso el día de hoy, para ocasiones ceremoniales, y desde 2006 han sido fabricados localmente o adquiridos a otros proveedores europeos no habituales *(84:md,ab-i; 85; 86)*.

Desde 1879, y hasta los años cincuenta, los cascos de corcho de fabricación inglesa y alemana, inicialmente cubiertos de tela blanca, marrón claro, y finalmente de color gris-verde, han estado en uso *(87:ar-i,mi)*.

Al final de los años treinta, fue tomada la decisión de adquirir un casco de acero, y se importaron numerosos cascos del modelo Vz-32 Checoslovaco *(87:abajo; 88:ar-i)*. Estos cascos se pintaron de color gris, y una insignia con los colores nacionales se agregó al costado. A pesar de las crítica a éste casco (por problemas de equilibrio),

(xxx:tl,tr) = page xxx, top-left, top-right
(xxx:bl,br) = page xxx, bottom left, bottom-right
(xxx:ml,mr) = page xxx, middle-left, middle-right

CHILE

Officially, Chile gained its independence in 1818 after the defeat of the royalist forces at the battle of *Chacabuco,* but by 1810 a Chilean army had already been formed. From its origin until 1890, the French influence was dominant and French cuirassier-type helmets were widely worn *(83:mr; 84:tr)*. Following the Chilean victory in the Pacific War in 1884, French influence in army procurement faded, replaced by German military doctrine and equipment.

In 1898 the *Pickelhaube* was introduced into the Chilean armed forces, but in 1879 some helmets had already been used, captured from Peru. This type of helmet is still in use today for ceremonial occasions, and since 2006 they have been manufactured locally or acquired from European suppliers *(84:mr,bl; 85; 86)*.

From 1879 until the 1950s a cork helmet of German manufacture, covered with gray-green fabric, was worn *(87:tl,ml)*.

At the end of the 1930s, the decision was made to issue a steel helmet, and a number of Czechoslovakian Vz-32 helmets were imported *(87:bottom; 88:tl)*. These helmets were painted gray, and a badge with the national colors was added on the side. Despite the criticism of this helmet (balance problems), they remained in service until the 1970s.

Impressed by the German military "style," Santiago imported a large quantity of light *Vulkanfiber* M1933 from Berlin in the 1930s. Like the Vz-32, this headgear

ellos permanecieron en servicio hasta los años setenta.

Impresionado por el estilo militar alemán, Santiago importó una gran cantidad de cascos ligeros *Vulkanfiber* M1933, desde Berlín, en los años treinta. Tal como el Vz-32, este casco permanecerá en uso hasta los setenta.

A comienzos de los años setenta, fueron fabricados localmente copias ligeras del *Stahlhelm* M35 alemán, bajo la denominación "Casco Modelo Alemán Gris-Verde" *(88:mi,ab-i,ab-d; 89; 90; 91)*.

Después de la firma del Tratado Interamericano de Asistencia Recíproca (Tratado de Río) en 1947, el impacto de la influencia americana comenzó a sentirse en el ejército. Una consecuencia de este nuevo amigo del norte fue la introducción del casco US M1 a fines de los años cuarenta *(92; 93)*.

Durante los años setenta, temiendo una amenaza bélica de sus vecinos, Chile compró una gran cantidad de copias de M1 brasileños y europeos. Simultáneamente, el modelo israelita OR-201/76 *(94:abajo)* se entregó a los paracaidistas, y se introdujo el casco de fibra surcoreano, Daewoo M76, *(95:md,abajo; 96:arriba,mi)*. En 1983, el M1/83 fabricado localmente, entró en servicio *(96:ab-i,md)*.

El ejército chileno actual, se caracteriza por el uso de dos estilos de uniformes. El uniforme gris de estilo alemán, empleado para diario y ceremonias, y para operaciones de combate el estilo OTAN es actualmente el modelo normal *(97)*.

En los años noventa, cascos de metal de estilo alemán M35, se produjeron localmente en Famae, en forma experimental, para propósitos ceremoniales *(106)*.

A comienzos del siglo XXI, Chile comenzó a fabricar clones de PASGT, llamados "Modelo Golfo", los cuales han reemplazado a los viejos M1 *(98:ar-i,ab-d; 99)*. Sin embargo, el modelo estándar del ejército

was to remain in use until the 1970s.

Beginning in the 1970s, locally made lightweight copies of the German *Stahlhelm* M35 were manufactured locally under the identification *Casco Modelo Alemán Gris-Verde (88:ml,bl,br; 89; 90; 91)*.

After the signature of the Inter-American Treaty of Reciprocal Assistance (Rio Treaty) in 1947 by Chile, the impact of American military influence began to be felt. One consequence of this new friend in North America was the introduction of the US M1 helmet at the end of the 1940s *(92; 93)*.

During the 1970s, fearing an international threat, Chile purchased a large quantity of Brazilian and European M1 clones. Simultaneously, the Israeli OR-201/M76 *(94:bottom)* was issued to paratroops, and a South Korean fiber helmet, the Daewoo M76, *(95:mr,bottom; 96:top,ml)* was introduced. In 1983, the locally made M1/83 was first put into service *(96:bl,mr)*.

The current Chilean army is characterized by two uniform styles. German-style gray uniforms are worn for ceremonies and full-dress events, and for combat operations the NATO-style is now the standard -issue *(97)*.

In the 1990s metal M35 German-style helmets were manufactured locally in Famae but were only used experimentally or for ceremonial events *(106)*.

At the beginning of the twenty-first century, Chilean-made PASGT clones called *Modelo Golfo* began replacing the aging US M1 *(98:tl,br; 99)*. However, the standard helmet of the current Chilean Army is the Israeli helmet RBH-303 *Golfo (98:ar-d)*.

Specialized units use a variety of helmets from several sources, including models produced locally *(98:tr)* and issued to combat engineers for demining operations *(101:br)*.

Armored unit crews have traditional-

chileno actual es el modelo israelita, en su versión RBH-303 Golfo *(98:ar-d)*

Las unidades especializadas, usan cascos de variados orígenes, incluyendo modelos de fabricación nacional, entregado a las tropas de ingenieros de combate en funciones de desminado *(101:ab-d).*

Las tripulaciones de las unidades blindadas han portado tradicionalmente protectores americanos, importados con sus vehículos (actualmente el CVC DH-132A) *(105:ar-d)*, aunque las tripulaciones de los tanques, de origen alemán, llevan el modelo de tela *Lederhelme (105:ab-d).*

ly worn American headgear imported with the vehicles (currently the CVC DH-132A) *(105:tr)*, although crews of some German-made tanks wear German *Lederhelme (105:br).*

COLOMBIE

Au début du XX° siècle, l'armée colombienne, en bien piètre état, n'a plus grand chose de commun avec l'impressionnante force révolutionnaire qui, moins d'un siècle auparavant (1819), avait arraché à l'Espagne l'indépendance de la moitié du continent. Jusqu'au début du XXIème siècle, les coiffures militaires colombiennes sont nombreuses mais rares sont les casques comme le modèle cidessous.

En 1907, les premières tentatives de restructuration professionnelle des forces nationales par le Président Rafael Reyes Prieto se heurtent d'ailleurs à la complète déliquescence de l'institution. Cependant, dès cette année, des casques à pointe M95 allemands font leur apparition.

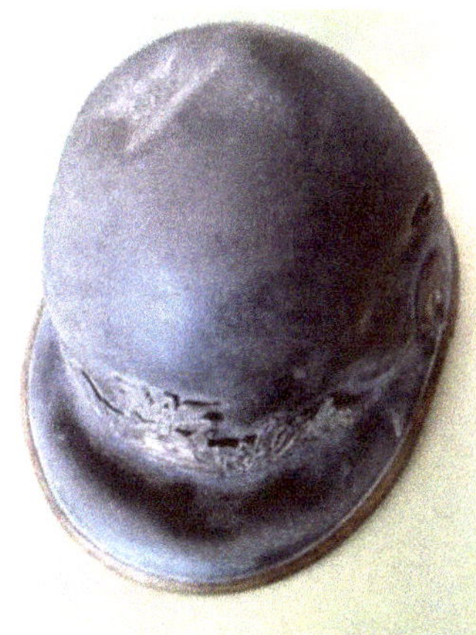

Casque de cuir, milieu du XIXème siècle. Les armes avec la devise *Libertad y Orden* correspondent à la période 1834-1861 *(collection YP)*

Une influence allemande via le Chili

Face à cette situation décourageante, en l'absence de traditions nationales[1], une assistance étrangère s'imposait manifestement. C'est le Chili qui fut choisi et, en 1909, une mission militaire venue de Santiago se mettait au travail. Les experts chiliens remirent l'armée sur pied à la prussienne dans un délai de deux ans.

Les tenues de parade de l'armée – et notamment bien sûr les *Pickelhaube* à la prussienne[2] – ainsi que certaines traditions en portent toujours la marque[3]. Cette organisation, rationnelle et efficace, survécut jusqu'à la fin des années 1920.

[1] Dans la seconde moitié du XIX° siècle, les officiers colombiens portent un casque circulaire à rebords qui ne se rattache à aucune tradition précise. [2] Selon le Musée militaire de Bogota (14 mai 2001), ces casques auraient été fabriqués en 1906-1908. [3] La Garde du corps du Président de la République est formée de cinq compagnies, représentant

À gauche le général Arturo Ahumada Bascuñán. À l'époque, capitaine, il fut le réformateur et le directeur de l'Académie militaire colombienne en 1907. Noter les décorations allemandes. À droite le général Carlos Sáez Morales, Directeur de l'Académie militaire colombienne en 1913. *(Historia del Ejército de Chile : **1914-1940**, Tomo VIII, EMGE (Estado Mayor General del Ejército, source Ricardo Jara Franco)*

Les capitaines Arturo Ahumada (infanterie) et Diego Guillen (artillerie), fondateurs de l'Académie militaire Colombienne *(collection et cliché Ricardo Jara Franco)*

Casque de parade des cadets *(collection particulière)*

Major d'artillerie 1907 *(document L-E Roca Maichel)*

En 1932, un bref conflit, connu sous le nom de Guerre de Leticia, opposa la Colombie au Pérou, guerre dont le principal effet fut l'attention renouvelée accordée aux forces armées qui, à cette époque, ne portent pas encore en règle générale de casques d'acier[4]. Le chapeau de brousse demeure le couvre-chef dominant avec le casque tropical pour les officiers.

Vers cette période, les forces armées sont amplifiées, restructurées et dotées de nouveaux matériels, notamment tchécoslovaques.

Le chapeau de brousse est le couvre-chef courant. *(droits réservés)*

chacune des armes (artillerie, cavalerie, Garde Nationale, génie et infanterie). Ces hommes, comme ceux de l'Académie Militaire, portent toujours l'uniforme à la prussienne. [4] Selon le Musée militaire de Bogota (20 août 2001), certaines unités auraient cependant été dotées de modèles allemands M16 et M18.

Aéroport de Barranquilla, 17 juin 1933, membres de la Commission internationale de Leticia. Les officiers colombiens portent des casques de liège ornés de la cocarde nationale *(cliché L'illustration)*

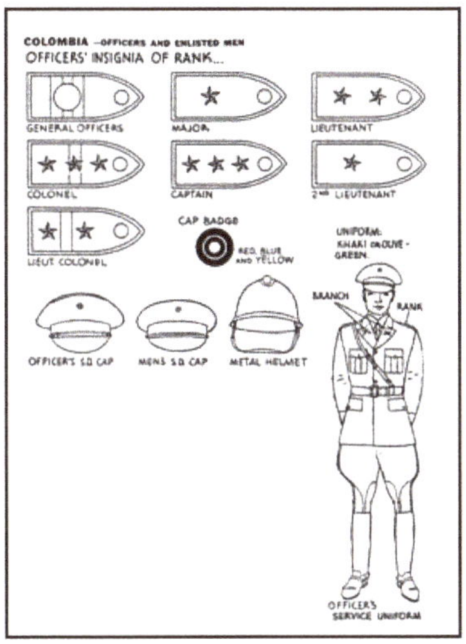

Identification: *The World's Military, Naval and Air Force Uniforms, Insignia and Flags.* Il s'agit en fait du même casque tropical que sur le cliché ci-dessus. *(The Military Service Publishing Company, Harrisburg, PA, 1943)*

Deux *Stahlhelm*, un *Brodie* et un faux Adrian simultanément

Le prestige de l'Allemagne est alors à son comble en Colombie. Malheureusement les lourds casques de tranchée européens sont peu adaptés au climat tropical ou montagnard du pays. Par ailleurs, les adversaires potentiels ne sont pas dotés d'armement lourd. La décision est donc prise à l'issue de la guerre de faire fabriquer localement sur la base d'une licence allemande (1933)[5] des copies en matériau léger (alliage métallique, peut-être de l'aluminium) d'abord du M16, puis, après 1935, du M35 (matière synthétique appelée *Fibra Liviana* ou fibre légère). Les coiffes sont en cuir et en liège.

C'est dans ces conditions qu'à la fin des années trente, quelques unités de l'armée se retrouveront dotées de copies des M16 et des M35 allemands peints de couleur kaki-olivâtre, ces derniers revêtus d'un attribut métallique frontal (peint) aux armes nationales.

Ces casques demeureront en dotation jusque dans les années 1970. Ils auront donc cohabité assez longtemps avec des M1917-A1 américains de couleur khaki (Musée militaire) livrés à partir de 1945.

Le M16 colombien *(Musée militaire de Bogota, cliché YP)*

[5] Information du Musée militaire de Bogota en date du 14 mai 2001

Le M16 colombien *(Musée militaire de Bogota, cliché YP)*

Bogota 1948 *(cliché Sady Gonzalez)*

Cadets de l'École militaire en service dans les rues de Bogota *(cliché Sady Gonzalez)*

On voit sur les deux clichés ci-dessus des cadets de l'École militaire et des soldats dotés du M16 colombien durant les évènements de 1948 à Bogota.

Le M35 est arrivé *(cliché Sady Gonzalez)*

Sonnerie de clairon, modèle léger type M16 allemand *(cliché Sady Gonzalez)*

M40 (*Musée militaire, cliché YP*

Armes actuelles de l'Armée colombienne

M35 type Officiers, en bas à droite un *Pickelhaube* de parade *(clichés Pablo Massolo)*

Les officiers (outre les casques à pointe portés en grande tenue[6]) demeurent, quant à eux, depuis le début de la décennie, équipés, à l'instar des Brésiliens de "faux" Adrians de liège recouverts de toile cirée beige ornés sur le devant d'une cocarde aux couleurs nationales jaune -bleu- rouge.

À la veille de la Seconde Guerre mondiale, l'armée comptait quelque 10.000 hommes. Au début du conflit, Bogota, dont l'opinion était partagée entre les deux camps, parvint à demeurer neutre. Toutefois, dès 1942, une forte pression de Washington, motivée par la proximité du canal de Panama, amena Bogota à accueillir une mission d'entraînement américaine.

En 1953, les modèles de type M16 ou M35 allemands – peints en blanc et ornés frontalement des lettres *PM* – étaient toujours utilisés par la police militaire[7].

L'arrivée des États-Unis

Simultanément, les États-Unis commencent à livrer à la Colombie certains équipements militaires. Dès 1949, les livraisons de surplus militaires américains prennent de l'ampleur. Les casques US M1 commencent à apparaître. Au début, ils sont utilisés simultanément avec des modèles "allemands" anciens parfois réaménagés par suppression du rivet latéral protubérant et adaptation de nouvelles coiffes.

En 1948 commence la terrible guerre civile connue dans le pays sous le nom de *Violencia*; elle durera douze ans[8]. Les divers types de casques mentionnés ci-dessus sont utilisés simultanément durant cette période et notamment lors du coup d'État du conservateur modéré Rojas Pinilla en 1953[9]. Les M1 sont alors parfois ornés, pour la parade, d'un emblème frontal représentant les armoiries du pays. À partir de 1954, seuls les US M1 sont en usage[10] et, dans les années 1960, l'ensemble des forces armées (environ 50.000 hommes) sont dotées de US M1.

[6] *L'illustration*, 1930, p. 598 [7] Voir pour le type M16 *Seis meses de Gobierno,* Direcion de Informacion y Propaganda, Bogota, 1953, pp. 173 & 292, et pour le type M35, ABELLA, Artureo (Ed.), *Asi fue el 13 de junio*, Bogota, Aqui, N° 2, 8 juin 1973 [8] HENDERSON, J.D.,*When Columbia Bled,* University of Alabama, 1985

Casque léger US M1, modèle 1956, avec suspension à trois sangles croisées *(collection particulière)*

Le M1 en plastique balistique *(cliché Armée colombienne)*

Le M1 en parade *(cliché et collection Terry Hooker)*

Une grande variété d'attributs

On trouvera ci-dessous quelques unes des nombreuses décalcomanies utilisées sur les casques colombiens au début des années 2000.

(clichés YP)

Un M1 en plastique balistique

Au début des années 1980, l'armée commence à être équipée de casques de type US M1 d'une seule pièce en plastique balistique de couleur kaki olivâtre. Ces derniers se caractérisent par la présence d'un rivet frontal plat[11]. Des étoiles frontales sont parfois arborées pour marquer le grade du porteur.

Les modèles d'acier, comme les modèles plastique, sont par ailleurs, fréquemment portés avec un couvre casque vert-olivâtre camouflé.

[9] cf. *Seis meses de gobierno,* Direccion de Informacion y Propaganda, Bogota, 1973, pp. 172 & 292, et ABELLA, Arturo, *Asi fue el 13 de junio*, Bogota, Aqui, *No. 2,* 1973 [10] Communication du Musée militaire de Bogota du 14 mai 2001
[11] Ceux-ci seront notamment utilisés lors des funérailles du président Lara en février 1985.

Les sous-casques ou casques plastique colombiens furent fréquemment, dans les années 1960-1990, ornés d'attributs divers, peints ou plus souvent appliqués sous forme de décalcomanies. Citons quelques exemples.

(cliché et collection Terry Hooker)

Garde Présidentielle *(clichés YP)*

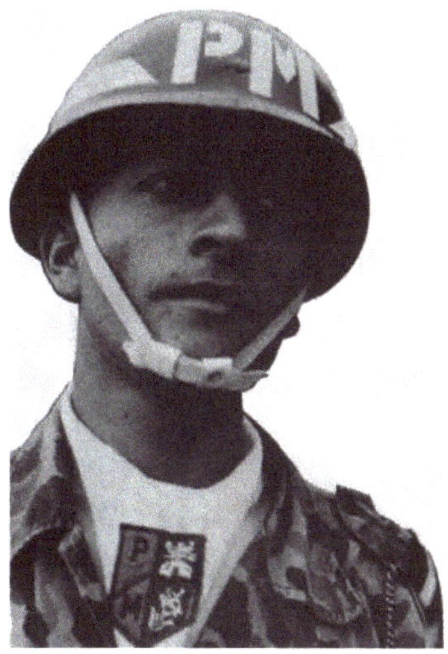

Police militaire *(droits réservés 1994)*

Les fusiliers marins arborent sur le devant du casque léger peint de couleur blanche un gros attribut représentant en bleu et rouge, une ancre de marine surmontée d'un aigle aux ailes déployées (1978).

Les unités anti-émeutes de l'armée utilisent des casques kakis ornés de deux étroites bandes blanches interrompues latéralement par un blason représentant les armes de ladite unité (1985).

La Guardia Presidencial (sorte de gendarmerie appartenant à l'armée, dénommée exactement *Batallon de Guardia Presidencial)* dotée d'uniformes noirs, utilise des casques noirs cernés de deux fines bandes blanches superposées, celles ci étant inter-rompues de chaque côté du casques par les lettres *GP*.

Une division d'infanterie porte au côté droit du modèle en plastique balistique un cercle blanc frappé d'une feuille type érable de couleur verte, le même emblème apparaissant en haut de la manche droite de l'uniforme (1993) comme illustré ci-dessus.

La Police et les Gardes-Côtes utilisent des casques ornés de leurs emblèmes respectifs. Pour la police, il s'agit en l'occurrence des armoiries nationales (frontales) entourées de deux bandes noires superposées.

La PM maritime présente la même configuration en blanc et rouge (1994).

La police municipale utilise des casques blancs avec une bande noire frappée sur le devant des lettres noires *PC*.

Cette liste est naturellement loin d'être limitative.

L'apparition du PASGT

Depuis le milieu des années 1990, les parachutistes des *Lanceros*[12], force spéciale créée à l'imitation des *Rangers* américains, considérés comme une troupe d'élite, sont dotés de casques PASGT de fabrication américaine. Ceux-ci, portés simultanément avec les M1, ne comportent pas en principe d'attribut distinctif.

Plus récemment, des copies fabriquées localement du PASGT ont commencé à être utilisées, particulièrement pour les défilés. La fabrication de ces casques – comme celle de tous ceux des États d'Amérique latine – est plus légère et plus sommaire que celle de leurs homologues des États-Unis. Ils sont pourvus de 8 rivets latéraux en forme de vis. Le fond du casque, non-peint, laisse notamment apparaître la couleur jaune de la fibre plastique composite utilisée pour la fabrication.

Ces casques sont fréquemment utilisés avec un couvre-casque de type *Woodland*.

Camouflage forêt des casques et uniformes *(cliché Helmnet)*

Le PAGST *(cliché Boomerang Presse)*

Membre d'une *Unitad de Fuerzas Especiales Accione Urbana (UFEAU)* créée en 2006. Armée en intervention contre les *FARC* (clichés *RAIDS*)

UNITÉS SPECIALES

Force Aérienne

Au terme du *Reglamento de uniformes, insignias y distintivos para el personal de la Fuerza aérea*[13], les personnels de la Force aérienne utilisaient des US M1 gris, frappés frontalement des armoiries de l'arme en question.

[12] Unité créée dans le cadre de la *Violencia* en 1955 [13] Seconde édition, Bogota, 1973

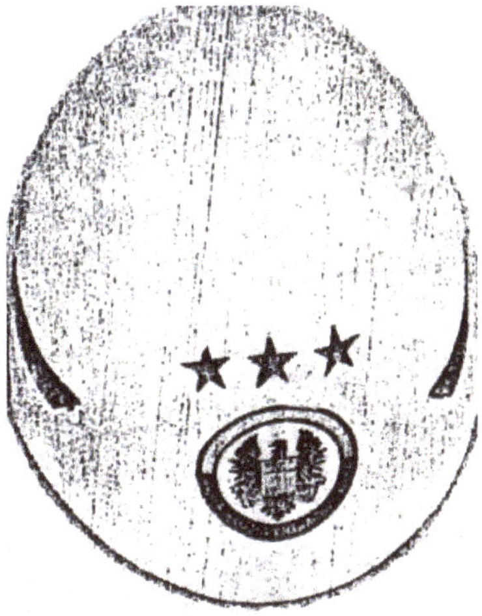

Aujourd'hui, l'armée de l'air arbore[14] sur le devant du sous-casque l'emblème de l'arme, un cercle entourant un aigle héraldique frappé d'un blason comportant un paire d'aile dans sa partie supérieure.

La Police militaire de l'air orne ses casques blancs d'une bande bleue clair, le devant étant frappé d'un cartouche bleu comportant de grosses lettes *PM* blanches (1994).

Les pilotes d'hélicoptères utilisent les mêmes casques plastiques à visière que leurs homologues de l'armée américaine (1989).

Marine & Fusiliers marins

La marine utilise des M1 plastiques de couleur bleu-gris foncé comme la *Fuerza Aérea Colombiana.*

(Musée militaire de Bogota, cliché YP)

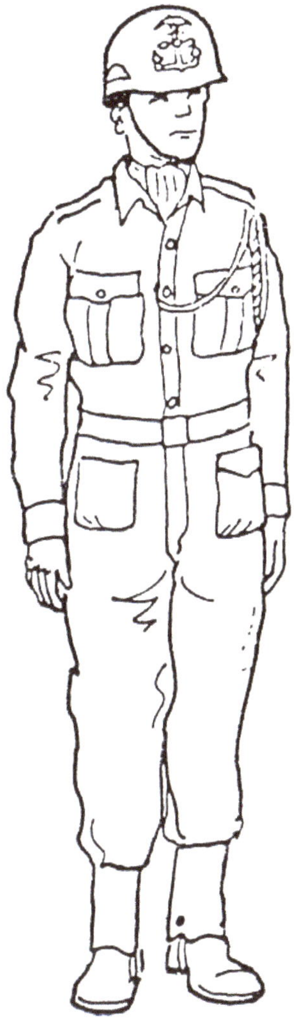

(Musée militaire de Bogota, cliché YP)

Les artilleurs de la marine utilisent des *Telephone-Talkers* Mk-II (1940) américains.

Marine *(dessin Terry Hooker)*

Blindés

Les premières unités blindées colombiennes remontent à après la Seconde Guerre mondiale.

La cliché représente un tankiste dans les années 1960 coifé d'un casques de cuir. L'attribut frontal paraît représenter les armoiries du pays. *(Sady Gonzalez)*

[14] *Reglamento de uniformes, insignias y distintivos para el personal de la fuerza aérea*, Bogotá, Comando fuerza aérea, 2° édition, 1973, fig. N° 39

Tankistes portant des casques brésiliens
(cliché Interconair via P. Marzetti)

Parachutistes

Pendant la Guerre de Corée, une brigade colombienne participa aux hostilités aux côtés des autres contingents des États des Nations-Unies. Cette unité colombienne était initialement intégrée à la 24° Division américaine, elle passa ensuite au sein de la 7° Division américaine, dont l'emblème (un rond rouge incluant deux triangles noirs inversés) est visible sur les casques des membres de l'unité. Elle termina la guerre au sein du 1° corps.

Sur le casque présenté dans la salle consacrée à la Guerre de Corée au Musée militaire de Bogota, le casque lourd est orné d'une barrette frontale de cuivre surchargée d'une étoile symbolisant le grade de commandant.

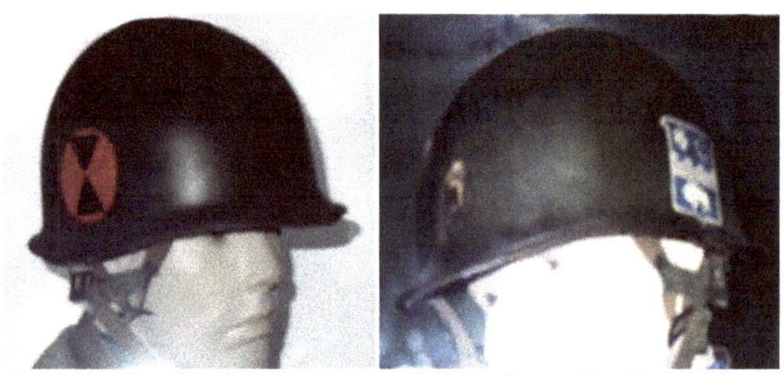

Guerre de Corée, barrette dorée frappée d'une étoile et, à gauche, un attribut complexe représentant notamment un bison *(Musée de Bogota clichés YP)*

Les parachutistes utilisaient dans les années 1970 des US M1 ornés de 2 emblèmes latéraux figurant l'un un parachute blanc, l'autre un léopard blanc dans un rond bleu.

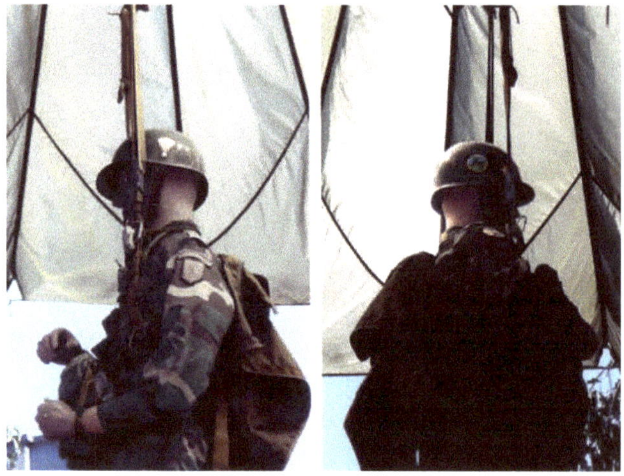

À gauche, attribut – un parachute rose et blanc. À droite, un cheval noir dans un rond bleu cerclé de jaune, attribut frontal (non-visible ici), un parachute entouré d'ailes *(clichés YP au Musée militaire de Bogota)*

Dans les années 1980, c'est un casque de cuir qui était utilisé.

Aujourd'hui, le PASGT est en voie de généralisation.

Garde Présidentielle *en Defensa del Honor. Hasta la Muerte*[15]

Les Cadets et la Garde Présidentielle, crée en 1928 (une soixantaine d'hommes) utilisent aujourd'hui encore pour les occasions festives, des casques à pointe de type allemand M95.

Garde du Palais Présidentiel *(cliché Benjamin Brandwijk)*

Garde d'honneur, Bataillon de la Garde Présidentielle créée en 1928 *(cliché Benjamin Brandwijk)*

(cliché Juan Angel Torti)

(cliché Triskel/Lozoue)

Police

Bien que *stricto sensu*, ceci soit hors du champ du présent ouvrage, il nous est apparu intéressant de présenter un casque de police du début du XXème siècle.

[15] Il est formé du 37ème bataillon d'infanterie.

Casque de police
(cliché Jan Kube)

Un casque d'époque et le même reconditionné récemment pour les défilés commémoratifs
(collection et clichés Pablo Massolo)

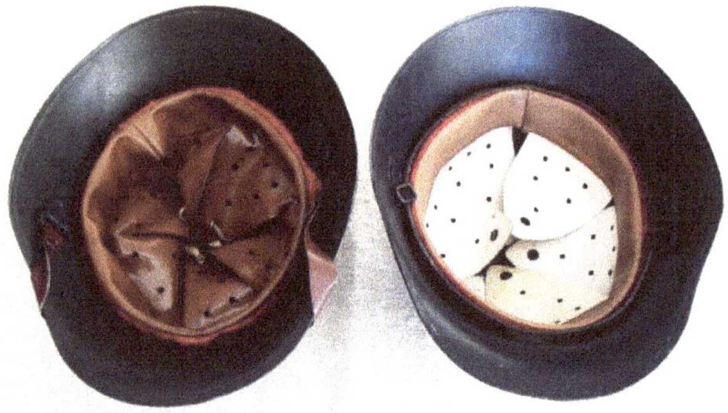

(collection et clichés Pablo Massolo

Epilogue

Comme le lecteur aura pu le constater, l'histoire cascologique de la Colombie est ainsi plus riche et diversifiée que l'on pourrait *a priori* penser.

Il est même intéressant d'observer que cette tradition militaire et uniformologique semble jouir d'un certain prestige auprès du public comme en atteste la photo ci-dessous.

Lors d'une récente reconstitution à Bogota (Défilé du Bicentenaire 20 juillet 2010), on a ressorti les modèles type M16 allemands d'après la Seconde Guerre mondiale. *(clichée Armée colombienne)*

Bibliographie

Rivet, Gilles, *Colombie, unités spéciales au cœur de l'action*, Éditions ETAI, 2008.

Roca Maichel, Luis Eduardo (General), *Historia de los uniformes militares de Columbia*, 1810-1998 (s.l.n.d.).

Thomas, Nigel et Abbott, Peter, *The Korean War 1950-53,* Londres, Osprey, Men-at-Arms Series, 1986.

Torti, Jose Angel, La relève de la garde à Santafe de Bogotá, *Gazette des Uniformes, N° 136, 1992.*

Musée

Museo Militar de Colombia, Calle 10. N° 4-92, Bogota, Colombia

Musée militaire *(cliché YP)*

Remerciements

Phil Buhler, Jacksonville, FL, États-Unis
Ricardo Jara Franco, Chili
Oscar Ferrero Racines, Directeur du Musée militaire de Bogota
Cristina Lleras Fogiepra, Bogota
David B. Powers, Laguna Beach, CA, États-Unis

SUMARIO DEL CAPÍTULO
CHAPTER SUMMARY

(xxx: ar-i, ar-d) = pág. xxx, arriba-izq., arriba-der.
(xxx: ab-i, ab-d) = pág. xxx, abajo-izq., abajo-der.
(xxx: mi, md) = pág. xxx, al medio-izq., al medio-der.

COLOMBIA

Colombia obtuvo su independencia de España en 1819, pero cómo parte de un país más grande denominado la Gran Colombia, que incluyó a los actuales estados de Ecuador y Venezuela. La Gran Colombia se disolvió en 1830.

La constante lucha entre conservadores y liberales caracterizó la vida política y militar de Colombia durante gran parte del siglo diecinueve. Entre 1899 y 1902, una brutal guerra civil dejó un saldo de 10.000 víctimas. A lo largo de éste largo período, los soldados portaron sólo sombreros o gorras. Hay evidencia sin embargo, durante el período de 1834 a 1861, de un extraño casco de cuero redondo de color castaño, que lució el escudo nacional en el frontal *(111:md)*. Poco se sabe sobre éste tocado.

Al principio del siglo veinte, se hizo un esfuerzo para establecer un verdadero ejército, con la ayuda de una misión militar chilena. El *Pickelhaube* de fabricación alemana fue introducido bajo la presidencia de Rafael Reyes (hacia 1909) *(112:izq., ar-d)*. Las unidades Policiales portaron su propio tipo de casco de punta.

En los años treinta, un casco tropical ligero, tipo *Adrian*, con un emblema delantero se introdujo para uso de los oficiales *(112:ab-d; 113:ar-i)*.

Los esfuerzos por modernizar el ejército al final de los años cuarenta y comienzos de los años cincuenta incluyó la introducción de dos modelos alemanes tipo *Stahlhelm*, de metal ligero. El primero era una copia

(xxx:tl,tr) = page xxx, top-left, top-right
(xxx:bl,br) = page xxx, bottom left, bottom-right
(xxx:ml,mr) = page xxx, middle-left, middle-right

COLOMBIA

Colombia gained its independence from Spain in 1819, but as part of the larger country of Gran Colombia, which included today's Ecuador and Venezuela. Gran Colombia was dissolved in 1830.

Constant warfare between conservatives and liberals characterized the political and military life of Colombia for most of the rest of the nineteenth century. Between 1899 and 1902, a brutal civil war left 10,000 victims. Throughout this long period soldiers wore only hats or soft caps. However, there is evidence during the period 1834-1861 of a strange circular brown leather helmet sporting the national coat of arms on the front *(111:mr)*. More is not known about this headgear.

At the beginning of the twentieth century, an effort was made to establish a real army with the assistance of a Chilean military mission. The German manufactured *Pickelhaube* was introduced under the presidency of Rafael Reyes (circa 1909) *(112:left,tr)*. Police units wore their own type of spiked helmet.

In the 1930s a tropical *Adrian* type lightweight helmet with a front emblem was introduced for officers *(112:br; 113:tl)*.

Efforts to modernize the military at the end of the 1940s and early 1950s included the introduction of two German, light metal, *Stahlhelm*-type helmets. The first one being a copy of the German M16 *(113:br; 114)*, the other clearly inspired by the M35 *(115:ml)*. Both were painted dark green, and the se-

del M16 alemán *(113:ab-d; 114)*, el otro estaba claramente inspirado en el M35 *(115:mi)*. Ambos fueron pintados de verde oscuro, y el segundo llevó una insignia frontal, que representa el escudo de armas de Colombia.

A comienzos de 1949, los US M1 comenzaron a llegar, para reemplazar a los viejos y frágiles modelos alemanes *(116:arriba)*. La versión ligera del M1 fue decorada clásicamente con todo tipo de emblemas laterales *(117:ar-d)*. Esto incluyó los cascos de la Guardia Presidencial (GP).

Hoy en día, el ejército y la fuerza aérea usan cascos americanos pintados en sus respectivos colores. Las tripulaciones del tanque, siempre han usado una diversidad de cascos *(119:ar-d; 120:ar-i)*.

Para los desfiles, la GP usa todavía los *Pickelhaube* tipo M95, decorados con un emblema frontal que representa el escudo de armas de la nación. Se usan penachos (*Haarbushe*) de varios colores en ocasiones especiales *(121)*. Sin embargo, se nota, el retorno reciente del viejo modelo M16 alemán en los desfiles conmemorativos del ejército *(122:ab-i,ar-d)*.

cond carried a frontal badge representing the national coat of arms.

Beginning in 1949 the US M1 began arriving to replace the fragile and aging German models *(116:top)*. The lightweight version of the M1 was classically decorated with all sorts of side emblems *(117:tr)*. This included helmets worn by the *Guardia Presidencial (GP)*.

Today the Army and Air Force use American helmets painted in their respective colors. Tank crews have always used a variety of headgear *(119:tr; 120:tl)*.

For parades, the *GP* still uses the M95 type *Pickelhaube* decorated with a frontal plate with the national coat of arms. *Haarbushes* of various colors are used on special occasions *(121)*. However, one notes the recent return of the old German M16-type model at commemorative military parades *(122:bl,tr)*.

COSTA RICA

L'histoire militaire de cet État d'Amérique centrale, indépendant depuis 1821, où le prestige des armes est une tradition solidement ancrée, est tout à fait atypique.

Jusqu'après la Seconde Guerre mondiale, les soldats de l'armée de San José n'ont pas porté de casques. Ils se contentaient de képis, soit de type britannique, soit de type français. C'est ce genre de coiffure qui sera seul utilisé lors de la sanglante guerre civile de 1917-1918. Durant les années vingt, un chapeau de brousse de forme, tronc- conique orné d'une cocarde deviendra le couvre-chef standard de la troupe.

Après le Second Conflit mondial, le Costa Rica qui a fait partie de la coalition anti-hitlérienne, comme les autres États de la région se trouve soumis à une hégémonie américaine[1]. C'est dans ce contexte que les États Unis qui, suite à l'adoption du M1 par leurs forces armées, disposent de stocks de leur modèle précédent, décident d'en équiper leur "alliée" la petite armée costaricienne.

L'époque du US M1917-A1

Durant la Seconde Guerre mondiale, les forces armées (forces terrestres seulement, quelques centaines d'hommes en tout) sont dotées de casques américains du modèle 1936, à bords retournés vers le haut peints en couleur d'origine kaki et gris bleu.

[1] MILINA, Ivan et PALMER, Steven, *The History of Costa Rica*, San Jose, Editorial de la Universidad de Costa Rica, 2002, p. 91s

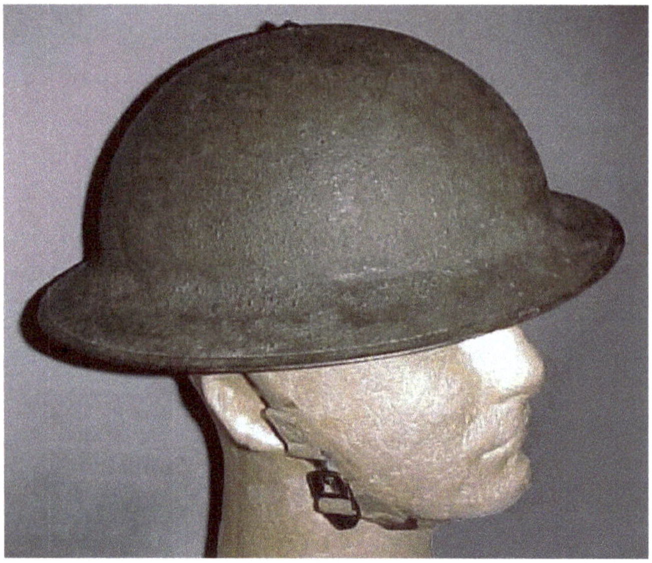

Casque M1917-A1 *(collection Robert Southe, cliché Helmnet)*

En 1948, le pays traverse une douloureuse guerre – civile (un certain nombre de M36 sont alors utilisés) au terme de laquelle la décision est prise, considérant l'absence de menace aux frontières, de supprimer les forces armées qui se composent alors d'une compagnie et d'une batterie de campagne (339 hommes en tout).

Costa Rica 1949 *(droits réservés)*

Garde de Forteresse Bella Vista *(cliché Mario Roa)*

Une *Guardia Civil* remplace l'armée

Le 1er décembre 1948, les Forces armées sont remplacées par une *Guardia Civil* (*GC*) et une Garde Présidentielle de 4.300 hommes[2]. Le siège de l'État-major de Forteresse Bella Vista, devient symboliquement Musée National. C'est contre un terrorisme endémique que ces unités sont engagées. Les casques, mal adaptés à la guerre de brousse et peu appréciés, sont en fait peu utilisés.

[2] MILINA, Ivan et PALMER, Steven, *The History of Costa Rica*, San Jose, Editorial de la Universidad de Costa Rica, 2002, p. 91s

L'adoption du US M1

Dans les années cinquante, la lutte anti-guérilla devenant une préoccupation centrale pour Washington (le canal de Panama est proche), le pays se voit doté d'une force navale de gardes côtes et les États-Unis offrent à San Jose quelques centaines d'US M1 datant de la fin de la guerre. Le US M1 devient alors, comme dans l'ensemble de la région, le modèle emblématique des militaires.

En 1954, une photo montre le Président José Figueres avec une escorte militaire. Celle-ci est équipée de M1 légers et l'officier qui la commande arbore un casque orné d'un emblème frontal circulaire en relief qui semble représenter les armoiries du pays.

Le Président Jose Figueres en 1954. Noter l'utilisation du M1 *(cliché Julian A. Weston)*

Lors du conflit avec le Nicaragua, peu de casques paraissent avoirs été utilisés et, ce sont surtout de bonnets de police et quelques casques tropicaux que montrent les photographies d'époque. Lors de la guerre civile nicaraguayenne (1978-1979), les US M1 furent utilisés sur une petite échelle pour éviter les débordements de ce voisin inquiétant.

L'attribut est peint à la main *(cliché YP)*

Camouflage américain type *Woodland (collection D. Powers)*

Ultérieurement, dans les années 1980, les US M1 utilisés par la *Fuerza Publica* sont parfois ornés manuellement d'attributs latéraux. Ainsi à Cartago, ancienne capitale du pays, le siège de cette organisation détient plusieurs modèles légers[3] datés de 1976 et décorés des armes locales.

San Jose, circa 1980 *(droits réservés)*

[3] Casque léger pour troupes au sol, type 1, fabriqué par la Defense Supply Agency (USA)

Guardia Civil et Forces spéciales, le PASGT au compte-gouttes

Vers 1990, dans un souci d'homogénéité parmi les forces alliées, les unités spéciales anti-terroristes se virent dotés de modèles américains PASGT sans attribut particulier. Par la suite, les diverses formations de la *GC* se virent également pourvues de PASGT.

Les uniformes de la *GC* étant en principe bleus foncés, les casques sont également le plus souvent de cette couleur.

Modèles particuliers

Dans les années 2000, la *Fuerza Publica*, dorénavant habillée en uniformes bleu marine, utilise pour la lutte contre les émeutiers des casques à visière de couleur bleu nuit; la police de circulation est, quant à elle, dotée de casques enveloppants de plastic blanc ornés d'armoiries municipales sur le devant.

Bibliographie

DELGADO ROJAS, Jaime, Costa Rica, Régimen Político (1950-1980), *Nuestra Historia*, No. 19, 1991.

ENGLISH, Adrian J., *Armed Forces of Latin America*, London, Jane's Publishing Co., 1984.

MONTES, Julio, The Costa Rican Defence Forces, *JIR* Vol.6, No.11, novembre 1994, pp. 525-526.

Musée

Museo Nacional

Forteresse de Bella Vista, Avenidas Central y Segunda, Calle 17, sobre la Cuesta de Moras, contiguo a la Plaza de la Democracia

(cliché Museo Nacional)

SUMARIO DEL CAPÍTULO
CHAPTER SUMMARY

(xxx: ar-i, ar-d) = pág. xxx, arriba-izq., arriba-der. *(xxx: ab-i, ab-d)* = pág. xxx, abajo-izq., abajo-der. *(xxx: mi, md)* = pág. xxx, al medio-izq., al medio-der.

COSTA RICA

La pequeña República de Costa Rica (51.100 km^2) declaró su independencia en 1821, pero sólo a partir de 1828, con la disolución de la federación conocida como Las Provincias Unidas de Centroamérica, es que el país fue verdaderamente independiente. El ejército fue establecido rápidamente.

Sin amenazas militares serias del extranjero, Costa Rica mantuvo un pequeño ejército durante gran parte de su historia, uno relativamente profesional en su equipo y entrenamiento. A lo largo del siglo diecinueve e incluso durante la guer-ra civil de 1917-1918, los soldados llevaron sombreros de selva y "quepís", pero ningún casco fue empleado, con la excepción de unos cascos de sol – salacot – de origen americano.

Después de la Segunda Guerra Mundial, y en el contexto de la Guerra Fría, los Estados Unidos comenzaron a entregar, a su aliado de San Juan, un número significativo de cascos M1917-A1 *(128)*. Estos cascos fueron pintados de color caqui (para el Ejército) y en azul claro (para la Fuerza aérea y Armada). Ningún emblema fue aplicado.

Después de otra guerra civil devastadora, en 1948, el nuevo gobierno democrático de José Figueres Ferrer, abolió la idea de un ejército nacional, y lo reemplazó con unidades militares más pequeñas. Los cuarteles se transformaron en museos.

Una nueva Guardia Civil (GC) fue creada para realizar algunos de los deberes del

(xxx:tl,tr) = page xxx, top-left, top-right *(xxx:bl,br)* = page xxx, bottom left, bottom-right *(xxx:ml,mr)* = page xxx, middle-left, middle-right

COSTA RICA

The small Republic of Costa Rica (19,700 square miles) declared its independence in 1821, but it was only in 1828 with the break-up of the federation known as the United Provinces of Central America, that the country became truly independent. An army was rapidly established.

With no serious military threats from abroad, Costa Rica maintained a small army for much of its history, though one relatively professional in its equipment and training. Throughout the nineteenth century and even during the civil war of 1917-1918, soldiers wore jungle hats and kepis. No helmets were issued, with the exception of a few pith helmets of American origin.

After the Second World War, and in the context of the Cold War, the United States began delivering to its ally in San Juan a substantial number of the M1917-A1 helmet *(128)*. These helmets were painted either khaki (Army) or light-blue (Air Force and Navy). No emblems were applied.

After another devastating civil war in 1948, the newly elected democratic government of Jose Figueres moved to abandon the idea of a national army, and to replace it with smaller military units. Barracks were transformed into museums.

A new *Guardia Civil (GC)* was subsequently created to perform some of the duties of the disbanded army. A *Guardia Presidencial*, tasked to ensure the security of state institutions, could also be called upon

ejército, como consecuencia de su disolución. Una Guardia Presidencial, asumió la tarea de preservar la seguridad de las instituciones estatales; también puede asistir a la Guadia Civil. Estas dos nuevas organizaciones, usaron los cascos del disuelto ejército.

En los años cincuenta, un movimiento guerrillero izquierdista, apoyado por la Unión Soviética, luchó contra la Guardia Civil. Temiendo una amenaza comunista a la zona del Canal de Panamá, estratégicamente importante, los Estados Unidos incrementaron inmediatamente sus exportaciones de equipo militar a Costa Rica, incluyendo el casco US M1, en variadas versiones. El casco ligero del US M1, portado por el cuerpo de oficiales, se adornó en el frontal, con el emblema dorado de la República *(129:abajo)*.

En 1955 durante el conflicto con Nicaragua, se emplearon cascos US M1 pero sólo en pequeña escala debido a las condiciones del clima tropical.

Después de la salida de Figueres en 1957 (Don Pepe, como era conocido), el casco US M1 permaneció en uso, siendo principalmente empleado con el cobertor de camuflaje verde de selva *(130:ar-d)*. El casco interior de éste modelo se decoró con emblemas de toda clase de unidades, a menudo a mano *(130:ar-m)*.

En los años noventa, con la modernización de las fuerzas de seguridad pública, las unidades anti-terroristas comenzaron a recibir modelos de cascos PASGT, al parecer de origen americano.

Estos modelos son ahora el estándar normal de las fuerzas de seguridad de Costa Rica, particularmentc en la Guardia Civil, y están pintados de azul oscuro, acorde con los uniformes de ésta organización.

to assist the *Guardia Civil*. These two new organizations used the helmets of the defunct army.

In the 1950s a leftist guerilla movement, supported by the Soviet Union, fought the *Guardia Civil*. Fearing a communist threat to the strategically important Panama Canal Zone, the United States immediately increased its exports of military equipment to Costa Rica, including the US M1 helmet in various versions. A lightweight US M1 helmet, worn by the officer corps, was adorned in the front with the golden emblem of the Republic *(129:bottom)*.

In 1955 during the conflict with Nicaragua, US M1 helmets were used, but only on a small scale due to tropical climate conditions.

Following the departure of Figueres (don Pepe, as he was known) in 1957, the US M1 helmet remained in use but was mostly worn with the green, jungle, camouflage cover *(130:tr)*. The liner of this helmet was often decorated with unit emblems of all sorts, often by hand *(130:tm)*.

In the 1990s, with the modernization of the public security forces, anti-terrorist units began receiving PASGT helmets, apparently of American origin.

These models are now standard-issue throughout the Costa Rican security forces, particularly in the *Guardia Civil*, and are painted dark blue in coordination with this organization's uniforms.

CUBA

Musée de La Havane *(cliché YP)*

Île soumise à l'autorité de l'Espagne depuis le XVIème siècle, Cuba acquit son indépendance en 1901. Jusque là, les seuls casques portés dans l'île étaient ceux de l'armée royale espagnole[1].

Elle passa alors sans transition sous l'influence des États-Unis qui, par l'Amendement Platt apporté en mars 1901 à la Constitution, leur conférant un droit d'occupation militaire en cas de troubles, s'y assurèrent une sorte de protectorat.

Pendant plusieurs décennies le port du casque ne parut pas s'imposer dans la petite armée cubaine, forte de 15.000 hommes[2] et ne disposant que de peu de moyens en armes et en équipements.

En 1933, le Colonel Fulgencio Batista, manipulant avec une grande adresse les sous-officiers de Campo Colombia, renverse le président Machado. Grau San Martin devint président de la République, mais, en fait, une ère nouvelle, l'ère Batista, s'ouvre pour la grande île.

Avant la Seconde Guerre mondiale Cuba connut surtout des gouvernants plus préoccupés par leur police politique que par leur armée

[1] Notamment les régiments de lanciers, équipés de casques à pointe

[2] SCHAEFER, Hugo, *Die Wehrmächte aller Staaten*, 1937

Type M1917-A1 américain *(collection David B. Powers, clichés Charles Yust, Jr., Bel Air, MD, USA)*

(dictatures de Machado et de Batista). Durant cette période, Cuba est entièrement sous la domination politique et économique des États-Unis.

C'est sous la présidence du docteur Federico Laredo Bru, alors que la vie politique était déjà dominée par le futur dictateur Fulgencio Batista, que fut introduit, pour la parade et sur une échelle bien modeste un casque léger de type M1917 américain.

Peint en brun-vert sombre et réalisé en alliage léger, ce casque orné sur le devant des armes en relief de la république, est tout sauf un casque de combat. Il fut introduit en 1938 comme en atteste le cachet *Militar de Cuba 1937* figurant dans la bombe du seul exemplaire connu et la date de 1938 imprimée au revers de la coiffe[3].

En fait, sur une échelle très réduite, des casques américains M1917-A1 étaient déjà utilisés avant cette date, comme en attestent quelques photos de presse. Ainsi *L'illustration* du 9 septembre 1933 montre-t-elle un porteur de casque *Brodie* au sein de "la troupe fraternisant avec le peuple sous le balcon du Diario de la Marina" (en pleine crise les militaires ayant fraternisé avec les émeutiers, le général Machado fut contraint de démissionner par les Américains le 11 août 1933).

L'ERE BATISTA

En 1940, Fulgencio Batista arrive officiellement au pouvoir et, à part un intermède entre 1944 et 1952, il y restera jusqu'à l'arrivée de Fidel Castro en 1959.

Le casque US M1

C'est vers les années 1950 que le casque US M1 fut introduit, mais, cette fois

M1917-A1 avec couvre-casque *(Militar de Cuba)*

encore, rien n'incita le dictateur à en généraliser le port. Il était alors, à notre connaissance, généralement utilisé sans emblème particulier. On note cependant, à la fin de l'ère Batista certains usages par des officiers d'une cocarde frontale aux couleurs nationales. Par ailleurs des marques de grade de couleur jaune sont parfois appliquées sur le côté gauche du casque[4].

1953 marque le début de la guérilla castriste (attaque de la caserne de la Moncada à Santiago de Cuba); la rébellion s'empare de casques américains et continuera à s'en doter de coups de main en escarmouches[5].

Batista haranguant la foule
(cliché Cascos del siglo XX)

[3] Voir collection David B. Powers

[4] Marti, José, *Libro de Cuba*, La Havane, 1954, p.250

[5] cf. Pais, Franck, *Deuxième front oriental,* Direccion Politica de las FAR

LES DÉBUTS DU CASTRISME

Le 8 janvier 1959, Fidel Castro fait son entrée à la Havane – la lutte révolutionnaire a triomphé.

Au début, l'aide étrangère demeure modeste, l'armée des *Barbudos*, désormais appelée *Fuerzas Armadas Revolucionarias* (FAR[6]) demeure équipée de casques US M1. Mais la brouille avec Washington ne tarde pas à venir et, avec elle, l'aide soviétique.

(cliché L'Express, 6-12 janvier 1969)

En 1962, Cuba est exclue de l'O.É.A (Organisation des États Américains). C'est le début de l'isolement politique de l'île, qui se poursuivra par un blocus économique décrété par les États-Unis. En matière d'équipements militaires, on fait alors feu de tous bois, allant jusqu'à utiliser des casques allemands M35 de la Seconde Guerre mondiale, sans doute livrés par la Tchécoslovaquie qui ne les utilisait plus elle même, mais en conservait un grand nombre dans ses dépôts.

Pour faire face à "l'encerclement impérialiste," l'armée est considérablement développée. Elle atteint 175.000 hommes en 1976[7].

Les casques américains voisinent dès lors avec des modèles soviétiques M40, bulgares M51, polonais M52, tchécoslovaques M62 dont l'Algérie, l'Angola, le Mozambique et d'autres pays politiquement proches de Moscou seront bientôt également dotés.

M35 allemands utilisés par des sapeur cubains en 1962 *(source Joseba)*

[6] cf. *Violencia y Fraternidad*, Editorial de Ciencias Sociales, La Havane, 1983, p. 111s

[7] *Les forces armées mondiales 1976-1977*, La Documentation française, Paris, 1977, p. 105

Le modèle bulgare M51

Casque bulgare M51 *(collection Szymon Weber via Helmnet)*

M50 polonais utilisé par Cuba *(collection David B. Powers)*

Ces casques sont souvent revêtus d'emblèmes techniques divers.

M51 *(cliché armée cubaine)*

M51 *(cliché L'Express, 14-20 mars 1981)*

Des variantes plastiques de ce modèle sont utilisées pour des usages "non-combattants," police militaire, garde de monuments, etc. Ils sont alors souvent ornés d'insignes divers[8].

Les casques US M1 demeurent aussi utilisés.

[8] English, Adrian, *Armed Forces of Latin America*, Op.cit., p. 195

Le casque soviétique M40

Des stocks importants des diverses versions de ce grand classique de la Seconde Guerre mondiale furent livrés par Moscou à son allié cubain à partir de 1965.

Casque soviétique M40 equipé du dernier type de coiffe de ce modèle *(collection Fritz Behrendt)*

LA SITUATION ACTUELLE

Depuis le milieu des années 1970, l'armée cubaine est équipée de matériel soviétique de cette époque.

Le modèle soviétique SSh-68

Dans les années 1975, un modèle nouveau fait son apparition. Fabriqué en URSS et d'allure générale soviétique, il se distingue cependant des autres "membres de la famille" par une silhouette plus oblongue avec une partie frontale très inclinée.

Casque SSh-68 *(Verde Olivo 15 janvier 1975)*

SSh-68 cubain *(collection particulière)*

C'est lui qui équipait au début des année 1980 une grande partie des quelques 160.000 hommes[9] des forces armées cubaines, notamment ceux du Corps expéditionnaire cubain en Angola (Afrique sud tropicale).

SSh-68 soviétique *(cliché M. Madero via Cascos del siglo XX)*

Il commença bientôt à être connu des collectionneurs dans la mesure où les Américains en ont capturé un conteneur en attaquant la Grenade pro-castriste en 1983.

Ce casque devint par la suite l'un des modèles utilisés par l'armée soviétique, puis russe.

À Cuba, comme ailleurs, ce casque était généralement utilisé sans attribute.

On connaît cependant un exemplaire orné frontalement de l'attribut de casquette d'officier. Il pourrait s'agir d'un casque de la Garde présidentielle.

(collection Scott Ellifritt via Helmnet)

[9] Observations personnelles de l'auteur en mai 1984

Casque tropical

Un casque tropical importé fut introduit dans les années 2000 pour les officiers, lorsque les conditions le requièrent.

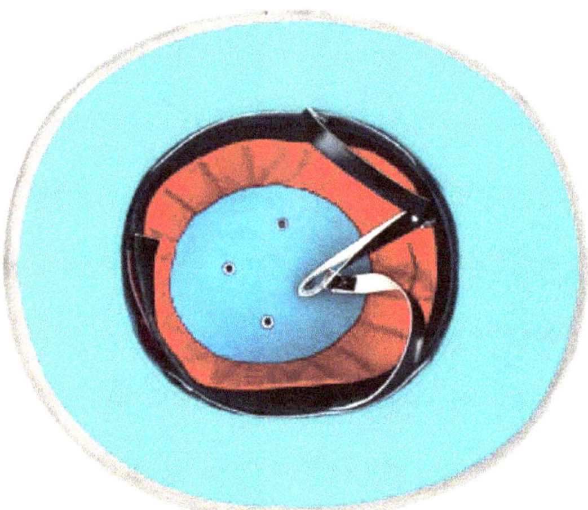

Casque tropical cubain, manifestement de fabrication vietnamienne, utilisé dans les années 2000 *(collection et cliché Peter Suciu)*

Armes diverses

Les équipages de blindés utilisent depuis l'avènement du régime castriste le serre-tête en cuir noir de type soviétique.

Tankiste cubain avec serre-tête soviétique M35 *(droits réservés)*

Police

Dans les années précédant immédiatement la Première Guerre mondiale et jusque vers 1917, la Police de circulation de la capitale utilisa des casques à pointe gris, de type allemand assortis à la couleur de ses uniformes. Pourvus d'une petite pointe, ces casques s'ornaient – à l'allemande – d'un faisceau de rayons, entourant les armes de la ville.

Bibliographie

CABALLERO JURADO, Carlos et THOMAS, Nigel, *Central American Wars 1959-89*, Londres, Osprey, Men-at-Arms Series, 1990.

DOMANSKI, Jerzy, *Mundury Lotnicze (Uniformes d'aviation), Meksyk, Kuba, Brazylia, Peru, Chile, Argentyna*, Varsovie, Bellona, 1997.

Musée

Musée militaire de La Havane *(cliché Galen R. Frysinger)*

SUMARIO DEL CAPÍTULO
CHAPTER SUMMARY

(xxx: ar-i, ar-d) = pág. xxx, arriba-izq., arriba-der.
(xxx: ab-i, ab-d) = pág. xxx, abajo-izq., abajo-der.
(xxx: mi, md) = pág. xxx, al medio-izq., al medio-der.

CUBA

Hasta su independencia de España, en 1901, los miembros del ejército de ésta gran isla caribeña estaban sólo provistos de cascos tropicales españoles, particularmente los casco de punta de lanceros *(135:ar-d).*

Después de la Primera Guerra Mundial, la influencia militar americana era dominante en La Habana, y los uniformes de tipo americano eran de uso común. En un esfuerzo por modernizar al ejército, a finales de los años 30, el casco *Brodie* americano se introdujo en las fuerzas armadas cubanas, en pequeña escala. El US M1917-A1, en sus versiones pesada y ligera (similar al usado en Venezuela), y luciendo un emblema delantero, se conoce que han sido usados. El único ejemplar del último modelo, observado por el autor, posee un estampado de tinta negra dentro del casco, el que indica "Militar de Cuba 1937" *(136:ab-i).* Sin embargo, el uso de este modelo fue limitado, y la mayoría de los soldados cubanos usaron variados tipos de gorras livianas.

Después de la Segunda Guerra Mundial, y a principios de los años 50, gracias a la Ley de Préstamo y Arriendo Americana (1941), el modelo US M1 comenzó a aparecer en las fuerzas armadas del gobierno de Batista. En general, estos cascos retuvieron el esquema original de la pintura americana y se entregaron sin emblemas *(137:ab-d; 138:ar-d).* En casos excepcionales, un escarapela frontal *(136:ab-d)* parece haber sido aplicada a estos cascos. Éstos,

(xxx:tl,tr) = page xxx, top-left, top-right
(xxx:bl,br) = page xxx, bottom left, bottom-right
(xxx:ml,mr) = page xxx, middle-left, middle-right

CUBA

Until its independence from Spain in 1901, members of the military of this large Caribbean island were equipped with Spanish tropical helmets only, particularly the lancer spike helmet *(135:tr).*

After the First World War, American military influence was dominant in Havana, and American-type uniforms came into common usage. In an effort to modernize the army in the late 1930s, the American Brodie was introduced into the Cuban armed forces on a small scale. Both the US M1917-A1 and a thick, lightweight, brown version of this helmet (similar to the one used in Venezuela), and sporting a frontal emblem, are known to have been worn. The only example of the latter model observed by the author bears a black ink stamp inside the helmet, reading *Militar de Cuba 1937 (136:bl).* However, the use of this model was limited, as most Cuban servicemen wore various types of soft caps.

After the Second World War, as early as 1950, and thanks to the Inter-American Treaty of Reciprocal Assistance (Rio Treaty), the US M1 began to appear in the armed forces of the Batista government. These helmets, in general, retained the original American paint scheme and were issued without emblems *(137:br; 138:tr).* In exceptional cases a frontal cockade *(136:br)* appears to have been applied to these helmets. These, together with some American tropical helmets worn by officers in special circumstances, continued to be the official

junto con algunos cascos tropicales americanos portados por oficiales en circunstancias especiales, continuaron siendo el tocado militar oficial de las fuerzas armadas cubanas, hasta el fin del régimen de Batista, en 1959.

Tras la consolidación de Castro en el poder, y la alianza de Cuba con la Unión Soviética, los cascos de Europa oriental comenzaron a aparecer en Cuba. Los soviéticos y sus aliados proporcionaron una gran variedad de modelos, incluyendo los modelos soviéticos Ssh-40 y Ssh-60. El modelo Ssh-68 fue a continuación introducido, cómo también el M51 Búlgaro, el M50 polaco, e incluso el M56 alemán oriental *(138-141).*

Con el incremento de la demanda, de una variedad de unidades militares requiriendo cascos, pequeñas cantidades del M35 alemán (sobrantes de la Segunda Guerra Mundial, cuando Bohemia y Moravia eran protectorados alemanes) se importaron de Checoslovaquia. Véase la fotografía de ingenieros de construcción cubanos usando tales cascos *(138:ab-d).*

Todos estos modelos coexistieron con el M1 americano, aunque normalmente se relegaron estos cascos, del vecino norteño de Cuba, a las unidades de reserva.

Algunos cascos (particularmente los modelos tropicales de fabricación Vietnamita) fueron a veces, decorados para actos ceremoniales, con el escudo de armas dorado, llevados normalmente en los cascos de oficiales *(142:ar-i).*

A diferencia de otros países latinoamericanos, Cuba – probablemente debido a limitaciones de presupuesto – no parece haber introducido una copia del PASGT.

Las tripulaciones de tanques, así como las tripulaciones de otros vehículos blindados, están provistos con el Ssh-35, el tradicional chichonero soviético, de tela negra *(142:ar-d).*

military headgear of the Cuban armed forces until the end of the Batista regime in 1959.

Following Castro's consolidation of power and Cuba's alliance with the Soviet Union, Eastern European helmets began to appear in Cuba. The Soviets and their allies supplied a large variety of models, including the Soviet Ssh-40 and Ssh-60. The Ssh-68 model was subsequently introduced, as well as the Bulgarian M51, the Polish M50, and even the East German M56 *(138-141).*

With the increased demand from a variety of militarized units requiring helmets, small numbers of the German M35 (surplus from the Second World War when Bohemia and Moravia were German protectorates) were imported from Czechoslovakia. See the photograph of Cuban construction engineers using such helmets *(138:br).*

All these models coexisted with the American M1, though helmets from Cuba's northern neighbor were usually relegated to the reserve units.

Some helmets (particularly the tropical models of Vietnamese manufacture) were sometimes decorated for ceremonial duty with the gilded coat of arms normally worn on the helmets of officers *(142:tl).*

Unlike other Latin American countries, and probably due to budget limitations, Cuba does not appear to have introduced a PASGT clone.

The tank crews as well as the crews of other armored vehicles are equipped with the Ssh-35, the traditional Soviet, black, soft headgear *(142:tr).*

RÉPUBLIQUE DOMINICAINE

L'armée dominicaine voit le jour en 1880; aucun casque n'est alors porté par cette troupe. De novembre 1916 à septembre 1924[1], le pays – dont l'armée compte alors seulement 900 hommes – est occupé par les États-Unis *(USMC)*. Les seuls casques présents sont les rares M1917-A1 des Américains. Une *Domenican Constabulary Guard (DCG)* (forte de 2000 hommes, créée à l'initiative des occupants et qui vient remplacer l'armée dissoute, est la seule formation armée autochtone. Ces hommes ne portent pas de casques.

En 1921, une Académie militaire est établie à Haina, à 30 km de la capitale et, en 1928, la *DCG* est transformée *Domenican National Army – Ejercito Nacional Dominicano*. Toujours pas de casques.

Boucle de ceinturon d'officier dominicain *(droits réservés)*

Quelques US M1917-A1

Durant cette période, il est possible que quelques casques américains (M1917-A1 puis M1) aient été utilisés, n'ayant pas pu visiter le Musée d'histoire et de géographie de la capitale, je n'en ai pas la preuve.

[1] Au départ des *US Marines* en 1924, seule demeuse une Police Nationale (pas de casques)

Le M35 allemand Symbole de l'ère Trujillo

En 1930 Rafael Leonidas Trujillo arrive au pouvoir et entreprend de renforcer l'armée. Simultanément, il créée une *Guardia Presidencial*. Lors de la Seconde Guerre mondiale, le pays bénéficie d'une aide massive des États-Unis bientôt relayés par le Brésil et la Suède. En 1950, le régime de Trujillo est devenu nettement dictatorial. Il est en mauvais terme avec les États-Unis dont il ternit l'image bien qu'il en préserve les intérêts. Comme dans plusieurs États d'Amérique latine, l'image militaire de l'Allemagne hitlérienne demeure prestigieuse. Un casque allemand complètera donc l'allure martiale de la nouvelle armée.

Le couvre-chef le plus en vue à l'époque *(droits réservés)*

Les seuls M35 disponibles en RFA étant ceux qui sont destinés à la *Bundesgrenzschutz* (BGS) (Police frontalière), c'est vers ce modèle, identique de l'extérieur à celui de la Seconde Guerre mondiale[2] (mais pourvu d'une fixation de coiffe par un rivet central dans la bombe, soutenu par une croix métallique) que se tournera le service de l'équipement de Santo Domingo.

Ce modèle, fabriqué à partir de 1953 et que nous appellerons ici M35-53, est commandé dès 1954 aux établissements Linnemann-Schnetzer à Ahlen (Rhénanie du Nord-Westphalie) en RFA). Étant donné son prix élevé, il ne sera vraisemblablement acheté qu'en petites quantités et attribué aux seules unités d'élites. Dans l'armée, il est peint (sur place) en une couleur moutarde ou vert-olive, correspondant – en plus foncé – à celle des uniformes.

M35 allemand *(document Pablo Massolo)*

M35 allemand *(Armée Republique Dominicaine)*

[2] Baer, L., *Vom Stahlhelm zu Gefechtshelm*, Vol 2, 1994, p. 26 s

Ces casques seront notamment ceux arborés par les sentinelles de la trop fameuse caserne de San Isidoro qui abritait la garde prétorienne (4° force du pays, parfois comparés, abusivement, aux Waffen SS) du régime. À la fin des années cinquante, les forces armées comptent 100.000 hommes).

Le M35-53 dominicain (collection et clichés YP)

L'ère du US M1

Prestation de serment de Molino Urena comme Président provisoire 1965 *(droits réservés)*

En 1960, la mode allemande passe et vient le temps du US M1. Après l'assassinat de Trujillo en 1961, l'ensemble des troupes s'équipe à l'américaine, les modèles allemands disparaissent et sont oubliés. Les casques lourds sont américains, ainsi que les casques légers. De couleur kaki lisse pour l'armée de terre, ils sont blancs ou bleu-clairs (sous-casques) pour la marine. Ces derniers sont parfois agrémentés d'une ancre frontale de couleur foncée ou encore des lettres noires *PM* pour la police militaire.

En 1965, une guerre civile provoque l'intervention militaire (21.000 hommes) des États-Unis, les US M1 sont toujours présents.

Le PASGT

À la fin des années 1980, la petite armée dominicaine (15.000 hommes) est partiellement dotée de PASGT d'origine américaine.

Un PASGT *(droits réservés)*

Un PASGT camouflé *(droits réservés)*

Police Nationale

En République Dominicaine, la Police nationale est une sorte de gendarmerie militarisée. La majorités de ses casques sont peints de couleur noire, sans aucune inscription. Certains cependant portent une bande blanche à la base de la bombe avec les lettres *PN* sur le devant. Ces casques sont fabriqués en matière plastique et sont d'origine inconnue[3].

Garde du Mausolée National Noter l'utilisation du casque type police. (cliché J-C *Rolinat)*

Casque type US M1 de la Police Nationale *(collection E. Krapovickas)*

[3] Information E. Krapovickas (Courriel du 7 novembre 2010)

ARMES DIVERSES

Armée de l'air

L'armée de l'air portera, quant à elle un casque brun clair (peinture d'origine), orné frontalement (décalomanie) de la cocarde de la force aérienne dominicaine composée d'une croix celtique blanche sur fond bleu et rouge.

Casque de l'Armée de l'air *(collection David B. Powers)*

Marine de guerre

Le casque léger blanc s'orne d'une ancre frontale
(photo collection Marzetti)

Bibliographie

Caballero Jurado, Carlos et Thomas, Nigel, *Central American Wars 1959-89*, Londres Osprey, Men-at-Arms Series, 1990.

Harding, Robert C., *Military Foundations of Panamian politics*, New Brunswick, N.J., Transaction Publishers, 2001.

Reglamento de Uniformes, Marina de Guerra, Era de Trujillo, 1958.

Musée

Museo Memorial de la Resistencia Dominicana
Calle Arzobispo Nouel No.210, Ciudad Colonial
Santo Dominigo, República Dominicana 10210

SUMARIO DEL CAPÍTULO
CHAPTER SUMMARY

(xxx: ar-i, ar-d) = pág. xxx, arriba-izq., arriba-der.
(xxx: ab-i, ab-d) = pág. xxx, abajo-izq., abajo-der.
(xxx: mi, md) = pág. xxx, al medio-izq., al medio-der.

(xxx:tl,tr) = page xxx, top-left, top-right
(xxx:bl,br) = page xxx, bottom left, bottom-right
(xxx:ml,mr) = page xxx, middle-left, middle-right

REPÚBLICA DOMINICANA

Compartiendo con Haití la isla caribeña de La Española, la República Dominicana creó su propio ejército en 1880, bajo la presidencia de Gregorio Luperón (1839-1897). Considerado como un Ejército de opereta y contando con un número modesto de 900 hombres, ningún casco fue empleado por éstas tropas.

Entre 1916 y 1924, el Cuerpo de Marines de los Estados Unidos ocuparon el país para ayudar a traer el orden a una población atormentada con la inestabilidad política y el caos económicos. A la salida de las fuerzas americanas, la estabilidad en general se había restablecido, el pequeño ejército había sido disuelto, y se creó la *Dominican Constabulary Guard (DCG)*, en un número cercano a los 2000 hombres.

En 1921, se fundó una academia militar, y en 1928 se estableció una fuerza de policía nacional, que pronto se transformó en el Ejército Nacional Dominicano, la cual reemplazó a la *DCG*. Incluso en esta fase tardía, no se emplearon cascos por parte de los miembros de las fuerzas armadas.

En 1930, el dictador Rafael Trujillo, tomó mando del país. Él creó inmediatamente la brutal Guardia Presidencial, bajo su mando directo. Algunos cascos M1917-A1 fueron probablemente usados por estas fuerzas, en los años posteriores a la Segunda Guerra Mundial.

En los años cincuenta, los abusos de esta cercana dictadura, tensaron tremendamente las relaciones con Washington. En

DOMINICAN REPUBLIC

Sharing with Haiti the Caribbean island of Hispaniola, the Dominican Republic created its own army in 1880 under the presidency of Gregorio Luperon. Considered as an operetta Army and modestly numbering 900 men, no helmets were issued to its troops.

From 1916 to 1924 US Marines occupied the country to help bring order to a population racked with political instability and economic chaos. At the departure of US forces, order had been established generally, the small army had been dissolved, and the Dominican Constabulary Guard (DCG), numbering 2000 men, had been created.

In 1921 a military academy was founded, and in 1928 a national police force was established but was soon transformed into the *Ejercito Nacional Domenicano* (the Army of the Dominican Republic), which replaced the DCG. Apparently, even at this late stage no helmets were worn by any members of the armed forces.

In 1930 the dictator, Rafael Trujillo, took control of the country. He immediately created the brutal *Guardia Presidencial* (Presidential Guard) under his direct control. Some M1917-A1 helmets were likely used by this force in the years following the Second World War.

In the 1950s the abuses of this nearby dictatorship seriously strained relations with Washington. In this context, Trujillo, eager to militarize the country and

este contexto, Trujillo, ávido en militarizar el país y modernizar su ejército de 10.000 hombres, decidió adoptar un nuevo estilo de uniforme militar y equipamiento. Con respecto a los cascos, él importó el modelo alemán M35 *(148:md,ab-d; 149:arriba).*

Los únicos modelos del tipo *Stahlhelm* disponibles en ese momento, era aquéllos empleados por la Policía de Frontera alemana *(Bundesgrenzschutz).* Estos eran modelos fabricados por Linnemann-Schneztler, que fueron introducidos en algunas unidades de élite de las fuerzas armadas dominicanas. La suspensión de estos cascos, está basada en la forma circular, con un cojín de goma espuma pegada al interior de la carcasa de acero. La guarnición interior es del tipo M35, fabricada en cuero *(149:ar-d).* Para las fuerzas de tierra, el color es marrón, y para la armada, es azul claro. El frontal de los cascos de la fuerza aérea portan una escarapela grande con el tricolor nacional *(151:ar-i).* Los cascos marrones fueron utilizados por los guardias del infame cuartel de San Isidoro.

Después del asesinato de Trujillo, en 1961, la moda alemana desapareció, y siguiendo un deshielo en las relaciones con Washington, el US M1 americano fue introducido. Estos cascos, normalmente, no se decoraron con ningún emblema en particular.

Hacia el final de la década de los ochenta, el ejército vio la introducción de varios PASGT, probablemente de fabricación americana. Éstos son ahora el equipamiento normal, en las fuerzas armadas dominicanas que bordean los 15.000 hombres *(150:ar-i).*

Simultáneamente, copias de plástico oscuro de M1, de origen desconocido, se introdujeron para actos ceremoniales. Este es el tipo de casco, que está siendo empleado actualmente, por la Guardia de Honor, en el Mausoleo Nacional *(150:ab-i).*

modernize his 10,000-man army, decided to adopt a new style of military dress and equipment. With regard to helmets, he imported the German model M35 *(148:mr,br; 149:top).*

The only *Stahlhelm* type models available at that time were those used by the German Frontier Police *(Bundesgrenzschutz).* It was these models, manufactured by Linnemann-Schneztler, that were introduced into some elite units of the Dominican armed forces. The suspension of this helmet is based on a circular-shaped, foam rubber cushion, which is affixed to the interior of the steel shell. The liner itself is the M35-type and is made of leather *(149:tr).* For land forces the color is beige-brown and for the navy, light-blue. The front of the Air Force helmet is decorated with a large tricolor national cockade *(151:tl).* These beige-brown helmets were issued to the guards of the infamous San Isidoro Bar-racks.

After the assassination of Trujillo in 1961, the German fashion disappeared, and following a thawing of the relations with Washington, the US M1 was introduced. These helmets were normally not decorated with any particular emblem.

Toward the end of the 1980s, the army saw the introduction of a number of PASGT, probably of American manufacture. These are standard equipment in the Dominican armed forces, which now numbers 15,000 *(150:tl).*

Simultaneously, dark plastic US M1 clones of unknown origin were introduced for ceremonial duties. This type of helmet is currently worn by the honor guard at the National Mausoleum *(150:bl).*

EL SALVADOR

À la suite de l'introduction de la culture du café en 1880, le Salvador, le plus petit État d'Amérique latine, indépendant depuis 1839, fut aussi longtemps le plus prospère des États d'Amérique centrale. Une société policée se développe autour de San Salvador, la capitale du pays, en dépit d'une instabilité politique chronique.

Une armée nationale est tôt mise en place, notamment pour assurer la tranquillité aux quelques 14 grandes familles qui se partagent les terres du pays.

Après la guerre franco-prussienne de 1870, le prestige du *Reich* est au zénith à San Salvador. À partir de 1890, l'influence allemande devient dominante en matière d'uniformes et, c'est dans ces conditions que les officiers de la petite armée salvadorienne se voient dotés de *Pickelhaube* de fabrication allemande.

M95 salvadorien *(Musée militaire de San Salvador, cliché YP)*

À partir de 1901 (et jusqu'en 1957), une influence chilienne, d'inspiration elle même fort germanique, remplace celle de Berlin.

Pendant les trois premières décennies du siècle, entraînée par l'agriculture, l'économie du pays progresse et une classe moyenne apparait. Malheureusement, la dépression de 1930 ruina les producteurs de café et entraîna des émeutes qui, en 1931, amenèrent l'armée à intervenir brutalement. C'est également à cette époque que l'influence militaire américaine devient dominante.

Le ministre de la guerre, le général Maximiliano Hernandez Martinez établit alors un régime de pouvoir personnel qui dura jusqu'en 1944.

Officiers salvadoriens au début du XXème siècle *(droits réservés)*

Durant toute cette période, l'armée n'utilise aucun casque d'acier, mais seulement des chapeaux de brousse.

Si l'on jette un coup d'œil en arrière, on constate que dans le passé, l'armée salvadorienne a été successivement soumise à des influences diverse : française (1860 puis 1920), allemande (1890), danoise (1930), chilienne (1901-1957), italienne. Depuis 1957, l'influence américaine est absolument prépondérante sauf pendant un bref créneau de relations privilégiées avec Israël.

Instructeurs chiliens au Salvador: Lieutenant Llanos, Lagrez, Capitaine Bennett et Lieutenant Carlos Ibáñez del Campo *(photo Lieutenant-colonel Sergio Ojeda Bennett*

Une longue liste de régimes autoritaires occupent successivement le pouvoir dans le pays. En 1969, le Salvador sort victorieux d'une courte guerre avec le Honduras voisin. Les tensions se poursuivirent entre les deux pays jusqu'à la signature d'un traité de paix en 1980.

Entre temps, une importante activité de guérilla se développa dans le pays à partir de 1970 pour devenir une véritable guerre civile à partir de 1978. En 1992, la signature d'un accord (Chapultepec) avec la guérilla ramena la paix dans le pays.

Le US M1917-A1 Premier casque salvadorien

Durant et après la Seconde Guerre mondiale, les États-Unis livrèrent de nombreux équipements à l'armée salvadorienne, parmi lesquels, un certain nombre de casques de type *Brodie*. Ceux-ci furent utilisés (sans emblèmes) soit en couleur d'origine, soit repeints de couleur moutarde.

US M1917-A1 salvadorien *(collection Musée militaire de San Salvador, cliché YP)*

Batterie anti-aérienne salvadorienne dans les années 1940 *(droits réservés)*

Le US M1

Depuis la fin des années 1960 (1970 marque le début de la guérilla du FPL-FM[1]), le Salvador fut considéré par Washington comme un enjeu important de la "lutte contre le communisme" et San Salvador reçut à ce titre une aide et une assistance massive des États-Unis.

Les US M1, souvent recouverts d'un filet de camouflage à larges mailles[2] sont de ce fait omniprésents jusqu'au début des années 1990, dans une armée qui atteint alors 60.000 hommes.

Lors de la guerre contre le Honduras (1969) le US M1 et le M1917 se rencontrent simultanément *(cliché Il Giorno)*

Troupes perquisitionnant l'Université de San Salvador *(Paris-Match, 11 juillet 1980)*

[1] Front Populaire de Libération-Farabundo Marti [2] Caballero Jurado, p. 42

M1 en action *(clichés UPI)*

L'Orlite 201

Au milieu des années 1970, l'influence israélienne est très forte à San Salvador. Dans ces conditions, divers équipments iraéliens sont introduits. donc les casques Orlite 1976 (OR-201).

Casque OR-201 *(Musée militaire de San Salvador, cliché YP)*

L'arrivée du PASGT

Depuis le milieu des années 1990, le PAGST, consideré comme plus moderne, a progressivement remplacé les US M1 dans l'armée (30.000 hommes) et la marine (700 hommes).

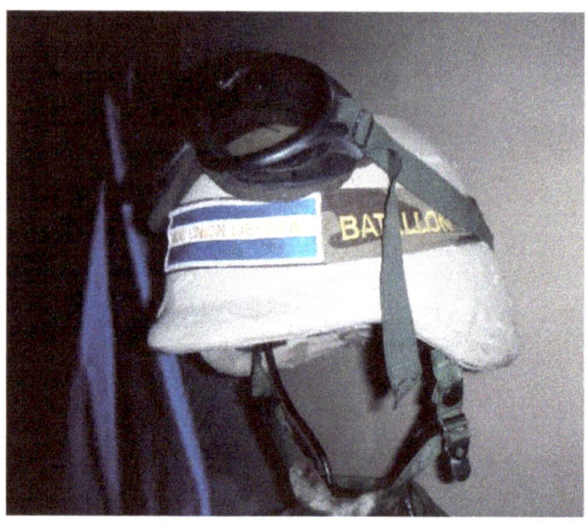

Le PASGT avec emblème national du prestigieux Bataillon Cuscatlan *(droits réservés)*

ARMES SPECIALES

Plusieurs formations militaires et armes différentes cohabitent au sein de la petite république.

La Guardia Nacional

Comportant quelque 4000 hommes au milieu des années 1980, *La Guardia Nacional (GN)* (créée en 1912) fut largement utilisée contre la guérilla du Front Farabundo Marti de libération nationale (FMLN) jusqu'à l'implication de l'armée en 1980.

Dans sa lutte contre le FMLN, la *GN* s'illustra souvent par sa brutalité.

Casque tropical de la *GN*, années 1930
(Musée militaire, cliché YP)

Jeune guérillero portant un casque bulgare … à l'envers *(droits réservés)*

Doté d'un uniforme vert-clair (ou noir pour les gradés), elle utilisait des US M1 légers de couleur verte (noir brillant pour les gradés) ornés sur le devant d'un emblème (le même que pour les casquettes, argent pour la troupe, doré pour les officiers avec deux attaches horizontales) représentant les lettres *G* et *N* en couleur or, encadrant les armoiries nationales. Le côté droit du casque étaient décorés d'un blason aux couleurs du drapeau national bleu et blanc et le côté gauche d'un écu *sangre y oro* (rouge et jaune).

Patch de manche de la *GN*

Le Président Alvar Magana accueilli par la *GN* (1962) *(cliché UPI)*

En opération dans un village *(cliché Victore Borlandelli)*

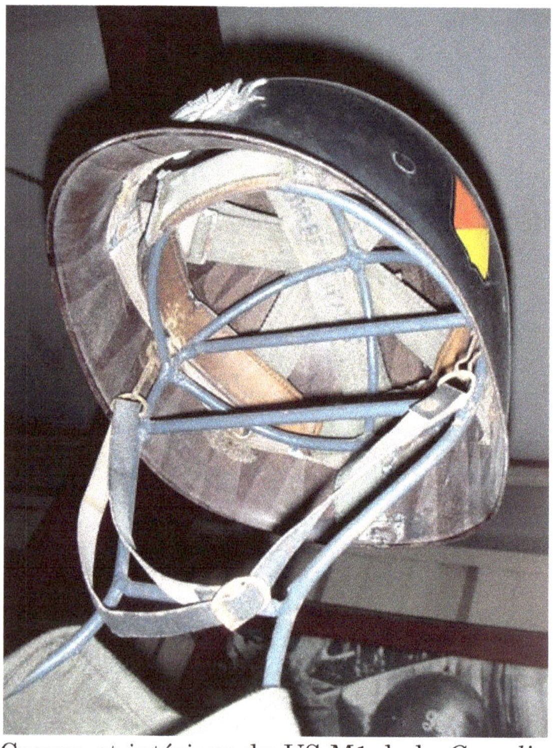

Casque et intérieur du US M1 de la *Guardia Nacional (Musée militaire, clichés YP)*

La Policia de Hacienda

Dans un État d'une grande pauvreté et où la richesse n'hésite pas à s'afficher, la protection des biens économiques et notamment des grandes propriétés rurales fait l'objet d'un soin particulier. C'est là le rôle de cette police rurale spécifique qui vient porter main forte à la *Guardia Nacional* dans ce domaine particulier.

Les casques US M1 de ces hommes étaient verts pour la troupe, noirs pour les officiers. Un attribut en laiton (avec une seule attache centrale, le même que celui des casquettes) ornait le front. Sur le côté droit les lettes *PH* étaient dorées pour les officiers, argent pour la troupe et le côté gauche s'ornait des couleurs nationales.

Perquisition musclée dans un *pueblo* du Nord du pays *(droits réservés)*

(collection Musée militaire, cliché YP)

Policia de Hacienda, casque US M1 léger *(cliché Armée salvadorienne)*

Policia de Hacienda, casque US M1 léger (officier) *(droits réservés)*

Parachutistes

Crée en 1973, cette brigade fut initialement équipée de US M1, elle est aujourd'hui dotée de PASGT.

Parachutiste avec PASGT *(droits réservés)*

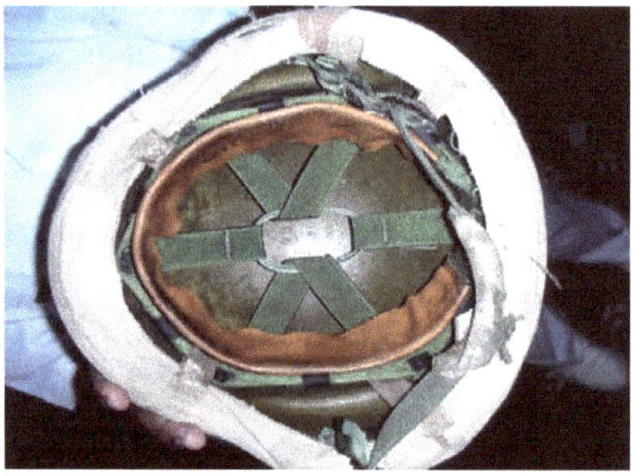

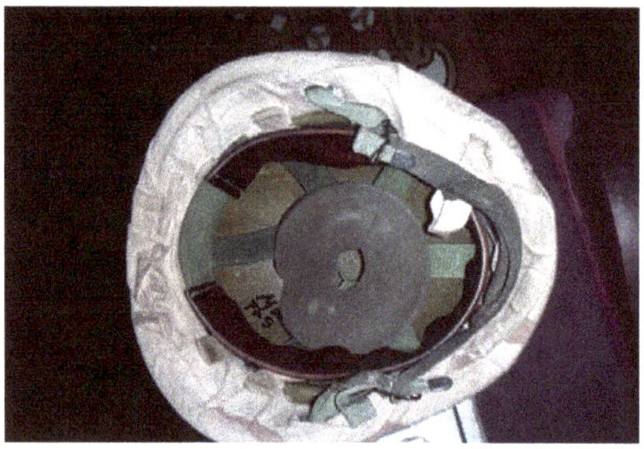

(Musée militaire de San Salvador, cliché YP)

Les équipages d'hélicoptères

Des modèles plastique américains *Helmet Assembly Pilot's Protective*, type APH 6 sont en dotation[3].

La marine

Le US *Navy Talkers* peint en gris bleu comme les US MI de la même arme est d'usage général dans les forces navales salvadoriennes.

La cavalerie blindée

Dans les années 1970-1980, les unités de cavalerie ont doté certains de leurs détachements de parade de casques légers à l'allemande, en plastique.

Cette initiative restera sans suite.

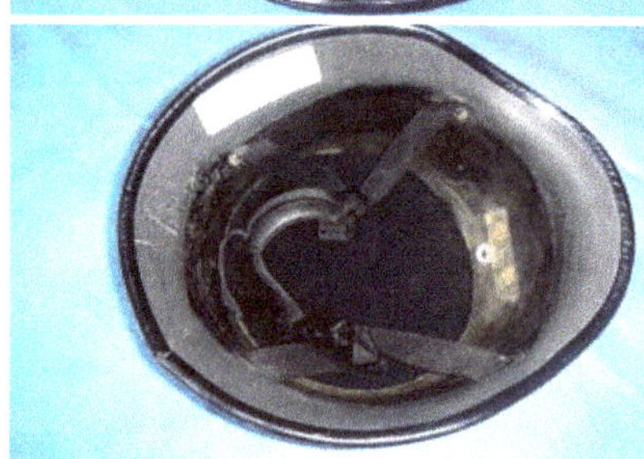

(Musée militaire de San Salvador, clichés YP)

[3] *Militaria* 213, p. 27

Le modèle PAGST est aujourd'hui en dotation régulière dans l'arme blindée.

Equipage de blindé doté de PASGT *(cliché Armée salvadorienne)*

Casques bleus salvadoriens prêts à partir pour le Liban en 2008 *(Helmnet)*

Bibliographie

ANDERSON, Thomas P., *The War of the dispossessed: Honduras and El Salvador, 1969*, UP Nebraska Press, 1981.

BOURDET, Claude et BARTH, Maurice, *Le peuple vaincra, El Salvador,* Montreuil, CEPS, 1981.

CABALLERO JURADO, Carlos et THOMAS, Nigel, *Central American Wars 1959-89*, Londres, Osprey, Men-at-Arms Series, 1990.

HAGGERTY, Richard (Ed.), *El Salvador: A Country Study*, Washington, Library of Congress, 1990.

LANDAU, Saul, *The Guerilla Wars of Central America*, New York, St. Martins Press, 1993.

MONTES, Julio, Salvadorean Armour, *JIR*, Vol. 5, N° 7 (juillet 1993, pp. 332-335).

SHAULL, Wendy, *Tortillas, Beans & M-16s – A year with the Guerillas in El Salvador*, UK, Pluto Press, March1990.

Remerciements:

Teniente (infanteria) Geovanni Alberto HILDALGO HERNANDEZ, Musée militaire El Zapote
Ricardo JARA FRANCO, Chili
David B. POWERS, Laguna Beach, CA, USA

Musée

Museo de Historia Militar
(Cuartel el Zapote): 10 Av. Sur y calle Capitan Alberto Sanchez, Barrio San Jacinto, San Salvador

Le Musée militaire el Zapote *(cliché YP)*

SUMARIO DEL CAPÍTULO
CHAPTER SUMMARY

(xxx: ar-i, ar-d) = pág. xxx, arriba-izq., arriba-der.
(xxx: ab-i, ab-d) = pág. xxx, abajo-izq., abajo-der.
(xxx: mi, md) = pág. xxx, al medio-izq., al medio-der.

EL SALVADOR

Es independiente desde 1839, y es el más pequeño de los países latinoamericanos. El Salvador heredó la mayor parte del ejército de la extinta Federación de las Provincias Unidas de Centroamérica (1823-1838).

Durante los primeros años que siguieron a la separación de la Federación, el Ejército salvadoreño fue básicamente una fuerza de infantería montada, consistente en escuadrones independientes de dragones. Estos soldados no emplearon cascos, en su cometido.

Amedida que las instituciones políticas y sociales salvadoreñas madurarban, también lo hizo la organización del Ejército, con la introducción de unidades militares distintivas, incluyendo artillería, caballería y formaciones de infantería. Mientras la mayoría de los ejércitos de los estados circundantes no era mucho más que pandillas de bandoleros, el Ejército salvadoreño empezó a asumir lo que podría describirse como una estructura de estilo europeo.

Una misión militar francesa, seguida por una alemana, y luego de consejeros chilenos, ayudaron a modernizan la doctrina militar salvadoreña. En 1860 se abrió la Escuela Politécnica Militar, siendo la primera academia militar en Centroamérica.

Durante el comienzo del siglo XX, los oficiales de este pequeño ejército nacional se equiparon *à la prussienne*, con la introducción del modelo Alemán M95, *Pickelhaube* de cuero negro *(155:ab-d)*. El emblema delantero de bronce, representa el escudo

(xxx:tl,tr) = page xxx, top-left, top-right
(xxx:bl,br) = page xxx, bottom left, bottom-right
(xxx:ml,mr) = page xxx, middle-left, middle-right

EL SALVADOR

Independent since 1839 and the smallest of the Latin American countries, El Salvador inherited most of the army of the collapsed United Provinces of Central America federation (1823-1838).

During the first years following its separation from the federation, the Salvadorian Army was basically a mounted infantry force consisting of independent squadrons of dragoons. No helmets were worn by these soldiers.

As the Salvadorian political and social institutions matured, so too did the organization of the Army with the introduction of distinct military units, including artillery, cavalry, and infantry formations. While most armies of the surrounding states were not much more than gangs of bandits, the Salvadorian Army began to take on what could be described as a European-style structure.

A French military mission, followed by German and then Chilean advisors helped modernize Salvadorian military doctrine. In 1860, the Military Polytechnic School was opened, the first military academy in Central America.

It was at the turn of the twentieth century that the officers of this small national army were outfitted *à la prussienne*, with the introduction of the German-made, M95 black leather *Pickelhaube (155:br)*. The copper front emblem represents the arms of the country and the side rosettes are blue and white, the colors of the national

de armas del país, y los rosetones laterales son azules y blancos, los colores de la bandera nacional. Al uniforme de desfile los oficiales agregaban un *Haarbusch* blanco a sus cascos de punta *(156:ar-d)*. Esta práctica declinó después de la Primera Guerra Mundial, y entre las dos guerras mundiales, no hubo cascos en uso.

Durante y después de la Segunda Guerra Mundial, y dentro de la estructura del *Lend-Lease Act (1941)*, los Estados Unidos enviaron a su pequeño aliado, cascos del modelo M1917-A1. A pesar de ser usados en pequeña escala, éstos se volvieron el casco estándar de las fuerzas armadas salvadoreñas *(157:ar-d)*.

En los setenta, en su empeño por ayudar a los militares salvadoreños en su campaña contra lo guerrilla insurgente de izquierda, Estados Unidos envió grandes cantidades de ayuda militar a San Salvador. Incluido en este equipo, estaba el casco US M1 que gradualmente se volvió estándar en el Ejército salvadoreño *(158:arriba)*.

Durante los años 1979-1992, en la guerra contra el Frente Farabundo Martí para la Liberación Nacional (FMLN), estos cascos fueron equipados a menudo, con redes y cobertores de camuflaje de diferentes estilos. Los cascos interiores de éste modelo – frecuentemente usado, considerado el clima tropical – se decoraron a menudo con los emblemas de las unidades.

A finales de los años ´70, se compraron a Israel, modelos del casco Orlite 201 *(158:md)*. Ellos permanecen en uso, al día de hoy, junto a un número creciente de modelos PASGT, de fabricación americana, introducidos en los años noventa *(158:abajo; 163:arriba)*.

Durante la segunda mitad del siglo XX, la Guardia Nacional (GN) jugó un rol significativo en la "pacificación" del país. Los soldados de la GN, llevaron cascos interiores de M1, de color caqui (la tropa), y negro

flag. For parade dress the officers added a white *Haarbusch* to the top of the spike of their helmets *(156:tr)*. This practice was dropped after the First World War, and between the two world wars, no helmets were in use.

During and after the Second World War, within the framework of the *Lend-Lease Act (1941)*, the United States sent its small ally a number of model M1917-A1 helmets. Though used on a small scale, these became the standard helmet of the Salvadorian armed forces *(157:tr)*.

In the 1970s, to help the Salvadorian military in its campaign against a leftist guerilla insurgency, the US send massive amounts of aid to San Salvador. Included in this equipment was the US M1 helmet, which gradually became standard-issue in the Salvadorian Army *(158:top)*.

During the 1979-1992 war against the Farabundo Martí National Liberation Front (FMLN), these helmets were often outfitted with camouflage nets of different styles. The helmet liners – frequently used considering the tropical climate – were often decorated with unit emblems.

In the late 1970s a number of Orlite 201 helmets were purchased from Israel *(158:mr)*. They are still in use today, together with a growing number of PASGT models of American-manufacture, first introduced in the 1990s *(158:bottom; 163:top)*.

During the second half of the twentieth century, a National Guard *(Guardia Nacional (GN))* played a significant role in the "pacification" of the country. Soldiers of the *GN* wore khaki-colored (enlisted men) or black (officers) US M1 helmet liners *(160:mr)* or US manufactured tropical helmets with special front emblems bearing the letters *GN*. For the ceremonial events in the 1970s and 1980s, the cavalry wore an assortment of German-style, composite, grey helmets of local manufacture, which sported various unit emblems *(162:br)*.

(los oficiales) *(160:md)*, o cascos tropicales de fabricación americana, con emblemas frontales especiales, en que destacan las letras *GN*.

Para eventos ceremoniales, y durante los años setenta y ochenta, la caballería llevó un tipo de casco de estilo alemán de color gris y material compuesto de fabricación local, los cuales lucieron varios emblemas de unidad *(162:ab-d)*.

ÉQUATEUR

Bien que l'indépendance du pays remonte à 1821, ce n'est en fait que vers 1900 qu'une véritable armée équatorienne vit le jour, durant le mandat du Président Eloy Alfaro.

Les Français, d'abord appelés pour organiser les nouvelles forces armées[1], furent rapidement remplacés par des Chiliens qui, à partir de 1903, mirent au point une structure concrétisée par la Loi militaire du 7 novembre 1905.

Instructeurs chiliens en Équateur (première mission militaire 1901-1906): A) Lieutenant Julio Frazini, B) Lieutenant Luis Bravo et C) Capitaine Ernesto Medina Les autres officiers, comme le montre leurs casques surmontés d'un condor, sont équatoriens. *(cliché Général Alejandro Medina Lois)*

Capitaine Ernesto Medina, Lieutenant Luis Bravo et Lieutenant Julio Franzini *(source Roberto Aran-cibia Clavel, La influencia del Ejército Chileno en América Latina :1900 -1950, p. 301. La photo origi nale appartient au Major-Général Alejandro Medina Lois – origine Ricardo Jara Franco)*

[1] Le shako (morrion) "à la française" de la Garde présidentielle d'honneur de Quito en porte encore témoignage

Le port du *Pickelhaube* d'importation allemande devient alors la règle pour les officiers équatoriens.

Ecole militaire de Quito 1911 *(documentation Ricardo Jara Franco)*

En 1922, auréolée du prestige de la participation de Rome à la Grande Guerre, une mission italienne arrive à Quito avec pour objet de moderniser et réorganiser l'armée. Au début des années 1930, toujours sous influence italienne, l'armée équatorienne comporte quelque 6000 hommes. Le service militaire obligatoire tend à s'imposer. Remplaçant les Tchécoslovaques, les Italiens, deviennent de plus en plus influents, et s'imposent comme les principaux fournisseurs de matériel militaire à l'Équateur.

Casques de type M95 allemands portés par des cadets. Notez la présence d'orifices d'aération latéraux. *(cliché Santiago Sanchez)*

Casque plastique de l'Académie Militaire ecuadorianne *(http://www.pickelhauben.net/articles/latin_America.html)*

En 1933 cependant, la Venezuela ayant décidé d'abandonner le *Pickelhaube* comme coiffure générale de ses officiers, vend ses stocks à l'armée de Quito. C'est de cette période que date l'utilisation généralisée de casques de type allemand dans l'armée équatorienne. Nombre de ces casques se caractérisent par la présence deux orifices d'aération latéraux de part et d'autre de la bombe du casque.

Pour la parade, les cadets portent un casque de cuir de type prussien présentant sur le devant les armoiries du pays et orné soit d'un *Haarbusch* blanc, rouge ou bleu ciel, soit d'un petit condor d'argent aux ailes déployées.

Pickelhaube M95M *(cliché Benjamin Brandwijk)*

Le condor d'argent aux aile déployées de l'Académie Militaire *(droits réservés)*

Un M33 italien à Quito

Selon certaines sources[2], des M15 Adrian[3] et des M33 auraient été livrés en 1938 par l'Italie. Une cocarde aux couleurs nationales ornait semble-il le côté droit de certains de ces casques[4]. Aucune photo n'atteste malheureusement de cet usage et, dès 1940, avec le début du conflit en Europe, les Italiens partiront, interrompant leur collaboration militaire.

Plaque frontale de *Pickelhaube* équatorien *(collection particulière)*

Cocarde équatorienne

Armoiries de l'Armée équatorienne

M33 italien. Trophées péruviens de la guerre de 1941 *(Museo Historico Militar de Calloa)*

[2] Lettre David B. Powers faisant référence à des entretiens avec le regretté Floyd Tubbs qui en possédait un orné d'une cocarde équatorienne

[3] Information Del Pino Menck, 18-09-2003

[4] Courriel David B. Powers, 16 novembre 2001

L'armée équatorienne, forte de 7000 hommes se trouve livrée à elle-même face à son adversaire potentiel traditionnel, le Pérou.

Dans ces conditions, dès 1940, les États-Unis désireux d'acquérir dans la région des bases susceptibles de défendre la zone du canal de Panama entreprennent des négociations avec Quito, une mission militaire américaine prenant immédiatement la succession de celle de Rome, rapatriée en urgence.

Cependant, en juillet 1941, avant même que celle-ci ait été mise en position- en admettant qu'elle l'ait voulu – de faire quoique ce soit, 15.000 soldats péruviens (blindés, parachutistes, etc.) envahissent l'Équateur et s'emparent du sud du pays face à une armée équatorienne faible (5600 hommes) et sous-équipée.

Un *Brodie* américain en Equateur

Le protocole de Rio de Janeiro de 1942 entérinera (avec l'appui des États-Unis soucieux de contrebalancer l'influence du Chili lui-même influencé par l'Axe) le démembrement de l'Équateur qui perd ainsi d'un seul coup près de la moitié de son territoire.

Ayant ainsi affaibli Quito, Washington prendra l'Équateur sous sa coupe après Pearl Harbour, lui faisant déclarer la guerre à l'Axe dès 1942. Immédiatement une assistance militaire importante est mise en place dans le cadre du plan Prêt-Bail.

Dans ces conditions, le *Brodie* M1917-A1 devient le casque standard de l'armée équatorienne. Il ne le restera pas longtemps!

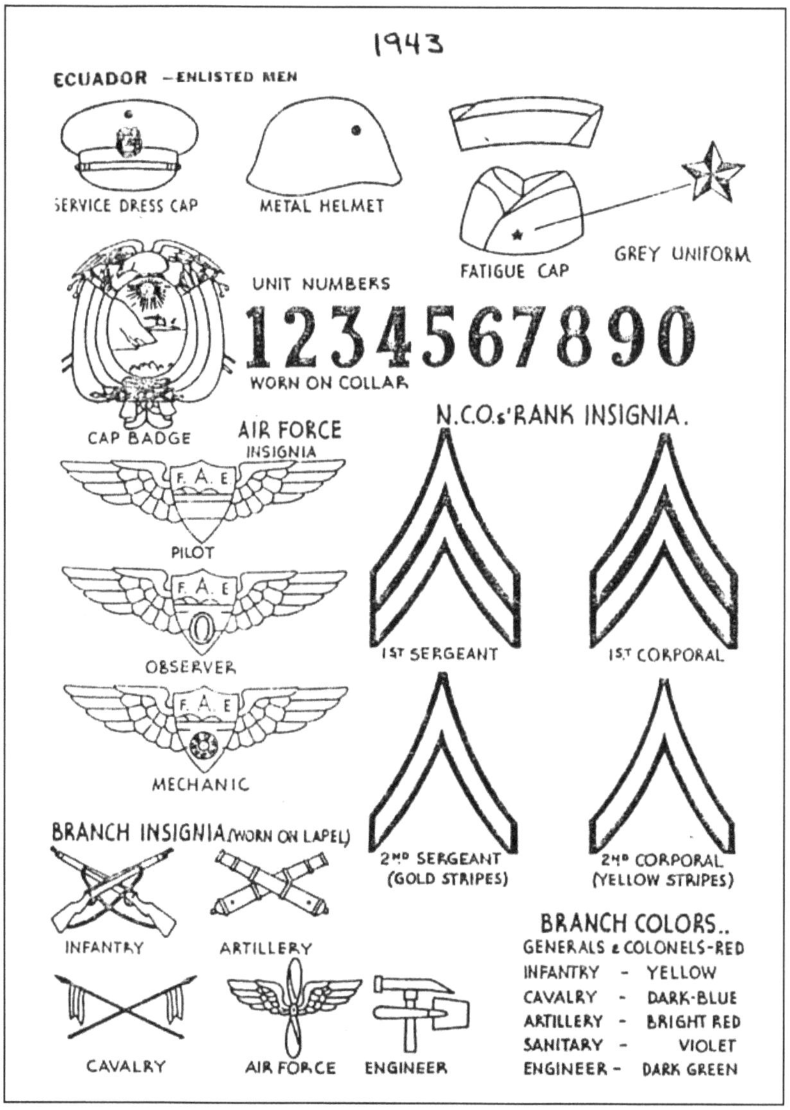

Le M33 illustré par une documentation militaire américaine[5]

Le US M1 s'impose

Selon une documentation américaine[6], c'est dès 1943 que les forces de Quito commencent à être dotées de US M1. Ces casques sont parfois ornés sur le devant d'une petite cocarde circulaire aux couleurs nationales. À la suite du traité de Rio en 1947 et l'accord militaire américano-équatorien

[5] *Identification*, Harrisburg, PA, Military Publishing Service Co., 1943, p. 97 [6] *Military Identification Manual*, Harrisburg, PA, Military Publishing Service Co., 1943

Servants d'une batterie de DCA équipés de Brodies. Armée équatorienne *(USIS)*

de 1952, d'importantes quantités de surplus militaires américains inondèrent le pays. Les forces armées, comportant alors 15.000 hommes, furent à cette époque entièrement équipées de US M1, désormais portés sans attribut, mais en revanche souvent revêtu d'un camouflage de toile de dominante vert-olive[7].

Fantassin, années 1980 *(Terry Hooker)*

Porte étendard *(Règlement 2002)*

Formations particulières

Une force aéroportée fut créée en 1955 avec la mise en place sous égide américaine d'une école de saut. Les parachutistes équatoriens *(Destacamento Especial de Paracaidistas)* étaient alors dotés de casques américains. Elle est aujourd'hui équipée de M1 à rivets extérieurs visibles ornés à l'arrière du casque de larges numéros blancs.

[7] *Reglamento de uniformes para el personal de tropa del ejercito, Quito*, 1956

Casques type US M1, peut être allemands *(droits réservés)*

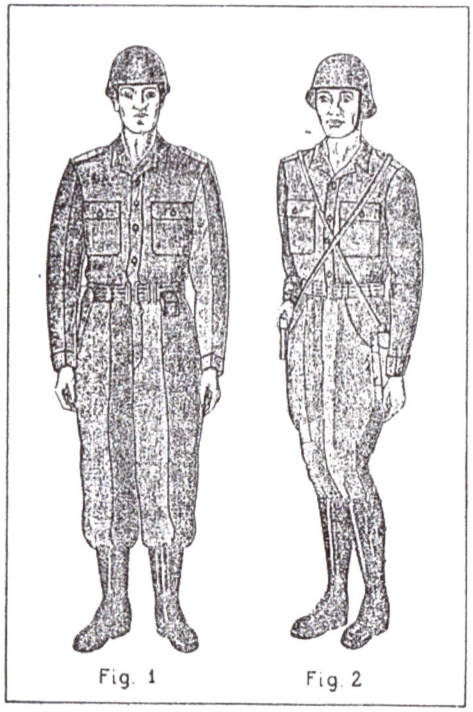

Infanterie en tenue de campagne *(Règlement 1956)*

(cliché armée équatorienne)

L'ère du PAGST

Depuis les années 1990, une version apparemment locale du PAGST (noter le rivetage particulier) représente la modernité en Équateur. Toutefois, en pratique, le M1 demeure très présent au sein des unités de l'armée de terre.

Parachutistes prêts pour l'embarquement *(militaryphotos.net)*

Bataillon Selva *(cliché Armée équatorienne)*

Noter le rivetage particulier.
(cliché Armée équatorienne)

Le Président Correa passe une garde en revue à Tulcan. Noter l'utilisation simultanée du PASGT et du US M1. *(cliché Militaryphotos.net)*

Garde Présidentielle et varia

La garde du Palais présidentiel porte des US M1 légers blancs à bande noire (2 cm de large, située à 2 cm du bord inférieur du casque) ornés sur le devant d'un cercle noir de 10 cm de diamètre frappé des lettres *PE* entrelacées.

La Police militaire utilise les mêmes casques, ornés des lettres blanches *PM*, les personnels sanitaires remplacent les lettres par une croix-rouge et, selon le règlement, le clergé catholique par une croix pourpre de 6 x 6 cm[8].

Casque bleu équatorien *(cliché Militaryphotos)*

Gardes du Palais présidentiel *(cliché C.Bogart)*

Tiwinza 1995 *(illustration David Spencer)*

[8] *Reglamento de uniformes para la fuerza terrestre (*RT-5-XII, 1.981) et fuerza terrestre ecuatoriana (RCP-110-26) *Reglamento de uniformes para el personnel de la fuerza terrestre*, Direccion de Doctrina, 2002

Garde du panthéon national *(cliché YP)*

Forces spéciales

Des équipements américains *(cliché Militaryphotos.net)*

Arme blindée

Le DH-132 CVC est utilisé. *(cliché Armée équatorienne)*

Après la signature du Protocole de Rio de 1942, mettant fin à se guerre avec le Pérou, Quito cherche désespérément à moderniser ses forces armées. Ayant déclaré la guerre à l'Axe, le plan *Land-Lease* permet la livraison à Quito de nombreux équipements militaires américains – parmi ceux-ci, une douzaine de tanks légers Marmon-Herrington CTMS LTBL et des casques de fibre M38 correspondants. C'est l'origine de l'arme blindée du pays. Ensuite, les livraisons américaines se poursuivant, l'armée équatorienne dévoloppe une importante arme blindée[9]. Aujourd'hui, l'armée équatorienne est dotés de matériels de sources diverses et des coiffures CVC les accompagnant.

[9] Avec 41 M2-A1 tanks légers, l'armée équatorienne devient la plus important force blindée de la côte pacifique!

Le DH 132 CVC est utilisé.
(cliché Armée équatorienne)

Marine

Le PASGT de la marine conserve la couleur kaki *(Militaryphotos.net)*

Bibliographie

The Peru-Equator war 1991, Vol. VIII, N° 2, *El Dorado* (s.l.n.d.).
Ejercito Ecuatoriano, Comandancia General del Ejercito, *Reglamento de Uniformes para la Fuerza Terrestre*, Quito, RT-5-XII, 1981.
Identification, Harrisburg, PA, The Military Service Publishing Co., 1943.
Reglamento de Uniformes para el Ejercito, 1940.
Republica del Ecuador, Ministerio de Defensa Nacional, Subsecretaria de Defensa, "Reglamento de Uniformes para el Ejercito, 1940" en *Reglamento de uniformes para el personal e oficiales de las fuerzas armadas,* Parte I, Editorial Victoria, Quito, 1956.

Remerciements:

Santiago BUSTAMANTE, Quito
Jose Maria PEREZ, Paris
Juan QUEVEDO, Quito

Musée

Museo de las FF.AA Templo de la Patria

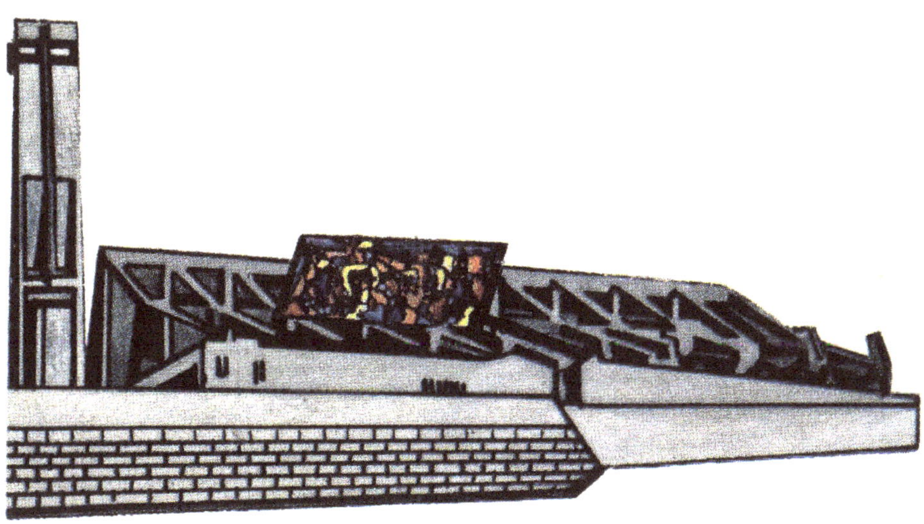

SUMARIO DEL CAPÍTULO
CHAPTER SUMMARY

(xxx: ar-i, ar-d) = pág. xxx, arriba-izq., arriba-der.
(xxx: ab-i, ab-d) = pág. xxx, abajo-izq., abajo-der.
(xxx: mi, md) = pág. xxx, al medio-izq., al medio-der.

ECUADOR

Aunque Ecuador ha sido independiente desde 1830, el nacimiento del moderno Ejército ecuatoriano data de la presidencia de Eloy Alfaro (1895-1911). Durante éste período los oficiales franceses, originalmente comprometidos en el entrenamiento del Ejército, fueron reemplazados por una importante misión del ejército chileno (1903).

Los chilenos, fuertemente influenciados por la doctrina del ejército alemán, naturalmente recomendaron uniformes y equipamiento alemán, que los ecuatorianos importaron del *Reich* de Wilhelm II. La Ley del 7 de noviembre de 1905, organizó las fuerzas armadas según las pautas alemanas, y el *Pickelhaube* M95 alemán, se volvió el casco de desfile estándar para los oficiales del Ejército *(169:ab-d)*.

A comienzos de 1922, el mismo año en que Benito Mussolini accedió al poder, una misión militar italiana (Italia estaba entre los Aliados durante la Primera Guerra Mundial) llegó a Ecuador, y la influencia alemana en las adquisiciones militares, para el pequeño ejército ecuatoriano de 6.000 hombres comenzó a declinar.

No obstante, el *Pickelhaube* se mantuvo como el casco principal de ceremonias, y un número significativo de estos cascos, se compraron a la vecina Venezuela que estaba en proceso de abandonar el uso del *Pickelhaube*. En los desfiles, los cadetes del ejército, lucen un *Haarbush* de distintos colores (en azul, rojo y blanco) según la especialidad militar *(170:ar-d,mi)*. La pun-

(xxx:tl,tr) = page xxx, top-left, top-right
(xxx:bl,br) = page xxx, bottom left, bottom-right
(xxx:ml,mr) = page xxx, middle-left, middle-right

ECUADOR

Although Ecuador has been independent since 1830, the birth of the modern Ecuadorian Army dates from the presidency of Eloy Alfaro (1895–1911). During this period, the French officers originally engaged to train the Army were replaced by an important Chilean military mission (1903).

The Chileans, heavily influenced by German military doctrine, naturally recommended German equipment and uniforms, which the Ecuadorians eventually imported from the *Reich* of Wilhelm II. The Law of November 7, 1905, organized the armed forces along German guidelines, and the German *Pickelhaube* M95 became the standard parade headgear for the officers of the Army *(169:br)*.

Beginning in 1922, the same year Benito Mussolini came to power, an Italian military mission (Italy was among the Allies during the First World War) arrived in Ecuador, and the German influence on military procurement for the small Ecuadorian army of 6000 men subsequently faded.

The *Pickelhaube* was, nevertheless, retained as the main ceremonial headgear, and a large number of these helmets were purchased from neighboring Venezuela, which was in the process of abandoning the *Pickelhaube*. For ceremonial parades, army cadets sported a *Haarbush* of dif-ferent colors (blue, red, or white) according to the military specialty *(170:tr,ml)*. The spike was replaced by a flying condor for general officers *(171:tr)*.

ta se reemplaza, por un pequeño cóndor volante, en los cascos de los oficiales superiores *(171:ar-d).*

La influencia italiana en el Estado Mayor ecuatoriano fue sustancial, y por consiguiente, Quito compró una importante cantidad de equipo militar italiano en 1938 incluyendo los cascos *Adrian* M15, sobrantes de la Primera Guerra Mundial, pero principalmente el avanzado M33. Estos cascos, pintados de verde oscuro, fueron algunas veces decorados, con la escarapela nacional en rojo, azul y amarillo *(171:ab-i).*

Cuando Italia adhirió a las potencias del Eje, en 1940, Washington comenzó a presionar al gobierno de Quito, y en consecuencia, comenzó a llegar equipo militar americano.

En 1941 las tropas peruanas invadieron Ecuador, con el resultado de perder Ecuador, casi la mitad de su territorio. Durante este conflicto, los cascos italianos se usaron extensivamente, aunque las tropas paracaidistas ecuatorianas no usaron dichos modelos *(171:ab-d).*

Desde 1942, Estados Unidos entregó cierta cantidad de cascos M1917-A1, los cuales, brevemente se transformaron en el casco oficial del ejército ecuatoriano *(173:ar-i).* Ningún emblema fue empleado en estos modelos. En 1943, los primeros US M1 se introdujeron reemplazando rápidamente a los viejos *Brodies (173:md).*

El casco interior del US M1, frecuentemente se empleó con una gran variedad de emblemas, incluyendo la bandera nacional, como es el caso de la Guardia de Honor, en el Templo de la Patria *(177:ar-i).*

A finales de los años `80, se importaron del extranjero, copias del M1, probablemente desde Alemania.

Desde los años noventa, se ha producido localmente una versión del PASGT, el cuál se ha distribuido a la mayor parte de las fuerzas armadas ecuatorianas, incluyen-

The Italian influence on the Ecuadorian General Staff was substantial, and consequently, Quito purchased an important quantity of Italian equipment in 1938, including the M15 *Adrian*, leftover from the First World War, but mostly the new high-tech M33. These helmets, painted in dark green, were sometimes decorated with the national cockade in red, blue and yellow *(171:bl).*

When Italy joined the Axis powers in 1940, Washington began pressuring the government in Quito, and subsequently, quantities of US military equipment began arriving.

In 1941 Peruvian troops invaded Ecuador, with the result that Ecuador lost almost half its territory. During this conflict, the Italian helmets were extensively used, though Ecuadorian paratroops did not use helmets *(171:br).*

After 1942 the US delivered quantities of the M1917-A1, which briefly became the official helmet of the Ecuadorian army *(173:tl).* No emblems were worn on this headgear. In 1943 the US M1 was first introduced, and it rapidly replaced the old Brodies *(173:mr).*

The US M1 helmet liner was frequently used with a variety of emblems, including the national flag, as in the case of the Honor Guard at the National Military Shrine *(Templo de la Patria) (177:tl).*

In the late 1980s M1 metal clones were imported from abroad, probably from Germany.

Since the 1990s a locally made version of the PASGT has been issued to most of the armed forces, including paratroops *(174:br).* Armored vehicle crew members currently wear the US DH-132 CVC model headgear *(177:br).*

do las tropas paracaidistas *(174:ab-d)*. Las tripulaciones de vehículos blindados emplean actualmente el modelo DH-132 CVC americano *(177:ab-d)*.

GUATEMALA

Jusqu'au lendemain de la Seconde Guerre mondiale, les soldats guatémaltèques n'ont porté que des képis à la française.

Un premier casque d'acier guatémaltèque: le US M1917-A1

Dans le cadre des programmes d'assistance militaire à l'Amérique centrale, les premiers casques d'acier que reçoivent les troupes guatémaltèques, déjà au cours de la Seconde Guerre mondiale[1] sont, comme ailleurs en Amérique centrale, des US M1917. En 1947[2], le Traité Interaméricain d'Assistance Mutuelle (Traité de Rio), accroît encore l'influence des États-Unis dans ce pays. Une collaboration étroite et durable s'installe. Les soldats guatémaltèques sont entièrement équipés à l'américaine.

Officiers de cavalerie, années 1940
(cliché Armée guatémaltèque)

[1] *Identification,* Harrisburg, PA, Military Service Publishing Co., 1943

[2] Les forces du pays comptent environ 6000 hommes dans l'après-guerre.

Casque tropical,
Infanterie 1945
(règlement militaire)

La cocarde nationale a connu plusieurs versions

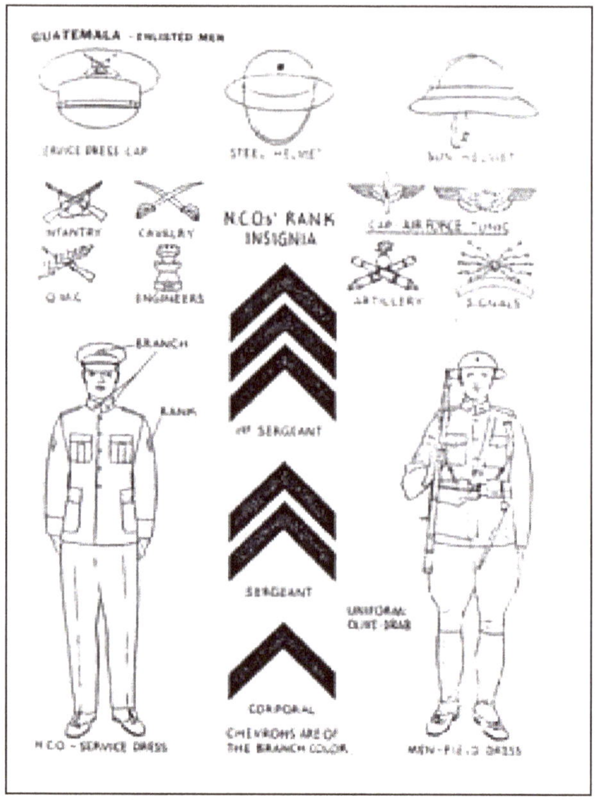

Identification (Military Service Publishing Co.,Harrisburg, PA, USA), 1943

L'apparition de casques allemands

Dans les années cinquante, certaines unités se virent dotées de casques allemands (ou de type allemand). Il s'agissait pour l'essentiel de M35 légers de type *Vulkanfiber Leichthelmen.* Ces casques, peints de couleur gris-bleu clair, étaient aussi utilisés par la police guatémaltèque, généralement sans attribut. Il est possible que ces casques aient fait partie des importantes commandes passées à la Tchécoslovaquie par le Président "progressiste" et anti-américain Jacobo Árbenz Guzmán et livrées en mai 1953[3].

Ces casques étaient encore utilisés en 1985[4].

Police guatémaltèque 1985 *(source G. Pendreight)*

[3] English, A., p. 259
[4] *Central American Report*, Inforpress Centroamericana, novembre-décembre 1985, via G. Pendreigh

Le US M1 se répand

Avec l'arrivée au pouvoir du colonel Carlos Castillo Armas, homme de la United Fruit Company, l'influence américaine s'impose absolument. Les livraisons d'armes et d'équipement inondent le pays. Le US M1, dont les Américains ne sont pas avares, se répand de façon générale. Les équipements non-américains sont abandonnés.

Au début des années 1960, un important développement des activités de guérilla[5] de gauche entraîne un renforcement de l'armée. En 1967, les États-Unis accroissent leurs livraisons de matériel militaire.

Les casques US M1 sont fréquemment ornés de décalcomanies, notamment aux couleurs nationales (côté gauche du casque).

Cependant, l'encadrement de l'armée, très nationaliste et volontiers xénophobe, supporte mal cette assistance militaire très lourde. En outre, le Président Carter commence à conditionner son aide à de meilleures prestations en matière de droits humains. Ce n'est pas vraiment là l'optique de la clique au pouvoir à Cuidad-Guatemala qui en conçoit une vive irritation.

Elle se tourne alors vers Taiwan, mais surtout vers Israël[6].

US M1, années 1970
(cliché Armée guatemaltèque)

Garde d'honneur PM (communication), M1 plastique, d'origine inconnue *(cliché Armée guatémaltèque)*

Les fournitures israéliennes dominent: l'Orlite s'impose

À la même époque en effet Tel-Aviv, peu regardante en matière de politique intérieure et déjà fournisseur du Guatemala, cherche précisément des

[5] Forces Armées Révolutionnaires (FAR)

[6] Burnett, John, Taipei Aid to Guatemala Fills a Gap Left by U.S, *IHT*, 4 juillet 1984

alliés "diplomatiques" en Amérique centrale et son industrie militaire des débouchés accrus. L'année 1978 marque donc à cet égard un tournant[7]. Le pays se détourne des États-Unis.

Depuis le début des années 1980, l'armée (toutes armes confondues) est essentiellement dotée de casques Orlite 201 (M76).

En 1988, on observe toutefois que dans le cadre de la lutte contre les guérillas, les US M1 sont toujours utilisés (avec un camouflage *jungle*).

Casque Orlite en manœuvres *(cliché Armée guatémaltèque)*

Aujourd'hui les US M1 ne paraissent plus utilisés que comme casques légers pour les plantons, les gardes et la PM.

US M1 *(Musée militaire de Guatemala Ciudad, clichés YP)*

Casque Orlite en usage *(cliché P. P. Struye)*

Le casque Orlite en parade *(L'Express 1980)*

[7] cf., CABALLERO JURADO, Carlos et THOMAS, Nigel, op. cit. p. 8s

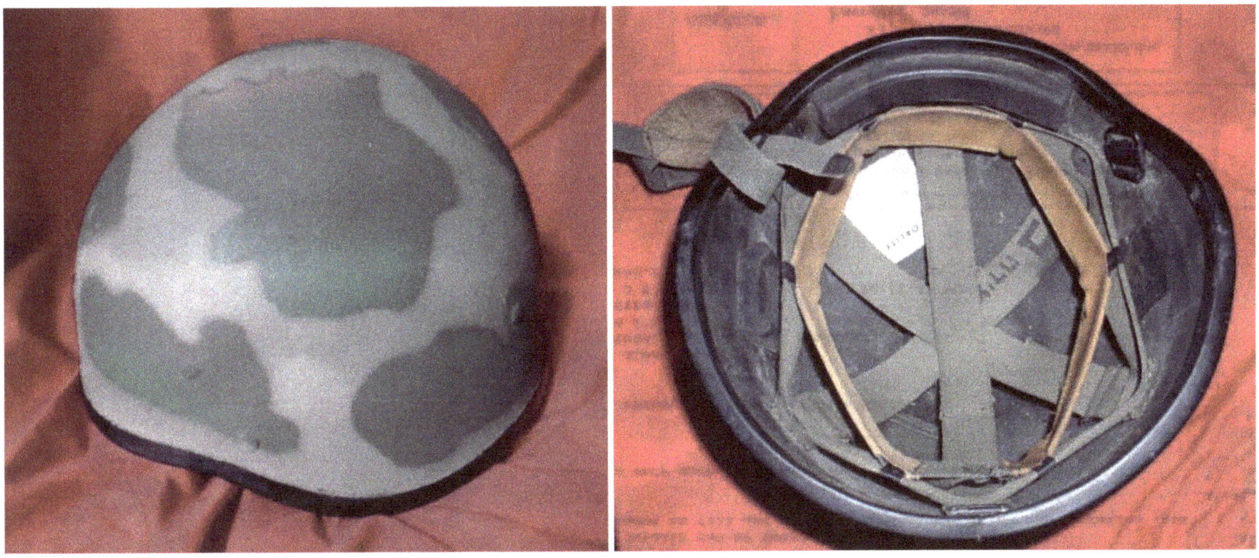

Extérieur et coiffe du casque Orlite *(collection Guy Tirk, USA)*

Parachutistes et unités d'intervention (Kaibiles): Le PASGT

Depuis une dizaine d'années, certaines unités spéciales se sont vues dotées de modèles PASGT d'origine américaine.

Arme blindée

À la fin des années 1930, les équipages des tanks Marmon-Herrington CTMS 1TRB1 étaient coiffés comme leurs collègues américaines.

Tankistes guatemaltèques, années 1950 *(Musée de l'Armée de Guatemala Ciudad, cliché YP)*

Kaibiles en intervention *(cliché Armée guatémaltèque)*

Les équipages de blindés utilisent des casques américains DH-132 CVC *(Armée guatémaltèque)*

Tankistes guatémaltèques utilisant un modèle de casque inconnu *(droits réservés)*

Police militaire

La Police militaire a généralement utilisé les mêmes casques que l'armée de terre.

Police militaire, années 1960 *(cliché E. Dzikowska)*

Tankistes (*Combat Vehicle Crewman*) *(Armée guatémaltèque)*

Utilisation de modèle Orlite en 2010 *(cliché Armée guatémaltèque)*

Années 1980 *(cliché James Nachtwey)*

Marine

Prise d'arme de la marine. US M1 à attribut frontal aux armes nationales *(cliché armée guatémaltèque)*

L'armée guatémaltèque utilise un certain nombre d'attributs régimentaires. Le document ci-contre en présente quelques uns.

Musée militaire du Guatémala *(cliché YP)*

Bibliographie

BARTH, Maurice (Ed.), *L'enfer guatémaltèque, 1960-1996*, Paris, CCFD-Karthala, 2000.

CABALLERO JURADO, Carlos et THOMAS, Nigel, *Central American Wars 1959-89*, Londres, Osprey, Men-at-Arms Series, 1990.

RICHARD, F., *Guatemala: A Country Study*, NYROP Washington D.C, Government Printing Office, Department of the Army, Foreign Area Studies, The American University, 1983.

SOHR, Raul, *Centroamérica en guerra*, México, Alianza Editorial, 1988.

US Department of State, *Background Note: Guatemala*,Washington, Bureau of Western Hemisphere Affairs, February 2009.

Remerciements:

Colonel ORTEGA GAYTÁN, Jorge Antonio
Capitaine SIERRA, Lucila

Musée

Museo Heráldico y de Armas del Ejercito

24a Calle 3-81 zona 1, Interior Centro Cultural Miguel Angel Asturias, Antiguo Castillo de San José de Buena Vista, Ciudad-Guatemala,

Musée militaire du Guatémala *(cliché Armée guatemaltèque)*

SUMARIO DEL CAPÍTULO
CHAPTER SUMMARY

(xxx: ar-i, ar-d) = pág. xxx, arriba-izq., arriba-der.
(xxx: ab-i, ab-d) = pág. xxx, abajo-izq., abajo-der.
(xxx: mi, md) = pág. xxx, al medio-izq., al medio-der.

(xxx:tl,tr) = page xxx, top-left, top-right
(xxx:bl,br) = page xxx, bottom left, bottom-right
(xxx:ml,mr) = page xxx, middle-left, middle-right

GUATEMALA

En 1839, la República de Guatemala se retiró de la federación conocida como Las Provincias Unidas de Centroamérica. Más de 30 años pasaron, antes que el Presidente Justo Rufino Barrios, restableciera una seria presencia militar en el país, profesionalizando el ejército. La creación de la Academia Militar en 1874, marcó un importante paso en éste proceso de renovación. Los frutos de éste esfuerzo, fueron confirmados en 1876, con la victoria de Guatemala en la guerra contra El Salvador. Durante éste período, sólo gorras livianas, quepís y sombreros, fueron empleados.

En 1885, se le confió a una misión militar francesa, la modernización del ejército, y como era de esperar la influencia francesa en el ejército guatemalteco fue sustancial. Este resultado contrastó fuertemente, con los vecinos anteriores de la federación, dónde la doctrina militar alemana, y las políticas de contratación aún prevalecían. Con todo, ningún casco fue empleado.

A comienzos de 1935, el ejército guatemalteco se volvió hacia Estados Unidos, para guía y equipamiento. Poco después del ataque japonés al puerto de Pearl Harbor, considerables cantidades de equipo americano comenzaron a arribar. Esto incluyó los cascos M1917-A1 *(183:ab-d)*.

Las tripulaciones de tanques Marmon-Herrington CTMS 1TRB1, entregados por Washington, fueron equipados como sus colegas del período.

Después de la firma del Tratado Intera-

GUATEMALA

In 1839 the Republic of Guatemala withdrew from the federation known as the United Provinces of Central America. More than 30 years passed before President Justo Rufino Barrios reestablished a serious military presence in the country by professionalizing the army. The creation of the Military Academy in 1874 marked an important step in this renewal process, and the fruits of his efforts were confirmed in 1876 with Guatemala's victory in the war against El Salvador. Throughout this period, only soft caps, kepis, and hats were worn.

In 1885 a French military mission was entrusted with the modernization of the army, and as expected, French influence on the Guatemalan army was substantial. This result contrasted sharply with former neighboring members of the federation, where German military doctrine and procurement policies prevailed. Still, no helmets were issued.

Beginning in 1935 the Guatemalan army turned to the US for guidance and materiel. Soon after the Japanese attack on Pearl Harbor, considerable quantities of American military equipment began arriving. This included M1917-A1 helmets *(183:br)*.

The crews of the Marmon-Herrington CTMS 1TRB1 tanks delivered by Washington were equipped as their American counterparts of the time.

After the signature of the Inter-Amer-

mericano de Asistencia Recíproca (Tratado de Río) en 1947, más equipo militar americano comenzó a llegar a Guatemala, incluyendo varias versiones del casco US M1 americano *(185:ar-d).*

En los años cincuenta, bajo la presidencia del nacionalista e izquierdista Presidente Jacobo Arbenz Guzmán, una gran cantidad de equipamiento Checoslovaco fue importado. Estas importaciones incluían numerosos cascos alemanes M35, del período de antes de la Segunda Guerra Mundial, que se distribuyeron a fuerzas no combatientes *(184:ab-d).* Después del derrumbamiento del régimen de Jacobo Árbenz Guzmán, la influencia americana reapareció, y más material militar americano fue importado.

A principios de los sesenta, una gran parte de los 8.000 hombres de las fuerzas armadas del país, fueron movilizados para combatir un movimiento activo de guerrilleros de izquierda. Durante éste tiempo y en los años setenta, los cascos interiores de los M1 fueron decorados con insignias que representaban una especialidad específica de combate *(185:ab-d).*

A comienzos de los años ochenta, cuando las tensiones políticas con Washington aumentaron, Guatemala se volvió hacia proveedores alternativos de equipo militar, sobre todo de Taiwán e Israel *(186; 188:arriba).*

La mayoría de la infantería guatemalteca, el día de hoy, está provista con el modelo Orlite 201 (M76) o copias ligeras del M1. Estos cascos, normalmente, se entregan en sus colores originales gris-caqui, o con camuflaje de selva. Algunas unidades, aplican sus propios emblemas para actividades ceremoniales. La marina, usa el M1, pintado de blanco y decorado en el frente con un emblema nacional *(189:arriba).*

Las tripulaciones de tanques, emplean actualmente, el casco americano DH-132 CVC *(188:ar-i).*

ican Treaty of Reciprocal Assistance (Rio Treaty) in 1947, more US equipment began arriving in Guatemala, including various versions of the US M1 helmet *(185:tr).*

In the 1950s under the presidency of nationalist and leftist President Jacobo Arbenz Guzmán, a large quantity of Czechoslovakian equipment was imported. These imports included a number of pre-Second World War German M35 helmets, which were distributed to non-combatant forces *(184:br).* After the collapse of the Guzmán regime, American influence reemerged, and more US military material was imported.

In the early 1960s a large part of the 8000 men of the armed forces of the country was mobilized to combat an active leftist guerilla movement. During this time and in the early 1970s, US M1 helmet liners were frequently decorated with insignia representing a specific combat specialty *(185:br).*

Beginning in the 1980s, as political tensions with Washington mounted, Guatemala turned towards alternative suppliers of military equipment, especially Taiwan and Israel *(186; 187;top).*

Most of the Guatemalan infantry today is equipped with the Orlite 201 (M76) model or lightweight M1 clones. These helmets are usually issued in their original khaki-gray color or with jungle camouflage enhancement. Some units apply their own emblems for ceremonial events. The Navy uses the white M1, decorated with a national frontal emblem *(189:top).*

Tank crew members currently use the US DH-132 CVC helmet *(188:tl).*

HAÏTI

Entre son indépendance en 1803 et la fin du XIXème siècle, l'armée de la petite République francophone caraïbe n'utilise pas de casques. Le climat tropical et le désordre ambiant rendent une telle adoption aléatoire.

Au début du XXème siècle, sous l'influence de la mode parisienne, la cavalerie haïtienne se dote de casques de cuirassiers de fabrication française. Ceux-ci se distinguent des modèles français par une plaque frontale aux armes du pays.

Attribut de coiffure en cuivre
(collection particulière)

Sur la carte postale ci-dessous, datant du début du XXème siècle, on distingue plusieurs cuirassiers du Régiment de cavalerie de la Garde, dotés de tels casques. L'usage de ces casques est interrompu en 1916[1].

Après une période de grand désordre, les États-Unis prirent en 1915 le contrôle du pays de Toussait Louverture où ils restèrent jusqu'en 1934. Jusqu'à la Seconde Guerre mondiale, les soldats de la petite armée insulaire ne portaient pas de casque, la principale activité de ces militaires étant de faire et défaire les Présidents de la République.

[1] Information François Pineau, 7 avril 2012

Le Président à la tête des Troupes haïtiennes *(collection Frédéric Pineau)*

Entre 1934 et 1957, les États-Unis continuèrent à contrôler le pays par l'intermédiaire d'une série de présidents fantoches. En 1957, un médecin, du nom de François Duvalier, surnommé Papa Doc, accède au pouvoir, neutralise l'armée, instrument des grands propriétaires ruraux, soutiens des régimes précédents et créee une garde prétorienne à sa solde: les Volontaires de la sécurité nationale, plus connus sous le nom de *Tontons macoutes.*

Duvalier en Commandant en chef de l'armée en 1958, deux ans après son coup d'État. Le US M1 est de rigueur *(cliché Bettmann/Corbis)*

Le Colonel Robert Debs Heinl, Jr., conseiller militaire et organisateur de l'armée d'Haïti (1959). Noter l'attribut frontal aux armes du pays. *(cliché Bruce Henderson)*

Après la Seconde Guerre mondiale, comme les autres États sous influence américaine (depuis 1941 en particulier), Haïti a utilisé sur une petite échelle des US M1917-A1 importés dans le cadre de l'assistance technique des États-Unis.

Dans les années 1960, l'armée haïtienne tant bien que mal organisée par des conseillers américains comporte quelque 6000 hommes. Elle s'articule alors en:

- Une Garde présidentielle
- Un bataillon d'infanterie
- Des détachements de garnison

En 1986, le fils Duvalier fut chassé du pouvoir mais pour l'armée ceci ne changea guère les choses.

A la mort de Francois Duvalier en 1957, son fils Jean-Claude, lui succède comme Président à vie.

Les US M1 demeurent pendant plusieurs décennies le modèle uniques des forces armées haïtiennes.

Dans les années 1980, des casques type M1 sont achetés à la Corée du sud afin de moderniser l'équipement de l'armés.

Agitation de rue à Port-au-Prince en 1986 *(cliché L'Express)*

Le Président élu Aristide salue sa garde, coiffée de casques en plastique de fabrication coréenne. *(Thony Belizaire, 1990 AFP)*

Jean Heubreux coiffé d'un M1 plastique *(AP 1988)*

On retrouve les mêmes casques *(Reuters)*

En 1996, les députés haïtiens ont voté une résolution constatant "l'inexistence de l'armée" (1400 hommes). Depuis cette date il n'existe plus d'armée à Haïti. Une force de police (Police Nationale d'Haïti: PNH) de 8500 hommes (destinée à être portée à 14.000) la remplace. Celle-ci comporte néanmoins les mêmes armes que la défunte armée.

US M1 Sud-coréen plastique *(collection Roger Lucy via Helmnet)*

Forces spéciales

Les troupes blindées utilisent divers modèles de provenance américaine et les parachutistes et la police des PAGST de même origine.

Un *US Marine* et un homme de la Police haïtienne *(HNP-SWAT) (cliché USMC)*

(cliché Police haïtienne)

On parle de plus en plus aujourd'hui de la reconstitution d'une armée haïtienne. Ceci étant, étant donné les mauvais souvenirs laissés par la précédente, une telle reconstitution ne pourra être entreprise qu'avec la plus extrême prudence!

Bibliographie

CABALLERO JURADO, Carlos et THOMAS, Nigel, *Central American Wars 1959-89*, Londres, Osprey, Men-at-Arms Series, 1990.

(cliché Police haïtienne)

SUMARIO DEL CAPÍTULO
CHAPTER SUMMARY

(xxx: ar-i, ar-d) = pág. xxx, arriba-izq., arriba-der.
(xxx: ab-i, ab-d) = pág. xxx, abajo-izq.,abajo-der.
(xxx: mi, md) = pág. xxx, al medio-izq., al medio-der.

(xxx:tl,tr) = page xxx, top-left, top-right
(xxx:bl,br) = page xxx, bottom left, bottom-right
(xxx:ml,mr) = page xxx, middle-left, middle-right

HAITÍ

La República de Haití, independiente desde 1803, es uno de los más viejos estados de América Latina. Desgraciadamente, es también desde su creación, uno de los más pobres. Nada hace pensar en una mejora, de esa triste condición.

En los primeros cien años, Haití mantuvo una pequeña fuerza militar de alrededor de 6.000 hombres, empleada principalmente en propósitos políticos, y con evidente falta de profesionalismo.

El equipo militar y los uniformes, eran europeos en diseño (particularmente francés, como antigua colonia francesa), pero considerado los recursos limitados del país y el clima opresivo no se empleó casco alguno.

En 1915, Estados Unidos ocupó el país. Para ayudar a combatir un movimiento guerrillero nacionalista *(Caco)*, se creó una fuerza paramilitar, la *Gendarmerie d'Haïti*. Los miembros de ésta organización fueron abastecidos con sobrantes de los uniformes del cuerpo de Marines americanos, pero en cuanto a prendas de cabeza, sólo fueron entregadas gorras y sombreros.

En 1934, las fuerzas americanas salieron de Haití. Se estableció una unidad montada militar, parecida a *la Garde Républicaine* francesa. Estas tropas llevaron uniformes de estilo francés, con cascos de coraceros, luciendo el escudo nacional en el frente *(193:md)*. Esta unidad tuvo una efímera existencia.

Durante la Segunda Guerra Mundial,

HAITI

The Republic of Haiti, independent since 1803, is one of the oldest states in Latin America. Unfortunately, it has also, since its creation, remained the poorest. Nothing suggests an improvement in that sad characterization.

For its first hundred years Haiti maintained a small military force of some 6000 men, employed mainly for political purposes and seriously lacking in professionalism.

Military equipment and uniforms were European in design (particularly French as fitting a former French colony), but considering the country's limited resources and the oppressive climate, no helmets were worn.

In 1915 the US occupied the country. In order to help fight a nationalist *(Caco)* guerilla movement, a paramilitary force, the *Gendarmerie d'Haïti,* was created. Members of this organization were supplied with surplus US Marine uniforms, but only caps and hats were issued.

In 1934, the US forces departed Haiti. A mounted military unit, somewhat similar to the French *Garde Républicaine,* was established. These troops wore French-style uniforms with cuirassier helmets, sporting the national coat of arms on the front *(193:mr)*. This unit was short-lived.

During the Second World War large quantities of US military equipment (including light tanks) were delivered to Port aux Princes, but only in 1954 did what

grandes cantidades de equipo del ejército americano (incluso tanques ligeros) fueron entregados a Puerto Principe, pero sólo en 1954 surge lo que podría llamarse un verdadero ejército de alrededor de 4.500 soldados.

En 1957, François Duvalier, un médico rural, accedió al poder transformándose rápidamente en un gobierno dictatorial *(194:ab-d)*. Él neutralizó al ejército existente (visto como una herramienta privada, de los principales hacendados del país) y creó una fuerza paramilitar paralela – les *Volontaires de la Sécurité Nationale*, normalmente conocidos como los *Tonton Macoutes.*

Inicialmente, ni el ejército ni los *Tontons Macoutes* portaron cascos. Después de la Segunda Guerra Mundial, algunos cascos americanos comenzaron a llegar, pero estos fueron usados principalmente durante los disturbios. A fines de los cincuenta, el Coronel Robert Debs Heinl, Jr. *(194:ab-i)*, bajo los auspicios de la Misión de Entrenamiento americana, emprendió una vez más, la reestructuración del ejército. Se renombró como *Armée Haitienne*, en 1963. Por primera vez aparecieron cascos militares, con la introducción de copias plásticas balísticas, en color negro, de modelos M1 *(195:ab-i)*.

Pero hacia 1996, la efectividad y la organización del Ejército Nacional haitiano, se habían deteriorado tan manifiestamente, que la Asamblea Nacional no vio ninguna otra alternativa, que pedir que el Ejército se disolviera.

Desde esa fecha, con la ayuda de consejeros del ejército americano, una *Police Nationale d'Haiti* , realiza deberes policíacos, así como también el papel de un ejército nacional. Estos individuos llevan los cascos americanos PASGT *(196:ab-d)*. Las tripulaciones de Tanques, usan variados modelos de cascos americanos. ----->

could be called a real army emerge, numbering 4500 soldiers.

In 1957, François Duvalier, a country physician, came to power, quickly seizing dictatorial authority *(194:br)*. He neutralized the existing army (seen as the private tool of the main landowners of the country) and created a parallel paramilitary force – *les Volontaires de la Sécurité Nationale,* commonly known as *Tonton Macoutes.*

Initially, neither the army nor the *Tontons Macoutes* wore helmets. After the Second World War some US helmets began to appear, but were used mostly during riots. In the late 1950s, Colonel Robert Debs Heinl, Jr. *(194:bl)*, under the auspices of the US Training Mission, undertook once more to restructure the army. It was renamed *L'Armée Haitienne* in 1963. For the first time military helmets became standard issue with the introduction of a black plastic M1 ballistic clone *(195:bl)*.

But by 1996 the organization and effectiveness of the Haitian National Army had deteriorated so manifestly that the National Assembly saw no alternative but to order that the Army be disbanded.

Since that date, with the help of US military advisers, a *Police Nationale d'Haiti*, performs police duties as well as serving in the role of a national army. These individuals wear US-made PASGT helmets *(196:br)*. Tank crews use various models of American helmets.

In 2012 President Martelli mentioned a project to recreate a professional army in Haiti.

En 2012, el Presidente Martelli, mencionó un proyecto para refundar un ejército profesional en Haití.

HONDURAS

À partir du début du XXème siècle, l'économie de ce petit pays d'Amérique centrale, indépendant depuis 1839, passe entièrement sous la coupe des États-Unis, plus particulièrement de la United Fruit Company.

Avant la Première Guerre mondiale, le prestige des armes allemandes demeurant élevé, les officiers de l'armée de terre sont dotés de *Pickelhaube* comme en atteste la photo ci-dessous (circa 1912) représentant le Général Abel Villacorta à l'École d'artillerie de Tegucigalpa. Ces casques sont ornés d'une plaque frontale de cuivre aux armes de l'État.

École militaire, officiers avec *Pickelhaube (cliché Direction de l'Institut d'histoire militaire, collection Ricardo Jara Franco)*

Comme ailleurs en Amérique centrale, au Honduras, la "période des Caudillos" fut particulièrement longue mais, sous la dictature du général Tiburcio Carias Andino (1933-1949), le pays connut une longue ère de stabilité intérieure. La première démarche de celui-ci fut la création d'une *Aviacion Militar Hondurena* en 1933. C'est seulement ensuite qu'une véritable armée (y compris une Garde Présidentielle) fut mise en place.

Aucun casque, en dehors de quelque casques tropicaux, n'était apparemment alors en usage dans les forces armées du Honduras.

Un premier casque d'acier

Signataire de la Déclaration des Nations Unies du 1er janvier 1942, sous la pression américaine, le Honduras déclare la guerre à l'Axe en 1944. Durant la Seconde Guerre mondiale, 2000 exemplaires de ce casque ayant été livrés à Tegucigalpa, le M1917-A1 fait une timide apparition dans l'armée de terre et la marine. En 1947, après la signature du traité d'assistance mutuelle de Rio, l'aide américaine devint significative.

Discours du Pt Carias, 1943
(cliché Roberto Zavala)

L'ère du US M1

Vers la fin des années quarante, la "menace communiste" amène les Américains à moderniser l'armée de leur petit allié. En 1946, le US M1 est adopté[1].

L'année 1954, avec la fin de l'ère "rupestre" du dictateur Tiburcio Carias (au pouvoir depuis 1933), marque au Honduras l'année de transition vers une entrée dans le XXème siècle.

Un casque colonial d'allure britannique
(droits réservés)

Premier commandant du Premier bataillon d'artillerie, années 1960. Casque léger US M1, étoile frontale de grade et décalcomanie latérale rouge et noire identique au badge de manche
(cliché Armée hondurienne)

Garde au drapeau, Tegucigalpa, 1954 Noter les insignes de grades frontaux sur les casques
(cliché Musée militaire de Tegucigalpa)

---

[1] Information communiquée par le conservateur du Musée militaire, Tegucigalpa, 26 avril 2004

Manœuvres soigneusement mises en scène pour le photographe militaire. Noter les insignes de grade sur le devant des casques *(Armée hondurienne)*

En 1957, l'élection du Président Ramon Villeda Morales et des incidents frontaliers avec le Nicaragua fournissent l'occasion à la nouvelle armée, récemment réorganisée, de se montrer sur le devant de la scène.

Dix ans plus tard, en 1965, le corps expéditionnaire hondurien qui participe à l'opération de République Dominicaine est entièrement équipé du US M1 dans sa couleur d'origine et sans marques particulières.

Vestiges de l'intervention à St Domingue, Musée militaire de Tegucigalpa *(clichés YP)*

US M1 de l'aéronavale *(cliché YP)*

Les casques légers de la Garde Présidentielle portent les lettres frontales *GP* entourées de deux bandes superposées, le tout en blanc.

Médecin militaire. Emblème au caducée sur croix rouge sur le couvre-casque *(Armée hondurienne)*

US M1 en action 1982
(clichés (M.I. Seitelman)

Intérieur d'un PASGT
d'origine américaine
collection particulière)

Une *Guardia Civil* fait à cette époque en quelque sorte concurrence à l'armée.

En 1969, la "guerre du football" oppose le Honduras au Salvador. Les US M1 sont alors utilisés sur une grande échelle.

En 1982, après la signature (1980) d'un traité de paix avec le Salvador, voisin, l'ensemble des forces armées représente environ 10.000 hommes. Le US M1 est utilisé recouvert d'un épais couvre-casque camouflé.

Du matériel israélien

Dans les années 1970, comme plusieurs autres États de la région, politiquement et militairement soutenus par l'État hébreu, le pays fit l'acquisition de matériel israélien et notamment de mitraillettes Uzi et d'une petite quantité de casques M76 (OR-201) en plastique balistique. C'est notamment ce modèle (recouvert d'une toile de camouflage) qu'utilisaient au milieu des années 1980 les hommes du second bataillon aéroporté[2]. Dans les années 1990, des modèles M76-85 auraient aussi été en usage[3].

Prise d'armes à Tegucigalpa. Utilisation de l'Orlite
(clichés Armée hondurienne)

[2] Caballero Jurado, Carlos et al, p. 43 [3] Marzetti, Paolo, p. 137

PRIMER BATALLON DE FUERZAS ESPECIALES

Musée Militaire de Tegucigalpa
(cliché YP)

La partie arrière de la bombe du casque ci-dessus fabriqué aux États-Unis en 1989 par la Société Unicor porte la mention:

HELMET PASGT

BLA 100- 89 F-E-A-18

84-70-01-092-75-27

UNICOR

Un casque soviétique ?

Paolo Marzetti, dans son second volume (p. 246) parle de l'usage de casques “de forme soviétique.”

Si cette information – a priori surprenante – était confirmée, il pourrait s'agir de quelques casques SSh-68 de provenance nicaraguayenne.

Prise d’arme à Tegucigalpa *(cliché Armée du Honduras)*

(cliché La Prensa, Tegucigalpa)

US M1 et un PASGT, Tegucigalpa, juin 2009 *(droits réservés)*

Une sélection de badges de l'armée *(cliché YP)*

Armes particulières

En 1973, une unité spéciale parachutiste fut mise en place et équipée par les États-Unis. Leur casque est alors celui qui est en usage aux États-Unis.

Les personnels de véhicules blindés utilisent des modèles américains *Doughnut* ou encore *Anti-crash Armoured Forces 1941* en fonction des stocks disponibles.

Blindés actuels *(Reuters)*

Bibliographie

ANDERSON, Thomas P., *The War of the Dispossessed: Honduras and El Salvador, 1969*. UP Nebraska Press, 1981.

ANS, André-Marcel d', *Le Honduras – Difficile émergence d'une nation, d'un État*, Paris, Kartala, 1997.

CABALLERO JURADO, Carlos et THOMAS, Nigel, *Central American Wars 1959-89*, Londres, Osprey, Men-at-Arms Series, 1990.

ISAGUIRRE, Ramon, R., *Historia documentada de la fuerzas armadas de Honduras*, Tegucigalpa, Multigrafico Flores, 2003.

LANDAU, Saul, *The Guerilla Wars of Central America,* New York, St. Martins Press, 1993.

ROWLES, James, *El Conflicto Honduras-Salvador (1969)*, San Jose, Editorial Universitaria Centroamericana (EDUCA), 1980.

RUDOLPH, James, D. (Ed.), *Honduras: A Country Study*, Washington D.C, Government Printing Office, Department of the Army, Foreign Areas Studies, The American University, 1984.

Remerciements:

CODARGTON, William Jemeson, Conservateur du Museo Historico Militar.

Musée

Museo Historico Militar
Parque Valle de Tegucigalpa.

(cliché YP)

SUMARIO DEL CAPÍTULO
CHAPTER SUMMARY

(xxx: ar-i, ar-d) = pág. xxx, arriba-izq., arriba-der.
(xxx: ab-i, ab-d) = pág. xxx, abajo-izq., abajo-der.
(xxx: mi, md) = pág. xxx, al medio-izq., al medio-der.

HONDURAS

Honduras obtuvo su independencia en 1839, volviéndose inmediatamente una "colonia" comercial de los Estados Unidos, y más específicamente, una "colonia" de la United Fruit Company. La creación de un ejército nacional fue lento en su desarrollo, debido a la extrema turbulencia política, que caracterizó los primeros cien años de la historia del país. Hasta el fin de la Primera Guerra Mundial, sería una exageración hablar de un verdadero ejército en Honduras.

En 1903, se estableció una academia militar, a cargo de un coronel chileno que asume la responsabilidad de su dirección. En 1906, una escuela de artillería se formó en Tegucigalpa, bajo la dirección de un sargento francés. Sorprendentemente, los cadetes de ésta escuela, llevaron los *Pickelhaube* alemanes M95 *(199:md)*.

Sin embargo, en general, las instituciones militares de Honduras funcionaron esporádicamente hasta los años veinte.

En 1933 con la asunción al poder del dictador Tiburcio Carías Andino (1876-1969), se hicieron algunos progresos en la organización de las fuerzas armadas, particularmente de la aviación militar hondureña, que demostró su utilidad en la lucha contra la insurrección. Sin embargo, con la excepción de algunos cascos tropicales, llevados en ocasiones especiales, no aparece ningún casco en las fotografías del período *(200:mi)*.

Hacia el fin de la Segunda Guerra Mundial, y como en otras partes de la región, Honduras declaró la guerra a los poderes

(xxx:tl,tr) = page xxx, top-left, top-right
(xxx:bl,br) = page xxx, bottom left, bottom-right
(xxx:ml,mr) = page xxx, middle-left, middle-right

HONDURAS

Winning its independence in 1839, Honduras immediately became a commercial "colony" of the United States, and more precisely a "colony" of the United Fruit Company. The creation of a national army was slow to develop, owing to the extreme political turbulence which characterized the first hundred years of the country's history. Until the end of the First World War, it would be an exaggeration to speak of a real military in Honduras.

In 1903 a military academy was established, with a Chilean colonel assuming the responsibility for its direction. By 1906 an artillery school had been set up in Tegucigalpa under the direction of a former French sergeant. Surprisingly, the cadets at this school wore the German M95 *Pickel-haube (199:mr)*.

However, in general, the military institutions of Honduras functioned sporadically until the 1920s.

In 1933 with the rise to power of dictator, Tiburcio Carias Andino, some progress was made in the organization of the armed forces, particularly that of the *Aviacion Militar Hondurena* (Honduran Air Force), which proved useful in the fight against insurgents. However, with the exception of some tropical helmets worn on special occasions, no helmets appear in the photographs from this period *(200:ml)*.

Toward the end of the Second World War, as elsewhere in the region, Honduras declared war on the Axis powers, and

del Eje, y los modelos americanos M1917-A1 comenzaron a llegar a las fuerzas armadas hondureñas. Estos cascos eran raramente llevados en acción, debido al clima, y retuvieron su color de origen.

En 1947, siguiendo a la firma del Tratado Interamericano de Ayuda Recíproca (Tratado de Río), el Ejército americano comenzó a entregar a Tegucigalpa, una importante cantidad de equipo militar, incluyendo una variedad de modelos del US M1. Estos nuevos cascos se introdujeron inmediatamente, en las ramas de las fuerzas armadas hondureñas *(200:abajo)*. Estos fueron decorados, a menudo, con emblemas frontales indicando el rango del portador *(201:ar-d)*. Más general, fue la aplicación de diferentes marcas a los cascos interiores de éstos modelos, particularmente por la fuerza aérea, la armada, la Cruz Roja, etc.

Durante las operaciones de Santo Domingo, en 1956, en el cual Honduras tomó parte, las letras *OEA* (Organización de Estados Americanos) fue aplicado al lado derecho de los cascos M1 *(201:ab-d)*.

La Guardia Civil (Policía Militar Hondureña), la cual tiene y continúa jugando un papel importante en la "pacificación" del país, usa los mismos cascos que el Ejército.

En los años setenta, ansiosos por modernizar sus fuerzas, Tegucigalpa adquirió una cantidad importante de cascos israelitas OR-201. Este tipo de casco, se usó principalmente en las fuerzas especiales y unidades de paracaidistas.

A mediados de los años setenta, se introdujeron también, los cascos de *Kevlar* israelita Orlite M76/85, y desde fines de los años ochenta, los cascos americanos PASGT (Unicor) han sido extensamente distribuidos *(203)*.

Las tripulaciones de tanques, de las fuerzas armadas hondureñas, usan varios modelos americanos, de diferentes períodos (*Doughnut*, Anti-golpes de las fuerzas acorazadas, etc.) *(204:ab-d)*.

the American M1917-A1 began appearing in the Honduran Armed Forces. These helmets were, in fact, seldom worn in action because of the climate. They retained their color of origin.

In 1947, following the signing of the Inter-American Treaty of Reciprocal Assistance (Rio Treaty), the US Army began delivering to Tegucigalpa a substantial quantity of military equipment, including various models of the US M1. These new helmets were immediately introduced into all branches of the Honduran Armed Forces *(200:bottom)*. They were often decorated with frontal emblems, indicating the rank of the bearer *(201:tr)*. More generally, different markings were applied to the liners of these helmets, particularly by the Air Force, the Navy, the Red Cross, etc.

During the 1965 Santo Domingo operations in which Honduras took part, the letters *OEA* (Organization of American States in Spanish) were stenciled on the right side of the M1 helmets *(201:br)*.

The *Guardia Civil* (Honduran military police), which has and continues to play an important role in the "pacification" of the country, uses the same helmets as the Army.

In the 1970s, anxious to modernize its forces, Tegucigalpa acquired an important quantity of Israeli OR-201 helmets. This type of headgear was chiefly used by special forces and paratroop units.

Beginning in the middle of the 1970s, the Israeli Orlite M76/85 *Kevlar* helmets were also introduced, and since the end of the 1980s, US-manufactured (Unicor) PASGT helmets have been widely distributed *(203)*.

The tank crews of the Honduran Armed Forces use various American models from all periods (Doughnut, Anti-crash Armored Forces, etc.) *(204:br)*.

MEXIQUE

À l'instar de ce qui se passe dans les États européens, les casques sont introduits dans l'armée mexicaine au début du XIXème siècle et ce, uniquement dans les unités de cavalerie et de parade. Prestige oblige!

Durant la présidence dictatoriale de Antonio Lopez de Santa Anna qui débute en 1834, ce sont les cuirassiers français qui servent de modèle comme on peut le voir sur la vignette ci-dessous représentant les Cuirassiers lourds de Tulancingo[1] (1840) du temps de la guerre américano-mexicaine[2].

Cuirassier de Tulancingo, Capitaine en grand uniforme *(illustration Military Historians Archives Unit, dessin J. Hefter)*

À la même période, les lanciers portent une czapska de fabrication française.

De 1858 à 1861, le pays traverse une guerre civile de trois ans entre conservateurs et libéraux, connue sous le nom de Guerre de la Réforme. Les conservateurs défaits demandèrent alors l'aide de Napoléon III, lui même désireux de créer un empire au Mexique pour contrer l'expansion des États-Unis. Il proposa comme empereur son cousin, l'archiduc Maximilien d'Autriche.

---

[1] Coraceros de Tulancingo [2] Knötel-Sieg, p. 388

Cavalerie légère 1835 Cavalerie de ligne 1843 *(illustrations Military Historians Archive Unit, The Mexican Soldier 1837-1847, dessins, J. Hefter)*

Au début, le sort des armes parut tourner au bénéfice des Français, mais, la menace prussienne envers la France et l'intervention des États-Unis, libérés de la guerre de Sécession, orientèrent les évènements dans le sens libéral. Maximilien fut fusillé en 1867 et la République proclamée. La mode militaire française avait fait son temps! Désormais c'est l'influence germanique qui domine.

Une inspiration nettement allemande

Il faut tout d'abord faire une mention spéciale pour le très prestigieux casque de parade de la Garde impériale de Maximilien en 1865 inspiré de celui des cuirassiers allemands ou autrichiens, ci-dessous[3].

Garde du Palais impérial en grand uniforme *(CONACULTA-INAH-SINAFO Fototeca nacional)*

Après le rétablissement de la République par Benito Juarez (1867-1872) de très nombreux *Pickelhaube* de type allemand furent utilisée par les officiers de la République, comme on peut le voir sur de nombreuses photos d'époque.

Dotations néanmoins assez confidentielles au vu du nombre de régiments existant. Nous n'en avons localisé que quelque centaines d'exemplaires, souvent fabriqués par des firmes étrangères, surtout allemandes, mais aussi parfois françaises, Siraudin par exemple, qui fabriquait déjà des modèles de cuirassiers et de dragons français et avait présenté des modèles Detaille en 1912.

Garde du Palais *(collection Keith Jamieson)*

Cadets au début du XX° siècle *(droits réservés)*

[3] Bombe de nickel argenté, ornements en cuivre doré, intérieur de la visière et de la nuquière verts. Ce casque était de fabrication autrichienne (B.W Ohlings-Hausmann K.K. Hof Waffen-Fabrikant)

poli et les garnitures sont en métal doré. Le *Haarbusch*, quand à lui, est en crin de cheval de couleur blanche. Selon des informations du Musée militaire de Mexico, ce modèle particulier aurait été adopté en 1907[5].

Pour l 'ensemble de ces casques, lors des parades, l'extrémité de la pointe était remplacée par un *Haarbusch* ou par des plumes.

Pour les officiers généraux, le casque était orné de plumes blanches. Les officiers d'État major et les officiers supérieurs portaient eux des plumes noires.

Officier 1900 *(cliché Armée mexicaine)*

Military Historians Archive Unit, Notes on the Mexican Army, 1900-1920, Planche 1: Officiers *(illustration C. A. Norman)*

Le casque ci-contre, de type cuirassier allemand vers 1870, est un modèle de cavalerie de la période 1910-1930. La bombe est en métal blanc et l'ensemble des garnitures en métal doré. La plaque frontale représente les armes du pays, à savoir, un aigle perché sur un cactus et portant un serpent dans son bec. Les cocardes latérales sont au couleurs du Mexique vert-blanc-rouge. Selon la maison qui a mis ce casque sur le marché, il est manifestement de fabrication mexicaine.

Le second (c.f. page suivante en haut à gauche) est un modèle de Cadet du début du XXème siècle qui paraît être de fabrication allemande. La bombe est en cuir noir

Casque d'officier supérieur
(collection particulière)

Rare modèle d'officier d'État-major
de cuirassiers en métal blanc
avec garnitures dorées
(document Weitze)

[5] Information recueillie le 24 juillet 2003

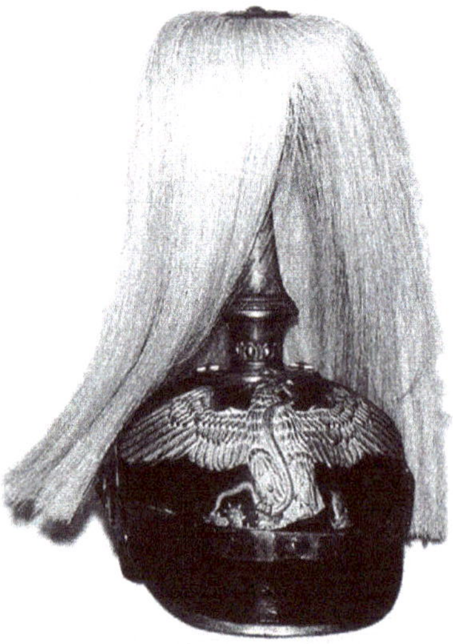

Casque d'officier de cavalerie circa 1900, les éléments métalliques sont argentés. Le *Haarbusch* est blanc. *(collection particulière)*

Officier M95 avec *Haarbusch* noir, appelé Modèle 1907 au Mexique *(collection Juan Matos)*

Casque d'officier supérieur (colonel) vers 1900, orné de plumes de coq noires *(collection Juan Matos)*

Les Cadets portaient un *Haarbusch* blanc. Les autres officiers portaient un *Haarbusch* noir.

Avant la Première Guerre mondiale, les formations mexicaines ont également utilisé bon nombre de casques de *corcho* (casquées tropicaux) de formes diverses. Parmi ceux-ci, les modèles d'artillerie dits *Zaracof* figurant sur la photo représentée ci-après sont particulièrement intéressants du fait de leur ressemblance avec des casques métalliques.

Mexico 1910, Fêtes du Centenaire avec le Président P. Diaz *(documentation Ricardo Jara Franco)*

Artillerie mexicaine 1916 *(droits réservés)*

Chapultepec 1923, le M16 allemand

Dans l'après Première Guerre mondiale, le Président mexicain Plutarco Elias Calles visite l'Allemagne, qui l'impressionne beaucoup. Il y puisera des influences dans plusieurs domaines. Dans ces conditions, lorsqu'il s'agit de doter quelques unités d'infanterie de prestige (notamment les cadets de l'Académie militaire de Chapultepec[6], au Sud-Ouest de Mexico) de casques modernes, c'est tout naturellement le casque allemand alors en usage dans la *Reichwehr* qui a fait une brève apparition.

[6] Alors située dans le château de Chapultepec qui existe toujours

Ces M16 importés en petite quantité, peints de couleur vert – sombre, sont ornés sur le devant d'un petit attribut de bronze de 3,5 cm de diamètre représentant les armes nationales du Mexique.

La coiffe de ces casques, fabriquée localement, est de type allemand Première Guerre mondiale et comporte trois coussinets prolongé chacun par une languette de cuir à deux "dents."

La jugulaire, également de fabrication locale, est fixée par des crochets de type allemand M91, et comporte un double système de boucles d'ajustement en cuivre.

Le M16 et son intérieur *(collection Charlie Yust, clichés YP)*

M16 allemand sans attribut frontal *(El Ejercito Mexicano, Secretetaria de la Defensa, Mexico, 1979)*

Les modèles examinés portent tous au fond de la bombe ou sur la nuquière la mention "CHAPULTEPEC 1923, MEXICO D.F MEXICO." Dans la bombe, il s'agit d'une mention imprimée en lettres argentées dans un ovale, sur la nuquière, cette mention figure sur une plaque d'aluminium rectangulaire rivetée au casque.

Ce type de coiffure aurait, durant la fin des années 1920, également été utilisé par certaines unités de l'armée[7], sans attribut frontal, dans ce dernier cas. On trouve encore trace de son usage dans le manuel d'instruction de la mitrailleuse B1933, daté de 1935[8].

L'ère des casques de liège

Officier au début des années 1920 *(Mexico, siglo XX, E.Krauze, El sexenio de L. Cardenas, Clio, 1999)*

Durant la Révolution mexicaine (1910-1911) et la guerre civile et surtout après le début des années 1920, le *casco de corcho* d'origine américaine ou britannique notamment, devient la coiffure standard des gradés mexicains et, dans certains cas, de la troupe.

[7] David B. Powers, 22 mai 2009, via Helmnet [8] Keith Jamieson, *Les casques de combat, tome 2* , p. 252

Soldats embarquant dans un wagon de chemin de fer *(droits réservés)*

Officiers en visite sur un aéroport mexicain *(cliché Armée mexicaine)*

Le M15 français aurait aussi fait un tour de piste

On rencontre aussi parfois des M15 français, probablement importés à titre plus ou moins expérimental, le M16 allemand ayant fait la preuve de son inadaptation aux conditions climatiques du pays. Selon certaines informations, ces casques s'ornaient sur le devant d'un attribut circulaire, parfois aux armes du pays[9]. Ces casques étaient dotés de coiffes françaises d'origine.

L'exemplaire que nous avons pu examiner est peint en vert bouteille et s'orne sur le devant d'un attribut frontal de cuivre de 3.5 cm de diamètre. Selon des vétérans de l'Armée mexicaine, de tels casques auraient été utilisés après 1923[10].

M15 avec attribut des transmissions *(collection David B. Powers).*

Pour se démarquer des voisins – un modèle français 1935

Maintenu hors du Premier Conflit mondial, le Mexique n'eut pas véritablement à se préoccuper de moderniser son armée – tout au moins sur le plan des équipements et des uniformes de la troupe – jusque au cours des années 1930. Entre autres choses, c'est alors que se posa la question des casques en acier, pièce incontournable de l'uniforme, ayant largement fait preuve de son efficacité au cours de la Grande Guerre.

Or, trois types de coiffures de ce type, conjuguant identification immédiate et protection individuelle marquaient cette période. Il s'agit des casques de type allemand, anglais et français, chacun avec ses qualités et ses défauts et dont le choix avait été fortement déterminé par les conditions d'utilisation du moment, tant en matière de fabrication que d'adaptation aux nouvelles conditions de combat, apparues lors de la guerre.

Dans un conflit où les soldats sont enterrés, abrités par les parois de la tranchée, et où seule la tête est à fleur de terre, le *Brodie* britannique – véritable petite toiture individuelle – protégeant bien des projectiles

[9] Information David B. Powers, 22 mai 2009 (Helmnet)

[10] Idem

"tombant du ciel," léger, ventilé, semblait devoir être la solution la mieux adaptée. Mais telle n'étaient pas les conditions mexicaines.

Le *Stahlhelm* allemand, plus lourd, très enveloppant, protégeant le soldat de tous côtés assurait lui une protection efficace tous azimuts. Malheureusement, il se révéla très gênant lors des combats en rase campagne, principalement lors des tirs couchés ou pour l'audition en plein vent. Il fut d'ailleurs modifié à la fin de la guerre (1918). De plus, les limitations imposées à l'Allemagne par le traité de Versailles en limitaient la fabrication et donc la vente à l'exportation.

En revanche, dans cette période d'après-guerre, victorieuse pour les armes françaises, le casque Adrian, léger et bien ventilé paraissait adapté aux conditions mexicaines. Ceci d'autant que, modifié en 1926, grâce à la maitrise de l'emboutissage de l'acier au manganèse, il était devenu plus résistant et moins difficile à fabriquer que son prédécesseur le M15, testé, on l'a vu sur une petite échelle. Monobloc, d'un poids pratiquement identique à celui du casque britannique, stable, grâce à sa nouvelle coiffe agrafée sur quatre lamelles support, ce casque offrait l'avantage de se démarquer du modèle de US M1917-A1 équipant alors les armées des voisins américain et guatémaltèque.

Nombre d'officiers mexicains ayant étudié à l'École de guerre de Paris, et les manuels militaires mexicains étant d'inspiration française, il était d'ailleurs naturel que cette influence se fasse aussi sentir en matière de coiffures[11].

En 1937 l'armée mexicaine passe donc commande de 15.000 casques aux établissements français Carpentier et Franck. C'est dans ces conditions que l'Adrian devient le casque national mexicain. Il est présenté au public le 11 septembre 1938, à l'occasion du défilé de la Fête nationale, durant la présidence du Président réformateur Cardenas.[12] Ce casque est muni d'un attribut circulaire particulier à chaque arme. Il y aura officiellement 16 insignes d'armes différents[13], à savoir:

1) État-major: fusil et sabre croisés sur un soleil mexicain,
2) Génie: fascine sur une pelle et une pioche croisées,
3) Transmissions: une boule d'or d'où partent 4 éclairs verticaux. Sur la boule, on lit les lettres *ET*. Le tout sur deux drapeaux croisés,
4) Infanterie: clairon et fusil croisés,
5) Cavalerie: casque et sabre croisés,
6) Artillerie: grenade et canons croisés,
7) Aviation: roue dentée – hélice – ailes.
8) Train des équipages: un *T* à l'intérieur d'un pneu,
9) Justice Militaire: balances et sabre,
10) Garde Présidentielle: une étoile portant les armes de l'État,
11) Cadets: un rectangle vertical crénelé d'où partent 5 éclairs, le tout sur deux canons croisés.
12) Musiciens: une Lyre,
13) Maîtres d'armes: plastron sur deux fleurets croisés,
14) Gendarmerie: identique à celui de la cavalerie, mais plus petit et inscrit dans une lettre *G*,
15) Mitrailleurs: mitrailleuse de profil (une *Hotchkiss* sur trépied),
16) Intendance: une tour castillane

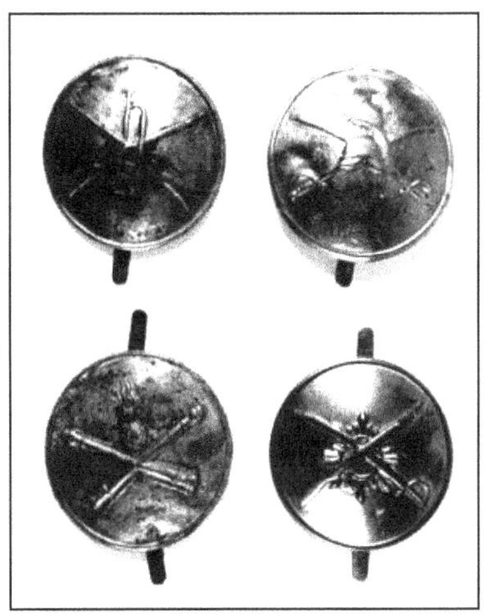

Quarte attributs typiques des Adrians mexicains *(cliché François C. Vauvilliers)*

[11] Note de l'historien militaire Antonio Campuzano Rosales, 2011 [12] Information F. Pineau, 7 avril 2012. [13] Lettre de J.Y. Goffi à Argout Éditions, 8 mai 1980

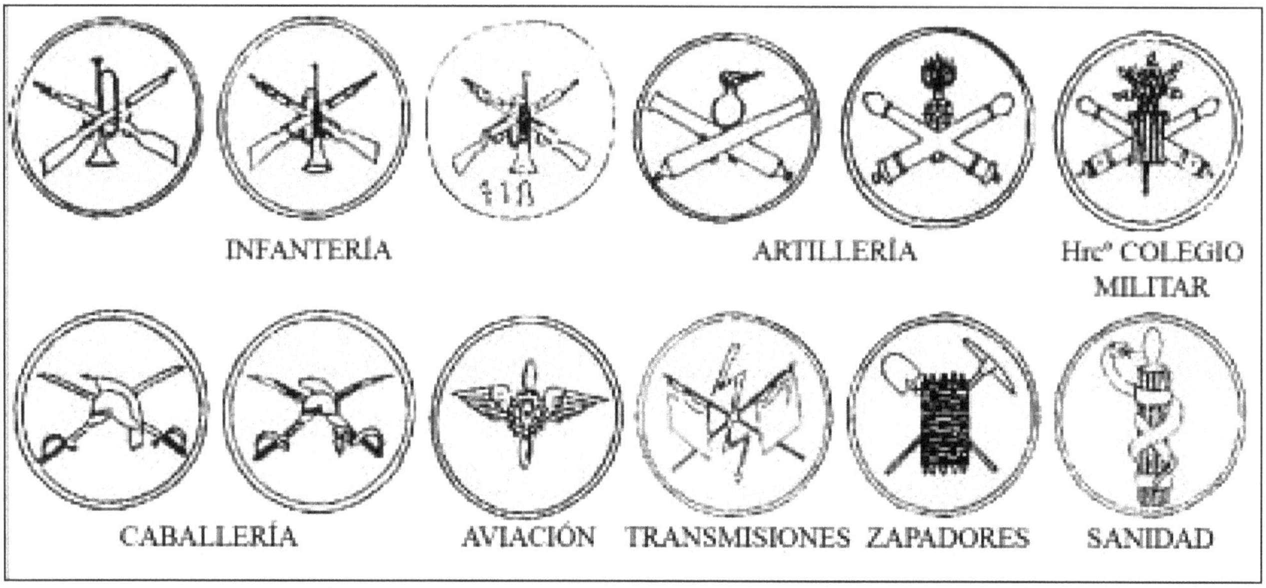

Tableau des modèles effectivement réalisés *(document Revuelta)*

Aviation (collection particulière)

Adrian d'infanterie d'origine française *(collection J.Dagnas)*

Jusqu'en 1942, la guerre en Europe était circonscrite à ce théâtre d'opérations. La déclaration de guerre au Japon – après l'attaque de Pearl Harbour change la donne pour tous les états baignés par l'Océan Pacifique, et, le 28 mai 1942, Mexico déclare la guerre au Japon et, par la même occasion à l'Allemagne et à l'Italie, c'est à dire aux pays de l'Axe.

Bien que le pays n'ait guère couru de risques sérieux de ce côté, il décide d'envoyer des troupes sur la côte ouest, une diversion de l'ennemi n'étant jamais à exclure lorsqu'il s'agit de bloquer des contingents ennemis dans une région, les éloignant des zones où ils pourraient être le plus utiles.

Le casque mexicain est alors porté en attendant l'uniformisation, par la coiffure, des équipements alliés (à l'exception toutefois des Britanniques et du Commonwealth).

En chemin de fer vers la Californie. Certains casques paraissent dépourvus de jugulaires. *(cliché Life Magazine)*

On note cependant l'existence de certains modèles, de diffusion restreinte (sans doute expérimentaux), sans rivets, avec un cimier et des supports de coiffe soudés, ou parfois même sans cimier. Ces casques portent à l'intérieur de la bombe une marque de fabrique (souvent Troqueles, une entreprise de découpe d'acier plus connue pour ses poêles *DM Nacional*) ainsi que la mention *Hecho en Mexico* (Fabriqué au Mexique).

Armée mexicaine en campagne 1940 *(collection F. Pineau)*

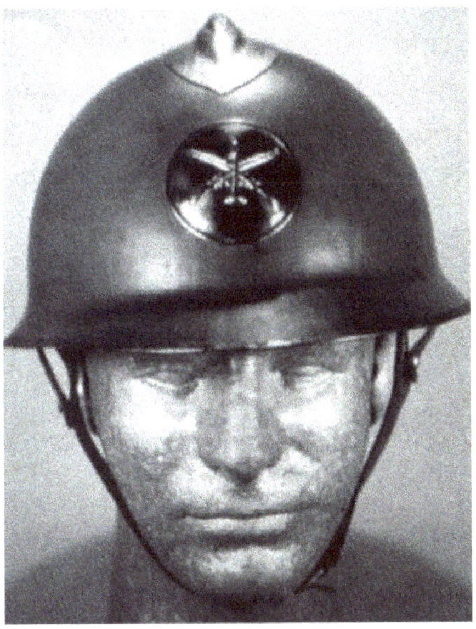

Mexico, 22 mai 1942 (*Mexico siglo XX, E. Krauze, El sexenio de L. Cardenas, Clio, 1999)*

Casque M40 sans rivets *(collection particulière)*

Le M40 Adrian de fabrication mexicaine

Après avoir importé des milliers d'exemplaires de France, les forces armées mexicaines, confrontées à d'insurmontables difficultés d'approvisionnement en provenance d'Europe, décident au tout début des années 1940, de tenter une fabrication dans leur propre pays.

Les modèles de production mexicaine[14], datés de 1940, sont presque identiques à ceux importés, à cette différence importante près qu'ils sont fabriqués en acier non -magnétique. Le jonc entourant la bombe, le cimier et les supports de coiffe sont en revanche eux faits d'acier magnétique[15]. La jugulaire de cuir est en deux pièces et est dotée de deux boucles d'ajustement coulissantes.

Adrian sans cimier de fabrication mexicaine *(collection particulière, cliché YP)*

Intérieur du même casque

[14] Pensant au M23 de ce pays, on les a longtemps cru de fabrication française. [15] Courrier David B. Powers, 8 avril 2006

Après la Seconde Guerre mondiale, le US M1 s'impose au Mexique

Durant la guerre, dans le cadre du plan *Lend-Lease*, les États-Unis livrent au Mexique un lot de 292 exemplaires du M1917-A1[16]. Ces casques ont du rester au dépôt. En effet, très vite, les premiers US M1 font leur apparition à Mexico comme en attente le cliché ci-dessous, pris en 1945 et légendé *Homenaje del gobierno del D.F al Escuadron 201 1945.* On note la présence simultanée de M1 et d'Adrians!

(Mexico, signo XX, E. Krauze, El sexenio de L. Cardenas, Clio1999)

Pendant plusieurs années, la situation ne change guère, mais, à partir de 1952, le US M1 commence à remplacer systématiquement le modèle Adrian dans les forces armées du Mexique.

Années 1960, le M1 en manœuvres *(cliché Armée mexicaine)*

Noter les housses de camouflage. *(cliché Armée de terre mexicaine)*

Aux termes du Règlement du 9 janvier 1971, le casque d'acier ne porte pas d'attribut (art. 60), contrairement aux sous-casques plastique qui en sont souvent dotés (art. 61). Pour les généraux, cadets et autres officiels, il s'agit des armoiries de l'État (art. 61 et 42). Les services, armes et unités utilisent de leur côté chacun des attributs différents.

En 1977, les casques légers en matière synthétique des forces armées mexicaines commencent à porter de façon régulière des cocardes frontales circulaires aux couleurs nationales[17]. On connaît deux types de cocardes, les unes en métail émaillé, les autres en plastique cannelé.

L'apparition de casques en matière synthétique *bakélite*

En 1985, des modèles sans sous-casques en plastique, balistique ou non, de fabrication coréenne d'une part, locale d'autre part, commencent à se répandre[18].

Le nouveau casque de fabrication nationale. Garde du Palais National 1985, *(cliché K. Jamieson)*

[16] Information F. Pineau [17] K. Jamieson, op.cit. p. 256 [18] K. Jamieson, op.cit. p. 258.

Les modèles de fabrication locale sont en fait des copies des *liners* des casques américains.

Le M1 Garde du Palais National *(collection et cliché K. Jamieson)*

Le même casque en action. Noter la cocarde *(droits réservés)*

Intérieur d'un M1 mexicain en plastique balistique *(collection K. Jamieson)*

Cocarde vert/blanc/rouge cannellée, en plastique *(collection et cliché E. Krapovickas)*

Circa 1980, noter la cocarde émaillée. *(collection David B. Powers, cliché YP)*

Cocarde en métal émaillé *(collection et cliché E. Krapovickas)*

M1 avec filet de camouflage
(collection et cliché E. Krapovickas)

Couvre casque pour modèles en plastique *(cliché E. Krapovickas)*

Coiffe du M1 léger de fabrication nationale
(collection David B. Powers, cliché YP)

Un M1 coréen

Le M1 en plastique balistique de fabrication coréenne est doté d'un revêtement kaki, anti-reflets. Il sera brièvement utilisé dans l'armée.

M1 coréen *(collection et clichés Pablo Massolo)*

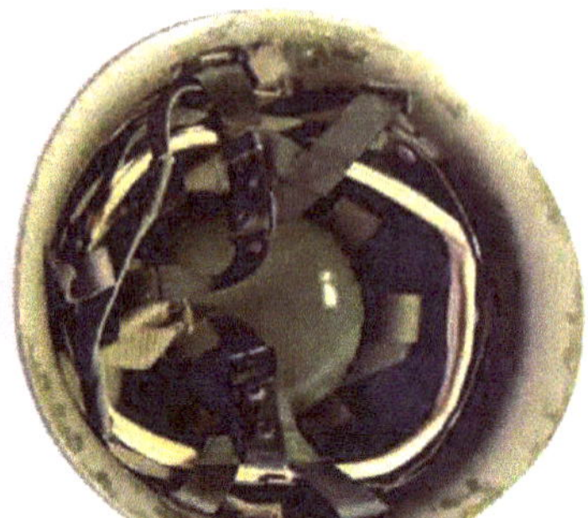

Le PASGT remplace finalement le US M1

En1984, certaines unités de prestige (notamment la Garde Présidentielle) et quelques troupes de la ville de Mexico commencent à recevoir des casques PASGT d'origine américaine ou, selon certaines sources, israéliennes[19].

[19] Lettre de Keith Jamieson de mars 1985

Dix ans plus tard, une fabrication nationale est entreprise. Ces casques mexicains – qui ne comportent pas de marquage intérieur – se caractérisent par une moins bonne finition que leurs modèles américains et ce notamment en matière de coiffe et de peinture.

ARMES SPÉCIALES

Police Militaire

La Police Militaire utilise traditionellement les mêmes casques que l'armée de terre, revêtus d'emblèmes particuliers.

PASGT de fabrication nationale *(collection particulière)*

Ces casques, officialisés par le Règlement militaire 2004, dans son article 113[20], équipent aujourd'hui la majorité des quelques 250.000 hommes de l'armée d'active de la République mexicaine.

FIG. No. 57
FRANJAS Y SIGLAS PARA SERVICIOS ORDINARIOS.

blanco de material fosforescente y con la colocación que se ilustra en la figura 57.

IV. Para los servicios especiales, la Policía Militar empleará el casco de baquelita pintado en color blanco con las siglas P. M. y franjas en color verde olivo. Lleva en ambos lados las calcomanías correspondientes al escudo de la unidad, como se muestra en la figura 58.

V. El personal de otras unidades que eventualmente desempeña funciones de Policía Militar, usará el casco de baquelita pintado de blanco, únicamente con las siglas P. M. en color verde y las demás prendas de Policía Militar.

FIG. No. 58
FRANJAS, SIGLAS Y CALCOMANIAS PARA SERVICIOS ESPECIALES

Règlement du 9 janvier 1976.

Chiapas 1994 *(droits réservés)*

Décalcomanie, circa 1980

PASGT devant le Palais National 2003 *(cliché YP)*

[20] Le casque *(Kevlar)* anti-fragmentation, est utilisé par le personnel, les généraux, chefs, officiers, cadets et troupe avec l'uniforme de campagne. Il est fabriqué en un modèle unique.

PASGT Police Militaire 2010
(cliché Armée mexicaine)

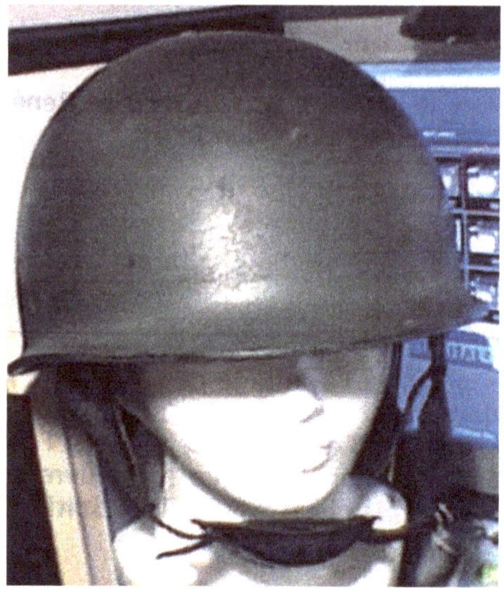

Para US M1 lourd. La jugulaire est fixée directement au casque.*(droits réservés)*

Marine & infanterie de marine

Ces armes utilisent les mêmes casques que l'armée, mais peints en couleur bleu-clair.

Casque couleur bleu-ciel, *(collection David B. Powers, cliché YP)*

Avant le saut *(cliché Armée mexicaine)*

Parachutistes.

Le Mexique se dote d'unités de parachutistes dans l'immédiat après Seconde Guerre mondiale, à l'initiative du général de division Francisco L. Urquizo. L'utilisation du US M1 est alors de rigueur.

Modèle en plastique ballistique, fixation à trois rivets
(collection E. Krapovickas)

Liner parachutiste US M1, années 1980 *(cliché K. Jamieson)*

Actuellement, les parachutistes utilisent des PASGT.

Brigade de fusilliers parachutistes, 1992 *(cliché J.P. Dallies & E. Micheletti)*

Police fédérale

La police fédérale a traditionnellement utilisé les mêmes casques que l'armée, mais revêtus de ses emblèmes particuliers.

Groupes spéciaux de la police fédérale mexicaine *(cliché Police Fédérale)*

Casque de saut américain permettant la communication entre équipiers *(droits réservés)*

Blindés

En 1938, le Mexique créée sa première unité de chars. Cette unité comporte six chars Marmon-Herrington CTVL de fabrication américaine.

Les équipages de ces chars sont dotés de casques d'origine américaine fournis par la même firme que les chars eux-mêmes.

Ce modèle est antérieur au modèle américain correspondant[21].

Mexico, année 1942 (collection F. Pineau)

[21] Informations François Pinaud, 19 avril 2012

A partir des années 1960, les tankistes mexicains utilisent divers modèles américains.

Parade du 16 septembre 2019 *(cliché Armée mexicaine)*

Casques de tankistes allemands de type *Bundeswehr,* années 1980 *(cliché Armée mexicaine)*

Jean Dagnas et Yves Plasseraud

Bibliographie

DALLIES, Jean-Philippe & MICHELETTI, Eric, *Les parachutistes mexicains,* RAIDS, N°70, mars 1992.

El Dorado, N° 5, *Notes on the Mexican Army 1900-1920*, Illustrations C. Norman, 1997.

El Ejercito y Fuerza Aérea Mexicanos, Tomos I & II, Secretaria de la Defensa Nacional, Mexico, 1992.

HEFTER, Joseph, Chronicle of Military Dress in Mexico, XVI to XX Century, *Artes de Mexico*, N° 102, 1968.

Identification, The Military Service Publishing Co., Harrisburg, PA, 1943.

KNÖTEL-SIEG, *Handbuch der Uniformkunde*, La Prensa, Mexico, H-G Schultz, Hamburg, 1937, p.388-391.

PARKES, H.B., *Histoire du Mexique*, Paris, Payot, 1980.

RODRIGUEZ RAMIREZ, Eliseo (Ed.), *Manual de vestuario y equipo del ejercito Mexicano*, Ateneo, Mexico, 1953.

Secretaría de la Defensa Nacional, *La Caballería en Mexico,* 1985.

TORAL, Jesús de León, *El Ejercito Mexicano*, Secretaría de la Defensa.

Uniforms of the Mexican Army, 1846, *Military Illustrated,* N° 106.

Remerciements:

Marc BARRIE, CA, USA
Jean DAGNAS, Blaye, France
Terry HOOKER, Royaume-Uni
Keith JAMIESON, CA USA
Juan MATOS, Mexico
Sergio OLIVARES, Sr.(†), Mexico
Tte Cor. Fabian FILIBERTO OROPEZA, Mexico
Pablo MASSOLO, Argentine
François PINEAU, Chartres,France
Chris POLDERMAN, USA
David B. POWERS, Laguna Beach, CA, USA
Capitaine Antonio Campuzado ROSALES,
Armée de terre mexicaine, Mexico

Musées et Centres de documentation

Archivo Histórico Militar Mexicano,
Lomas de Sotelo por Periférico Mexico, D.F.

Musée militaire de Mexico, Château de Chapultepec, Mexico,

Musée militaire de Pueble

Musée Militaire de Mexico *(cliché YP)*

SUMARIO DEL CAPÍTULO
CHAPTER SUMMARY

(xxx: ar-i, ar-d) = pág. xxx, arriba-izq., arriba-der.
(xxx: ab-i, ab-d) = pág. xxx, abajo-izq., abajo-der.
(xxx: mi, md) = pág. xxx, al medio-izq., al medio-der.

MÉXICO

La guerra de independencia mexicana duró desde 1810 a 1821. En 1822, Agustín de Iturbide y Aramburú (1783-1824), se proclamó emperador de México. Su reinado duró menos de un año. Después de esto, la nueva república mexicana organizó prontamente un ejército, y se introdujeron cascos, influenciados fuertemente por el estilo napoleónico. Estos permanecieron en servicio hasta fines de la década de 1840. Durante la Guerra México-Americana de 1846-1848, el regimiento de Coraceros de Tulancingo, llevó uniformes y cascos de estilo francés *(209:md; 210:ar-i)*.

En los años de 1860, México se vuelve un imperio, una vez más, con la instalación de Maximiliano de Austria (1832-1867) como emperador. Como resultado la Guardia de Palacio, lució un uniforme de inspiración austríaca, con un notable casco de metal, portando en su cimera, un águila mexicana *(210:ab-i,ar-d)*.

Desde 1867, y tras la restauración de la República, varios tipos de *Pickelhaube* (alguno de ellos, en metal) se emplearon, y permanecieron en uso hasta la Primera Guerra Mundial *(211:ab-d; 212:arriba)*. A comienzos de la Gran Guerra, un casco de artillería, conocido como *Zaracof*, estaba siendo ampliamente utilizado *(212:md)*.

Los primeros cascos de acero, aparecieron en 1923. El *Stahlhelm* alemán M16, se distribuyó a los cadetes de la Academia Militar, y en pequeñas cantidades, a selectas tropas de infantería (*213:mi, ar-d)*. Los

(xxx:tl,tr) = page xxx, top-left, top-right
(xxx:bl,br) = page xxx, bottom left, bottom-right
(xxx:ml,mr) = page xxx, middle-left, middle-right

MEXICO

The Mexican war of independence from Spain lasted from 1810 to 1821. In 1822 Agustin de Iturbide y Aramburú proclaimed himself emperor of Mexico. His reign lasted less than a year. Soon thereafter the new Mexican Republic organized an army, and helmets, strongly influenced by the Napoleonic style, were introduced. They remained in service until the late 1840s. During the Mexican-American War of 1846-1848, the regiment of cuirassiers from Tulancingo *(Coraceros de Tulancingo)* wore French style uniforms and helmets *(209:mr; 210:tl)*.

In the 1860s, Mexico became an empire once again with the installation of Maximilian of Austria as emperor. As a result the Palace Guard wore an Austrian-inspired uniform with a prestigious metal helmet bearing a Mexican eagle on top *(210:bl,tr)*.

After 1867 and the restoration of the Republic, various types of *Pickelhaube* (some in metal) were issued and remained in use until the First World War *(211:br; 212:top)*. On the eve on the First World War, an artillery helmet, known as the *Zaracof*, was in wide use *(212:mr)*.

The first steel helmets appeared in 1923. The German M16 *Stahlhelm* was distributed to the cadets of the Military Academy and in small quantities to select infantry troops *(213:ml,tr)*. The helmets worn by the officers bore a small, copper, frontal emblem representing the national coat of arms. Inside the M16 shell, a metal label was affixed and inscribed

cascos portados por los oficiales, llevaron un pequeño emblema frontal de bronce, representando el escudo de armas de la nación. Un rótulo metálico fijado al interior del casco indicaba, "CHAPULTEPEC D.F. MÉXICO."

En los años siguientes, el *Stahlhelm* fue desfasado y el casco de corcho se volvió el casco estándar de los oficiales mexicanos *(213:ab-d; 214:ar-i,mi)*.

En 1938, después de años de vacilación y experimentación, el casco francés M26 Adrián, adornado con una serie de insignias técnicas frontales se entregó finalmente a las fuerzas armadas mexicanas *(216; 217:ar-i,mi,md)*. Las guarniciones interiores fueron fabricadas localmente.

Con la guerra en Europa, y la ocupación de Francia por Alemania, que interrumpe los envios desde Francia, una versión mexicana del M26 fue manufacturada localmente, en 1940, principalmente por la firma Troqueles. Además, una versión sin cimera, se fabricó en pequeñas cantidades *(217:ab-d)*.

En 1945, se importaron algunos M1917-A1 americanos, pero durante ese mismo año, el US M1, más moderno, fue distribuido y entusiastamente adoptado *(218:mi, ab-i)*. Las insignias fueron llevadas a menudo en los cascos interiores. El Adrián y el M1 coexistieron hasta 1952.

En 1985 se introdujo un modelo balístico de M1, fabricado en Corea, así como un M1 plástico, no balístico, producido localmente. El casco ligero portaba una escarapela tricolor, con los colores nacionales, ubicada en el frontal de éste, y a menudo con emblemas laterales *(218:ab-d; 219)*.

En 1984 algunas prestigiosas unidades, incluyendo la Guardia Presidencial, comenzaron a recibir los modelos PASGT americanos. Estos fueron rápidamente reemplazados por clones más baratos, producidos localmente *(221:izq.)*.

with "CHAPULTEPEC D.F. MEXICO."

In the following years, the *Stahlhelm* was phased out and the *Casco de Corcho* (pith helmet) become the standard helmet of the Mexican officers *(213:br; 214:tl,ml)*.

In 1938, after years of hesitation and experimentation, the French M26 *Adrian*, decorated with a variety of frontal badges, was finally issued to the Mexican armed forces *(216; 217:tl,ml,mr)*. The liners were manufactured locally.

With the war in Europe and the occupation of France by Germany interrupting shipments from France, a Mexican version of the M26 was manufactured locally in 1940, principally by the firm Troqueles. A crestless version was also produced on a small scale *(217:br)*.

In 1945 some US M1917-A1 were imported, but later that same year, the more modern US M1 was distributed and enthusiastically adopted *(218:ml,bl)*. Badges were often worn on the liners. The *Adrian* and the M1 were to coexist until 1952.

In 1985 a ballistic M1 model fabricated in Korea was introduced as well as a non-ballistic plastic M1 produced locally. The light helmet was worn with the national tricolor cockade on the front and often with side emblems *(218:br; 219)*.

In 1984 some prestigious units, including the Presidential Guard, began receiving US PAGST models. These are quickly replaced by clones produced locally and more economically *(221:left)*.

The Navy, Air Force, and Police *(222:tl)* use the same helmets as the Army but painted with their respective colors.

Armored vehicle crews have generally used American helmets, except for some German *Bundeswehr* models in the 1980s *(224:top)*.

La armada, fuerza aérea y policía *(222: ar-i)* usan los mismos cascos que el Ejército, pero pintados con sus colores respectivos.

Las tripulaciones de vehículos blindados generalmente han usado los cascos americanos, salvo algunos modelos de la *Bundeswehr* alemana, en los años ochenta *(224:arriba).*

NICARAGUA

Apparu en tant qu'État en 1838 avec la disparition des Provinces-Unies d'Amérique centrale, le Nicaragua, le plus étendu des États d'Amérique centrale, occupe un territoire de plus de 130.000 km² entre le Honduras au nord et le Costa Rica au sud.

L'influence américaine y a toujours été dominante et, au début du siècle, le premier régime moderne, celui du président José Santos Zelaya (1893-1909), n'échappe pas à la règle, bien que la présence d'instructeurs bavarois à l'École des cadets ait ajouté une touche européenne au paysage.

Une influence bavaroise est perceptible en matière d'uniformes *(collection G. Selaya)*

Les *Pickelhaubes* des cadets portent une plaque frontale aux armes nationales *(Armée du Nicaragua)*

Il tomba d'ailleurs victime des antagonismes entre intérêts commerciaux américains. Une période d'anarchie s'ensuivit et, en 1912, une invasion par les *US Marines* destinée à "sauvegarder" les intérêts américains fut organisée. Celle-ci maintint le pays sous un strict contrôle de Washington jusqu'en 1925. Mais le pays n'était pas stabilisé et une guerre civile suivit le départ des *Marines*, entraînant une nouvelle intervention américaine en 1927[1].

En 1927, le leader libéral Augusto Sandino, fils d'un petit paysan, lance une organisation de résistance armée contre la présence armée des États-Unis dans le pays[2]. Les insurgés sandinistes, au nombre d'un millier, portent le traditionnel chapeau de brousse pointu à larges bords.

Le général Francisco Estrada passe ses troupes en revue *(CHM)*

En 1933, les Américains évacuent militairement le territoire nicaraguayen.

En 1934, Sandino est tué dans un guet-apens. Le détachement de la Garde Nationale qui assassina Sandino était aux ordres d'un personnage appelé à devenir célèbre: Anastasio Somosa Garcia. Ayant pris le pouvoir en 1936 avec la bénédiction de la C.I.A., ce dernier le gardera jusqu'en 1956, date à laquelle son fils lui succèdera, après son assassinat.

Les officiers de la Garde Nationale portent alors des casques tropicaux, notamment d'origine américaine.

Casques américains *(cliché Francisco Barbosa)*

Apparition du US M1917-A1

Par ailleurs, un petit lot de 110 exemplaires du casque américain *Brodie* ayant été livrés au Nicaragua, dans le cadre du programme *Lend-Lease Shipment*, le US M1917-A1 fit ainsi son apparition sur une petite échelle à Managua[3]. Il ne semble pas que ces casques aient porté un quelconque attribut.

L'ère du US M1

Après 1947, le Nicaragua, comme les autres États protégés des États-Unis, reçoit son lot de casques US M1. Ceux-ci sont portés en couleur d'origine. Climat tropical oblige, le casque lourd est rarement utilisé. Le casque léger, de couleur vert-olive, s'orne parfois du côté droit d'un attribut circulaire représentant les armoiries de l'État.

[1] Celle-ci se prolongera jusqu'en 1932. [2] *Ejercito Defensor de la Soberanía Nacional de Nicaragua (1927-1934)*
[3] Information: US War Department, via F. Pineau.

On rencontre aussi des casques légers bleu-clairs ornés à la base de la bombe d'une bande blanche et, pour la croix rouge militaire, des casques rouges avec bande blanche et sur les côtés un rond blanc frappé d'une croix rouge.

US M1. Défilé à Managua dans les années 1960 *(cliché collection particulière)*

Le M1 en usage au Nicaragua *(collection E. Munguia via Cascos del siglo XX)*

En 1961, une organisation politico-militaire dénommée Front Sandiniste de Libération Nationale (FSLN) est mise sur pied. Une guérilla urbaine et rurale voit dans les années suivantes les sandinistes affronter en de durs combats la Garde Nationale somoziste. El Chiquin, comme le fils du dictateur a été appelé avec mépris, forme les soldats pour maintenir le pouvoir de la dynastie Somoza.

Semper Fidelis[4]

En 1927, une Garde Nationale *(Guardia Nacional)* est fondée par le Général américain Douglas C. McDougal, avec l'objectif de maintenir le pays sur l'orbite souhaitée par les Américains. Cette Garde Nationale tient alors lieu d'armée. Les troupes de Managua ne portent cependant pas de casques d'acier, seulement des chapeaux de brousse et des casques de liège pour les officiers.

Le général Douglas C. McDougal, commandant en chef de la Garde Nationale nicaraguayenne, qui a été licencié après l'offensive improductive de 1930 *(cliché Francisco Barbosa)*

[4] Devise de la GN somoziste

El Chiquin, comme le fils du dictateur a été appelé avec mépris, forme les soldats pour maintenir le pouvoir de la dynastie Somoza. *(droits réservés)*

Garde Nationale à Estelli en 1979 avec les US M1 & OR-201 utilisés simultanément *(CHM)*

Garde Nationale *(collection Francisco Barbosa)*

Casque de la Garde Nationale, trophée sandiniste[7] *(Musée de la Révolution de Leon, cliché YP)*

Un casque israélien pour les soldats de Somoza

En Amérique, les sionistes, puis les Israéliens en quête d'appuis ou de marchés firent feu de tous bois. Comme Washington, Tel Aviv s'entendit avec tous les dictateurs pourvu qu'ils lui fussent favorables dans le cadre des Nations Unies. Dans l'immédiat après-guerre, déjà, des envoyés sionistes parcouraient le monde à la recherche de reconnaissance et de soutien, avec des passeports délivrés par Somoza, ami de toujours de l'État juif[5].

Dès sa naissance (1948) Israël vendit du matériel militaire à la Garde Nationale de Managua. Les casques Orlite M76 (OR-201), parfois en version camouflée, équipèrent ainsi très tôt (1978) les troupes somozistes luttant contre la guerilla sandiniste[6]. Simultanément, les US M1 continuent toutefois à être utilisés.

[5] LANGELLIER, Jean-Pierre, Israël au sud du Rio Grande, op. cit. [6] MARZETTI, P., *Combat Helmets of the World*, op. cit. p. 144 [7] Le "GN" artisanal est manifestement une adjonction sandiniste.

L'ère sandiniste voit l'apparition de casques d'Europe de l'Est

Au terme d'une longue guerre-civile, le gouvernement somoziste[8] fut évincé en 1979 par les troupes du Front Sandiniste de Libération Nationale (FSLN) appuyées par Cuba et l'Union Soviétique et animé par Daniel Ortega.

Pour lutter contre la guérilla conservatrice animée par les États-Unis *(Contras)*, les combattants de l'Armée Nationale Révolutionnaire sandiniste (la Garde Nationale fidèle aux Somoza a entre-temps été dissoute), sont équipés de divers casques soviétiques (Ssh-40, Ssh-60, Ssh-68), bulgares (M72) et est-allemands (M66) sans attributs et en couleur d'origine (1982)[9]. Les Orlite et les US M1 sont conservés au sein des unités, mais n'apparaissent plus guère.

Ssh-68, drapeaux national et sandiniste *(cliché Cascos del siglo XX)*

Le retour à la démocratie: l'armée nationale

En 1990, les sandinistes ont quitté le pouvoir et une démocratie tente alors de se mettre en place sous l'égide du président conservateur Arnoldo Aleman qui bénéficie d'une bonne conjoncture économique. Depuis les élections de 2006, Daniel Ortega est de nouveau au pouvoir à la tête d'une alliance avec les conservateurs mais il semble s'être converti à une certaine démocratie.

Ssh-68 soviétique de l'armée populaire nicaraguayenne *(cliché Armée Nicaraguayenne via Francisco Barbosa)*

M72 bulgares *(cliché Armée du Nicaragua)*

Tous les casques antérieurs continuent d'être stockés, mais seuls les PAGST sont effectivement utilisés dans ce pays qui demeure le plus pauvre de l'Amérique centrale. En dépit de relations traditionnellement difficiles

[8] Alors dirigé par le second fils de Luis, Anastasio Jr.

[9] cf. CABALLERO JURADO, C. et THOMAS, N., *Central American Wars, 1959-89*, op. cit., p.45

avec ses voisins, la situation demeure calme sur les frontières et l'armée, désormais simplement dénommée "Armée du Nicaragua" a été ramenée à 15.000 hommes (90.000 en 1990)[10].

Emblème actuel de l'armée du Nicaragua

PASGT *(Armée du Nicaragua)*

Modèles spéciaux

Équipages de blindés et parachutistes utilisent aujourd'hui un panaché de modèles américains (paras), israéliens et soviétiques (blindés).

Les unités de déminage, équipées par la France, utilisent des modèles français de type SPECTRA M92 (vert-olive sans attribut).

Parachutistes

PASGT et M1, utilisés simultanément *(cliché Armée du Nicaragua 2007)*

Noter le rivetage des casques *(cliché Armée du Nicaragua 2006)*

[10] *RAIDS*, N°142

Prise d'armes (cliché Armée du Nicaragua)

Premier bataillon blindé de la Garde Nationale *(cliché Joseba Revuelta)*

PASGT camouflés *(droits résevés)*

Remerciements:

Colonel Francisco Barbosa Miranda, Managua, Nicaragua
Joseba Revuelta, Biscaye, Espagne

Cavalerie blindée

Casque de blindés soviétiques *(cliché Joseba)*

Bibliographie

Alvarez Montalvan, Emilio, *Las fuerzas armadas en Nicaragua, sinopsis histórica, 1821-1994*, Managua, 1994.

Barbosa Miranda, Francisco (Colonel), *Historia militar de Nicaragua entre del siglo XV y el XXI*, Managua, Hispamer, 2010.

Caballero Jurado, Carlos et Thomas, Nigel, *Central American Wars 1959-89*, Londres, Osprey, Men-at-Arms Series, 1990.

Langellier, Jean-Pierre, Israël au sud du Rio Grande, *Le Monde*, 13 décembre 1986.

Millett, Richard, *Guardians of the Dynasty. A History of the U.S.-Created Guardia Nacional de Nicaragua and the Somoza family*, Orbis Books, 1977 (Introduction by Miguel d'Escoto)

Musée

Centro de Historia Militar, Managua. En préparation, ce musée devrait prendre la succession du *Museo de la Revolución*, fermé en 1990.

SUMARIO DEL CAPÍTULO
CHAPTER SUMMARY

(xxx: ar-i, ar-d) = pág. xxx, arriba-izq., arriba-der.
(xxx: ab-i, ab-d) = pág. xxx, abajo-izq., abajo-der.
(xxx: mi, md) = pág. xxx, al medio-izq., al medio-der.

NICARAGUA

Nicaragua surge como un estado independiente después de la disolución de la federación conocida como las Provincias Unidas de Centroamérica, en 1838. Durante sus primeros 50 años, como una nueva nación, no existió ninguna organización que pudiera denominarse ejército nacional.

A pesar de que la influencia norteamericana en Nicaragua había sido sustancial, la presencia de consejeros del ejército alemán, a fines del siglo veinte, llevó a la adopción de un uniforme de estilo alemán, para sus oficiales. El mejor ejemplo de ello, fue el uso del *Pickelhaube*, con el *Haarbusch* blanco, de pelo de caballo, portado durante eventos ceremoniales *(229:md,ab-d)*.

Siguiendo un período de intensos disturbios, y como una forma de preservar los intereses económicos de Estados Unidos, su ejército ocupó el país de 1912 a 1925. Dos años después los Marines norteamericanos retornaron para ayudar a estabilizan un país, que descendía rápidamente en el caos político y económico.

Durante éste período, se estableció la Guardia Nacional (GN), entrenada por el general norteamericano Douglas C. McDougal *(231:ab-d)*, para ayudar a los norteamericanos a mantener el orden. Sombreros y algunos cascos de sol, fueron el único tocado, llevado por los miembros de esta organización militar *(231:mi)*.

Las tropas norteamericanas se retiraron de Nicaragua en 1933, poco después del inicio de la insurrección Sandinista.

(xxx:tl,tr) = page xxx, top-left, top-right
(xxx:bl,br) = page xxx, bottom left, bottom-right
(xxx:ml,mr) = page xxx, middle-left, middle-right

NICARAGUA

Nicaragua emerged as an independent state after the dissolution of the the federation known as the United Provinces of Central America in 1838. During its first 50 years as a new nation, no organization that could be termed a national army existed.

Although American influence in Nicaragua had been substantial, the presence of German military advisors at the turn of the twentieth century led to the adoption of a German-style uniform for its officers. This was best exemplified by the *Pickelhaube,* including a white horsehair *Haarbusch*, worn at ceremonial events *(229:mr,br)*.

Following a period of intense unrest and to preserve American economic interests, the US military occupied the country from 1912 to 1925. Two years later the US Marines returned to help stabilize a country rapidly descending into political and economic chaos.

During this period a *Guardia Nacional (GN)* was established and trained by the American General Douglas C. McDougal *(230:br)* to help the Americans maintain order. Hats and some pith helmets were the only headgear worn by the members of this military organization *(231:ml)*.

American troops departed Nicaragua in 1933 shortly after the beginning of the Sandinista insurrection. In 1936 Anastasio "Tacho" Somoza, former commander of the *GN*, seized power and began a long western-oriented dictatorship until his

En 1936, Anastasio "Tacho" Somoza, Commandante de la GN, tomó el poder y comenzó una larga dictadura de orientación occidental, hasta su asesinato en 1956. Los oficiales, de los 3.000 hombre de la GN, llevaron salacots americanos, decorados en el frontal, con las letras *GN* de la Guardia Nacional.

Con la implementación del *Lend-Lease Act (1941)*, se entregó a Nicaragua, una pequeña cantidad de cascos M1917-A1, cómo a otros estados a lo largo de Centroamérica. Sin embargo, estos cascos parecen haber sido usados en una escala muy limitada.

En 1947, con la firma por Managua del Tratado Interamericano de Asistencia Recíproca (Tratado de Río o TIAR), se importaron numerosos cascos US M1 *(231:mi; 232:arriba)*. En algunos casos, se decoraron los cascos interiores, con el emblema estatal, localizado en el lado derecho de éste.

Teniendo una historia de estrechos lazos con Israel, Managua importó a fines de 1970 una gran cantidad de equipo militar del estado hebreo. Dentro de éste equipo, estaban los cascos Orlite 201/M76 *(232:md)*, incluida su versión camuflada.

En agosto de 1982, el gobierno Sandinista – de izquierda – de Daniel Ortega, en el poder desde 1979, terminó sus relaciones con Israel, y comenzó una nueva era de adquisiciones militares. Se importaron numerosos cascos de Europa oriental, incluido el Ssh-68 soviético *(233:ar-d,ab-i)* que aparece en la mayoría de las fotografías de los desfiles militares en Managua, durante éste período. Algunos modelos del M72 Búlgaro, se destacan también visiblemente *(233:ab-d)*.

Con la salida de los Sandinistas del poder, en 1990, se introduce el modelo americano PASGT *(234)*. Estos cascos son actualmente, el modelo estándar en el Ejército nicaragüense.

assassination in 1956. The officers of the 3000-man *GN* wore American pith helmets decorated on the front with the letters *GN* for *Guardia Nacional*.

With implementation of the Lend-Lease Act (1941) a small quantity of M1917-A1 helmets were delivered to Nicaragua as they were throughout Central America. However, these helmets seem to have been used on a very limited basis.

Following 1947, with the signature by Managua of the Inter-American Treaty of Reciprocal Assistance (Rio Treaty), a number of US M1 helmets were imported *(231:ml; 232:top)*. In some cases the liners of these helmets were decorated with the state emblem located on the right side of the shell.

Having a history of close ties to Israel, Managua imported in late 1970 a large quantity of military equipment from the Hebrew state. Included were a number of Orlite 201 (M76) helmets *(232:mr)*, as well as its camouflaged version.

In August 1982 the Sandinista (leftist) government of Daniel Ortega, in power since 1979, terminated its relations with Israel, and a new era of military procurement began. A number of East European helmets were imported, including the Soviet Ssh-68 *(233:tr,bl)*, which appears in most photographs of military parades in Managua during this period. Some Bulgarian M72 models were also conspicuous at this time *(233:br)*.

With the ouster of the Sandinistas in 1990, the American made PASGT helmet was introduced *(234)*. These are currently the standard issue helmet in the Nicaraguan Army.

However, the Orlite helmet remains in use with some armored units as well as with the First Battalion of the National Guard. In addition, the traditional Soviet, soft, black headgear continues to be issued to tank crews *(235-bl)*.

Sin embargo, el casco Orlite permanece en uso en algunas unidades blindadas, así como con el Primer Batallón de la Guardia Nacional. Además, el modelo soviético, de tela negra, continúa siendo usado por las tripulaciones de tanques *(235:ab-i)*.

PANAMA

La République de Panama est née par détachement de la Colombie en 1903, grâce à l'aide des États-Unis, qui y avaient un intérêt géopolitique, notamment concernant le contrôle de la zone du canal. Aussitôt, une petite force armée est mise en place. En 1904, jugée factieuse et putschiste par Washington, elle est remplacée par une Police Nationale. Pendant 48 ans, celle-ci, connaissant cependant un processus de militarisation croissant, sera la seule formation armée du pays.

La Garde Nationale (GN) de Panama, née en 1953 est elle-même issue de la Police Nationale. Pendant quatre décennies, elle cumulera des activités traditionnelles de maintien de l'ordre intérieur avec les fonctions de défense nationale. La GN comportait quelque 9000 hommes répartis entre la Garde Présidentielle, sept compagnies d'infanterie légère et un escadron de cavalerie. L'équipement était presque entièrement américain.

M1 portant l'emblème de la *Guardia Nacional:* En bas *"Todo por la Patria" (collection particulière, photo YP)*

La GN fut ensuite manipulée à des fins peu recommandables par un successeur d'Omar Torrijos, ancien commandant de la Garde Nationale, le général Noriega.

Elle fut, dans ces conditions, elle-même transformée en 1984 en *Fuerzas de Defensa de Panama*, et supprimée 1e 10 février 1990 à titre définitif par le Président Guillermo Endara, suite à l'intervention américaine dans ce pays[1]. Des Forces Publiques Panaméennes la remplaçèrent.

En 1994, le Parlement vota une loi prohibant l'existence d'une force militaire permanente, mais autorisant en revanche la mise en place d'une Force Armée Spéciale temporaire "en cas d'agression extérieure."

Aujourd'hui, les Forces Publiques Panaméennes se composent de cinq formations:

- La Police nationale
- La Police nationale des frontières
- La Police technique et judiciaire
- La Garde Nationale
- Le Service National Aéronaval
- Le Service de Protection Institutionnelle Armé (service militarisé spécialisé dans la protection des immeubles publics)
- Le Service National des frontières.

GN face au canal de Panama 1977
(cliché Time Magazine)

Police militaire de la GN. Emblème des *Fuerzas de Defensa de Panama*. En bas la devise: *Todo por la Patria (collection David B. Powers)*

GN en faction à Panamạ-Ciudad
(cliché Fiore)

[1] Le Panama est ainsi, avec le Costa Rica, le seul État d'Amérique latine à avoir renoncé à entretenir une armée.

PMC: Police Militaire Urbaine
(collection David B. Powers)

Noriega en action! *(droits réservés)*

Noriega en uniforme de parachutiste, coiffé d'un US M1-CII et prêt à sauter *(droits réservés)*

1988: Dispersion de manifestations anti-Noriega *(J. Scott Applewhite)*

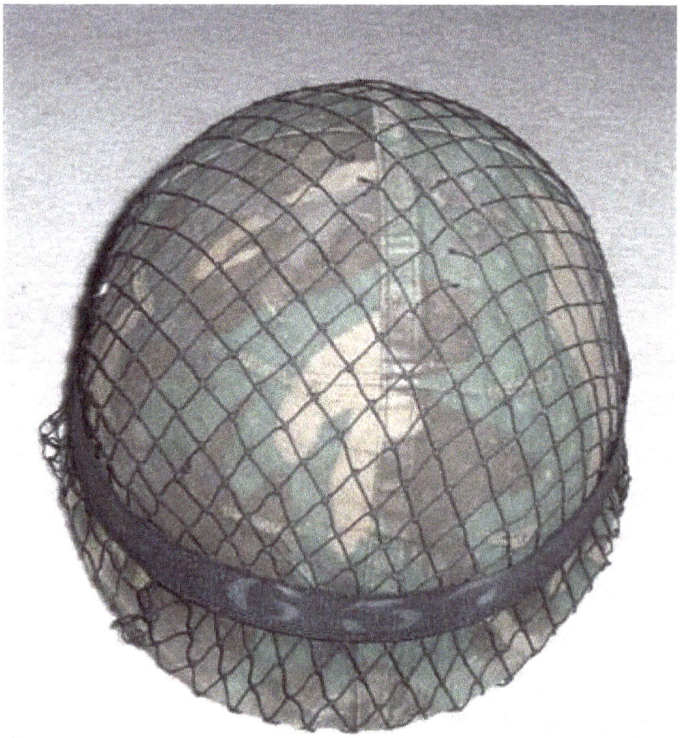

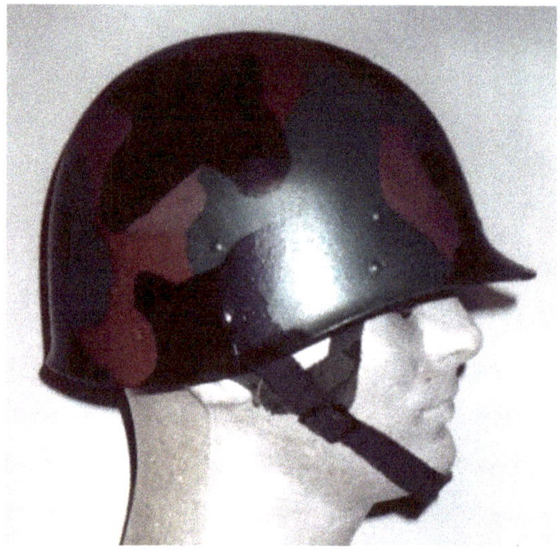

US M1 léger camouflé
(collection David B. Powers)

Casque US M1 de Panama avec *liner* US M1-CII
(collection David B. Powers)

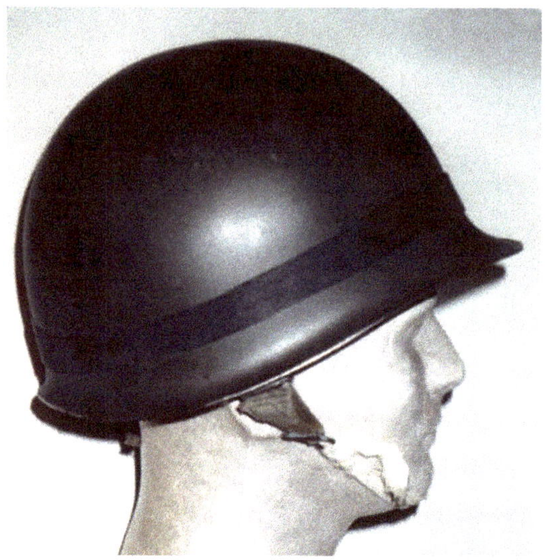

US M1 (d'origine allemande ?) lourd
(collection David B. Powers)

Très tôt après l'introduction de ce modèle, les forces panaméennes furent équipées de modèles américains PAGST.

Le PAGST 1977 *(cliché Time Magazine)*

La Garde Présidentielle

La Garde Présidentielle (GP) est dotée de US M1 légers de couleur gris-perle entourés d'une bande blanche et frappés sur le devant d'une décalcomanie représentant les armoiries nationales en couleur.

On rencontre aussi des US M1 légers blancs avec un bandeau bleu vif interompu sur le côté gauche par l'écu particulier de la *GP* et sur le devant par les lettres *GP (Guardia Presidencial)* de même couleur que le bandeau.

Certains casques comportent aussi un attribut métallique. Il existe aussi un casque tropical pour officiers, comme illustré ci-dessous.

US M1 léger et son intérieur. Noter l'attribut aux armes nationales *(collection et clichés P. Suciu)*

Casque tropical *(collection P. Suciu)*

Une influence française? La coiffe de cuir brun est de type Adrian M15 *(collection particulière, droits réservés)*

Écu Garde Présidentielle[2]

Garde Présidentielle en faction *(photo YP)*

Arme blindée

DH-132CVC *(Armée panaméenne)*

[2] L'écu de la GP porte la devise: *Ma vie pour la liberté* et la mention: *Démocratie, Ordre constitutionnel.*

Bibliographie

CABALLERO JURADO, Carlos et THOMAS, Nigel, *Central American Wars 1959-89*, Londres, Osprey, Men-at-Arms series, 1990.
CASTILLERO, Ernesto, J., *Historia de los simbolos de la patria panameña*, Panama, Octavia, 1995.
HARDING, Robert C., *Military Foundations of Panamanian Politics,* New Brunswick, NJ, Transaction Publishing, 2001.
HARDING, Robert, C., *The History of Panama,* Westport, CT, Greenwood Publishing, 2006.
KUBIAK, Krzysztof, *Grenada 1983*, Panama, Bialystok, 1995.

Musée

Musée d'histoire
Avenue 7eme Central, Palais Municipal, deuxième étage, Quartier San Felipe, à côté de la Place de l'Indépendance de 1903

Droits réservés

SUMARIO DEL CAPÍTULO
CHAPTER SUMMARY

(xxx: ar-i, ar-d) = pág. xxx, arriba-izq., arriba-der.
(xxx: ab-i, ab-d) = pág. xxx, abajo-izq., abajo-der.
(xxx: mi, md) = pág. xxx, al medio-izq., al medio-der.

(xxx:tl,tr) = page xxx, top-left, top-right
(xxx:bl,br) = page xxx, bottom left, bottom-right
(xxx:ml,mr) = page xxx, middle-left, middle-right

PANAMÁ

La República de Panamá se creó por una secesión – respaldada por Estados Unidos, del istmo panameño de Colombia en 1903. Su ejército, establecido desde un comienzo, se disolvió pronto por orden de Washington (1904), y fue reemplazado por una confiable fuerza paramilitar de Policía Nacional. Durante los siguientes 48 años esta fuerza policíaca se militarizó cada vez más, y fue la única organización de seguridad pública en el país. El tocado portado por estos policías militares, incluyó gorras y algunos cascos de sol.

Después de la Segunda Guerra Mundial, y como la mayor parte de Centroamérica, el equipamiento militar americano volvió al estándar normal de la defensa panameña y su fuerza de policía.

La Guardia Nacional (GN) se creó en 1953 bajo la presidencia de José Remón Cantera (1908-1955), antiguo jefe de la Policía Nacional. Esta nueva organización fue responsable tanto de la seguridad interior, como de la defensa nacional. Hacia 1973, la GN fue organizada en cuatro compañías de infantería, que fueron a menudo empleadas para propósitos políticos, por el futuro hombre fuerte de Panamá, general Manuel Antonio Noriega.

El US M1 estuvo en uso durante este período, empleándose, en muchos casos, con cobertores de camuflaje. Los cascos interiores del M1, se decoraron con un emblema lateral de letras amarillas y fondo rojo oscuro, con la leyenda: Panamá Guardia

PANAMA

The Republic of Panama was created by a US-backed secession of the Panamanian isthmus from Colombia in 1903. Its army, established at the beginning, was soon disbanded by order of Washington (1904) and replaced by a more reliable paramilitary national police force, the *Policia Nacional.* During the following 48 years, this police force became increasingly militarized and was the only public security organization in the country. Headgear worn by these soldier-policemen included soft caps and some pith helmets.

After the Second World War, as elsewhere in Central America, American military equipment became standard issue for the Panamanian defense and police forces.

The *Guardia Nacional (GN)* was created in 1953 under the presidency of Jose Remon, former Police Commandant of the *Policia Nacional.* This new organization was responsible for both internal security as well as national defense. By 1973 the *GN* was organized into four infantry companies, which were often employed for political purposes by then strongman, General Manuel Antonio Noriega.

The US M1 was in common use during this period, in most cases with a camouflage cover. Helmet liners were decorated with a side emblem in yellow letters on a dark red background, reading, *Panama Guardia Nacional (239:br; 240).*

In 1984 the *GN* was transformed into a regular army called the *Fuerzas de Defen-*

Nacional *(239:ab-d; 240).*

En 1984 la GN se transformó en un ejército regular llamado "Fuerzas de Defensa de Panamá". A comienzos de los `90, y después de la invasión del país por tropas de Estados Unidos, que acabaron con la corrupta dictadura de Noriega, el parlamento panameño votó la abolición del ejército nacional. Sin embargo, en caso de emergencia nacional, una fuerza de defensa temporal puede organizarse.

Actualmente la Fuerza Pública Panameña, debidamente controlada por el ejecutivo, incluye las siguientes organizaciones: la Policía Nacional, el Servicio Nacional de Fronteras, la Policía Técnico Judicial, la Guardia Nacional, el Servicio de Protección Institucional, y el Servicio Nacional Aeronaval. Estas unidades están equipadas con el US M1 *(242:arriba,ab-i)*, o la copia alemana de éste modelo *(242:ab-d).*

La Guardia Presidencial (parte de la Policía Nacional), usa salacots americanos *(244:ar-i).* Cascos verdes interiores del M1, con cobrizos emblemas frontales que representan el escudo de armas del país, son empleados por el cuerpo de oficiales *(243:abajo).* Un casco ligero tipo Adrián, ha sido también usado por la Guardia Presidencial. Su interior, como el tipo Adrián M15, está fabricada de cuero café *(244:mi).*

Los miembros de la GP, que protegen los edificios oficiales, están equipados con modelos blancos de M1 con las letras GP en el frente, y una imagen del Palacio Presidencial en el lado izquierdo *(244:ar-d).*

Actualmente, la mayor parte las tripulaciones de vehículos blindados de la Guardia Nacional, usan los cascos americanos DH-132 CVC *(244:ab-d).*

sa de Panama. In the early 1990's after the invasion of the country by US forces to put an end to Noriega's corrupt dictatorship, the Panamanian parliament voted to abolish the national army. However, in case of national emergency, a temporary defense force can be organized.

Currently, the Public Forces of Panama, duly controlled by the executive, include the following organizations: the National Police, the National Borders Service, the Technical and Judiciary Police, the National Guard, the Armed Institutional Service, and the National Air and Naval Service. These units are equipped with American- *(242:top,bl)* and sometimes German-made *(242:br)* M1 helmets.

Members of the Presidential Guard (PG), part of the National Police, use American pith helmets *(244:tl).* Green M1 liners with copper front emblems representing the coat of arms of the country are issued to the officer corps *(243:bottom).* An *Adrian* type lightweight helmet has also been worn by the President-ial Guard. Its liner, an *Adrian* M15-type, is made of brown leather *(244:ml).*

The PG members guarding the official buildings are equipped with white M1 models with the letters *PG* on the front and an image of the Presidential Palace on the left side *(244:tr).*

For the most part the armored vehicle crews of the National Guard currently use American DH-132 CVC helmets *(244:br).*

PARAGUAY

De tous les "petits" États d'Amérique du sud, le Paraguay est l'un des rares à jouir d'une véritable tradition militaire.

Riche de l'expérience de la terrible guerre (la *Guerra Grande* selon la terminologie locale) qui opposa en 1864-1870, les troupes paraguayennes aux forces coalisées de l'Argentine, du Brésil et de l'Uruguay et de sa victoire contre la Bolivie dans la guerre du Chaco (1928-1935), le Paraguay a longtemps joui d'un grand prestige militaire. Soumis à une influence allemande ancienne, jusqu'à la Première Guerre mondiale, les officiers et sous officiers paraguayens portent, en grande tenue, des casques à pointe de cuir ou de métal de fabrication allemande identiques, sauf pour les attributs (une étoile sur fond rayonnant entourée de lauriers) et rosettes

Pickelhaube d'officier (la jugulaire manque), à gauche *(cliché Diana Svec)*, de troupe au dessus *(cliché YP)*

Officiers de cuirassier et sous-officiers infanterie, circa 1910 *(droits réservés)*

(bleu-blanc-rouge), à ceux des officiers de l'armée de Guillaume II, dont ils affectent volontiers les poses.

(cliché Armée paraguayenne)

Casques du 4ème Régiment de cavalerie *Acá-Carayá*[1] (collection Peter Suciu)

Une coiffure bien originale

Durant la Guerre du Chaco, un régiment de lanciers (4ème Régiment de cavalerie "Acá-Carayá") utilisa sur une petite échelle un casque remontant au XIXème siècle (1864), composé d'une bombe de cuir peinte aux couleurs nationales et orné d'une crinière de crin noir (à l'origine de poils de singe).

Ces casques étranges – et ne risquant pas d'être confondus avec d'autres – sont ornés sur le devant d'une cocarde circulaire de cuivre aux armes du pays.

Une armée sans casque

Durant les années 1930, nombre de missions militaires françaises se penchèrent sur l'organisation et l'équipement de l'armée d'Asuncion. Pourtant, peut-être du fait des conditions climatiques, les troupes boliviennes (24.000 hommes à la veille de la guerre du Chaco, 140.000 mobilisés durant celle-ci) furent pas dotées de casques d'acier et conservèrent, même au front, l'usage de la casquette de toile ou de drap traditionnelle et surtout du chapeau de brousse vert-clair à cocarde frontale. Seul le Chef d'État major, le général Hans Kuhn arborait fièrement pour la parade son *Stahlhelm* de la Grande-Guerre.

Pourtant, pour des besoins de propagande, le timbre 50 centavos, émis en 1939, semble bien représenter un soldat paraguayen casqué!

[1] Tête de singe en guarani

Propagande philatélique et soldat casqué!

A la fin de la guerre, les conditions d'armistice imposèrent la réduction de l'armée nationale à 5000 hommes. La question était alors celle de la liquidation du surplus d'équipement capturé sur les forces boliviennes plutôt que la modernisation de l'armée qui entra, après l'énorme effort de guerre, dans une stagnation qui dura jusqu'à la signature du traité de Rio avec les États-Unis en 1947. Vers 1950, la question fut reprise et des casques européens furent testés, sans conclusion. Le modèle ci-dessous évoque le M31 norvégien.

Un modèle testé *(Casa de la independencia, Asuncion, cliché YP)*

Ensuite, au début des années 1940, les États-Unis ayant livré 10.000 casques à Asuncion, une grande partie de l'armée se trouva dotée de casques US M1917-A1.

Ceux-ci furent initialement conservés dans leur couleur d'origine.

Par la suite, ils reçurent une cocarde tricolore réglementaire appliquée au pochoir.

US M1917-A1 *(collection particulière)*

L'adoption du US M1

Comme dans maints autres pays du sous-continent, ce traité marqua pour le Paraguay l'ouverture d'une ère nouvelle et, dans notre domaine, eut pour résultat la livraison par Washington de grandes quantités de surplus de guerre: des fusils M1903 Springfield et des casques US M1 pour l'essentiel. Une grande instabilité politique, notamment plusieurs coups d'État, eut pour conséquence dans les années cinquante, une faible attention portée à l'aspect protection dans les forces armées.

Les choses devaient changer avec l'arrivée au pouvoir en 1954 du commandant en chef de l'armée, le général Alfredo Stroessner. Le nouveau *Caudillo*, de formation allemande accorda au contraire une grande importance aux forces armées qu'il choya afin de les garder sous son contrôle exclusif.

CASCO DE FIBRA
(Fig. 33)

Règlement de 1971

Le règlement militaires de 1971 présente le casque léger US M1 sous la dénomination "*Casco de fibra,*" se contentant d'ajouter incidemment que (art 43), "En cas de nécessité, on pourra lui adjoindre le casque d'acier proprement dit." Celui-ci est au demeurant d'usage exceptionnel. Il s'agit pour l'essentiel d'anciens modèles américains fournis au Paraguay par l'Argentine ou le Brésil. Depuis quelques années, des modèles argentins sont venus compléter le stock. Ces casques lourds, peints en kaki-clair (couleur d'origine), ne portent pas d'attribut.

Le règlement susmentionné précise que le casque léger sera orné de chaque côté d'une cocarde aux couleurs nationales (bleu-blanc-rouge à partir du centre) de six cm de diamètre, chaque bande ayant une largeur de deux cm. Tous les casques légers du pays présentent aujourd'hui cette cocarde, des unités d'honneur de la Garde présidentielle (casques blancs à bande rouge et lettres rouge *GP*), à ceux de la police: casque kaki à emblème frontal.

Des attributs spéciaux représentant l'emblème de l'arme sont parfois arborés sur les casques légers par les formations suivantes: Aviation, Cavalerie, Génie, Infanterie, Marine, Services médicaux et Police. Dans l'armée, des étoiles, correspondant au grade du porteur peuvent être arborés sur le devant des casques légers.

Casque type US M1 d'officier années 1960

Ce casque, figurant dans une collection australienne, apparaît étrange, tant par sa couleur que par son attribut latéral. Il ne semble toutefois pas y avoir de raison de douter de son authenticité.

Casque tpe US M1 d'officier *(collection et cliché Peter Thomas)*

Attribut latéral *(collection et cliché Peter Thomas)*

Vue de l'intérieur du casque *(collection et cliché Peter Thomas)*

Policiers à l'aéroport d'Asuncion. Noter la cocarde latérale et l'attribut frontal de la Police de l'air *(droits réservés)*

St. Domingue 1966 *(cliché US Army)*

Le M1 léger paraguayen (collection particulière)

US M1 *(collection Pusinieri, cliché YP)*

Garde de la Police militaire devant le Parlement d'Asuncion *(droits réservés)*

US M1 camouflé, Asuncion, début 1990 *(cliché Bottaro-Sipa)*

Les casques spéciaux

Dans les années 1980, le Paraguay a doté un certain nombre d'unités de casque en plastique balistique de fabrication sud-coréenne.

Aujourd'hui, le PASGT est en train de se répandre.

Les équipages de blindés sont actuellement dotés de casques américains, argentins ou brésiliens. On note aussi l'utilisation sur une petite échelle du modèles israélien Orlite M76/85 pour des missions de commando.

Les motocyclistes de l'escorte présidentielle utilisent eux un casque enveloppant, de couleur blanche, orné de chaque côté des cocardes réglementaires.

Les hommes de la Garde Présidentielle portent un casque à pointe de type allemand complété par un *Haarbusch* blanc.

L'arme blindée utilise notamment des casques DH-132 CVC américains *(Armée paraguayenne)*

Des PASGT flambants neufs *(ABC News)*

Commandos utilisant un casque de plastique non ballistique de type ProTec *(Armée paraguayenne)*

La Garde Présidentielle continue à utiliser le *Pickelhaube* pour la parade (droits réservés)

Diorama de l'Armée, montrant entre autre l'usage du casque Orlite M76/85 israélien *(Armée paraguayenne)*

Bibliographie

Department of the Army, *Paraguay: A Country Study*, Washington, DC, Government Printing Office, Foreign Areas Studies, The American University, 1988.

Musées

Casa de la Independencia (Museo), 14 de mayo esq. Pte. Franco, Asuncion, Paraguay.

Musée du Ministère de la Défense, Av. Mcal. López Esquina, Vice-Présidente Sanchez, Asuncion, Paraguay

Musée "Pusineri," Lugano 1153, Asuncion, Paraguay

Remerciement:

Olivier Poupard, Ambassadeur de France, Asuncion
Carlos Alberto Pusinieri Scala, Directeur, Casa de la Independencia (*Museo*)

SUMARIO DEL CAPÍTULO
CHAPTER SUMMARY

(xxx: ar-i, ar-d) = pág. xxx, arriba-izq., arriba-der.
(xxx: ab-i, ab-d) = pág. xxx, abajo-izq., abajo-der.
(xxx: mi, md) = pág. xxx, al medio-izq., al medio-der.

PARAGUAY

Paraguay obtuvo su independencia en 1811. Sorprendentemente, no luchó contra España en su guerra de Independencia, sino contra Argentina, que quiso anexar las Provincias Unidas del Río de la Plata. Una milicia paraguaya de 3.000 hombres, derrotó a las bien equipadas, pero menos numerosas tropas del Ejército Argentino, en las decisivas batallas de Paraguarí y Tacuarí, en enero y marzo de 1811. Ninguno de los ejércitos enfrentados contó con cascos.

Las siguientes décadas ofrecerán al ejército de Asunción varias oportunidades de enriquecer su experiencia militar. Durante "La Guerra Grande" (1864-1870), Paraguay combatió contra una coalición conformada por Argentina, Brasil y Uruguay. Luego, durante la "Guerra del Chaco" (1928-1935), Paraguay enfrentó a Bolivia. Nuevamente los cascos no aparecen en los campos de batalla durante estas guerras, con la excepción de un casco observado en 1864, y llevado por unidades de la caballería paraguaya, conocidos como los "Acá-Carayá". Este casco estaba pintado exteriormente, con los colores nacionales rojo-blanco y azul, y poseía una cresta negra de piel de mono, que se situaba desde la visera a la nuquera *(250:arriba)*. Este casco permanecerá en servicio hasta comienzos del siglo XX.

A pesar de su rica historia militar, no es sino hasta 1905, en que se crea una Escuela Militar en Asunción dirigida por graduados

(xxx:tl,tr) = page xxx, top-left, top-right
(xxx:bl,br) = page xxx, bottom left, bottom-right
(xxx:ml,mr) = page xxx, middle-left, middle-right

PARAGUAY

Paraguay gained its independence in 1811. Surprisingly, its war of independence was fought not against Spain, but against Argentina, which wanted to annex the United Provinces of Rio de la Plata. A Paraguayan militia of 3000 men defeated the well-equipped, but less numerous, Argentine army at the two decisive battles of Paraguarí and Tacuari in January and March 1811. No helmets were worn by the troops of either army.

The following decades would present the Army of Asuncion with several opportunities to gain rich military experience. During the *Guerra Grande* (1864-1870) Paraguay fought a coalition of Argentina, Brazil, and Uruguay. Then during the *Chaco* war (1928-1935) Paraguay was pitted against Bolivia. Again no helmets appeared on the field of battle during these wars with the exception of a helmet first seen in 1864 and worn by the Paraguayan cavalry unit known as the *Acá-Carayá*. The shell is painted with the national colors of red, white and blue, and a black crest running from front to back was originally made from the pelt of monkeys *(250:top)*. This helmet remained in service until the beginning years of the twentieth century.

Despite this history it was not until 1905 that a military school, staffed by gradu-ates of the Chilean Military Academy, was created in Asuncion. At the same time, the officers of the Army began wearing the imported M95 German *Pickelhaube*. These

de la Escuela Militar chilena. Al mismo tiempo, los oficiales del Ejército comienzan a importar y utilizar modelos alemanes M/1891 de tipo *Pickelhaube*. Estos cascos de cuero negro lucieron un emblema delantero de bronce (plateado para los funcionarios de más alta jerarquía), luciendo una estrella nacional en un fondo de rayos de sol. Estos cascos permanecen en uso para actos ceremoniales y funciones de guardia (*250:md,ab-d*).

Después de la Segunda Guerra Mundial, habiendo probado una serie de modelos extranjeros sin éxito *(251:md)*, el Estado Mayor General adoptó el modelo americano US M1917-A1. Este modelo fue entregado a varios países Sudamericanos, en favorables condiciones, y en grandes cantidades. Estos cascos retuvieron su color original, decorándose con una escarapela lateral con los colores nacionales *(251:ab-i)*.

La firma por parte de Paraguay, del Tratado Interamericano de Asistencia Recíproca (Tratado de Río o TIAR), en 1947, permitió la transferencia de una gran cantidad de equipamiento militar desde Washington, incluyendo un envío inicial de cascos US M1. Este modelo se convirtió rápidamente en la norma entre las fuerzas armadas paraguayas. Los cascos interiores de éste modelo, se decoraron con escarapelas laterales nacionales *(252:ab-i~~¥¥¥~~)*.

En los cascos interiores de M1, pueden encontrarse algunas decoraciones originales usados por oficiales *(253:arriba)*. Este ejemplar proviene de una colección australiana. Varias servicios técnicos del ejército, decoraron sus cascos con emblemas de unidades específicos *(253:mi)*.

Cobertores de camuflajes de variados tipos, fueron empleados en los M1 americanos *(255:abajo)*. En los años `80, el modelo M1 fue importado desde Corea del sur, así como también numerosos cascos modelo Orlite M76/85, desde Israel *(257:arriba)*.

black leather helmets sported a copper front emblem (silver for high ranking officers) and displayed the national star on a background of sunrays. Even today these helmets remain in use for ceremonial and guard duties *(249:mr,br)*.

After the Second World War, having unsuccessfully tested a series of foreign models *(251:mr)*, the Army General Staff adopted the US M1917-A1. This model was supplied to many countries in South America at favorable conditions and in large quantities. These helmets, retaining their original painting, were decorated with a national side cockade *(251:bl)*.

The signature by Paraguay of the Inter-American Treaty of Reciprocal Assistance (Rio Treaty) in 1947 led to the transfer of a great amount of military equipment from Washington, including an initial delivery of the US M1 helmet. This model quickly became standard issue throughout the Paraguayan armed forces. The helmets liners were decorated with a side cockade *(252:bl)*.

Later some original decorations can be found on the helmet liners worn by officers *(253:top)*, an example of which comes from an Australian collection. Various technical armed services decorated these helmets with unit-specific emblems *(253:ml)*.

Protective and camouflage covers of various types were frequently issued with the US M1 *(255:bottom)*. In the 1980s the M1 model was imported from South Korea as well as a number of Orlite M76/85 models from Israel *(257:top)*.

Since the 1990s the PASGT has been gradually replacing older models throughout the Paraguayan armed forces *(258:ml)*. For tank crews the DH-132 CVC helmet is in common use in addition to a variety of older models *(258:tr)*.

Desde los ´90, el PASGT ha ido gradualmente reemplazando a los viejos modelos, en las fuerzas armadas paraguayas *(258:mi)*. Las tripulaciones de tanques usan comúnmente el modelo de casco DH-132 CVC, junto con varios modelos más antiguos *(258:ar-d)*.

PÉROU

Le Pérou a une histoire militaire riche et ancienne. L'influence dominante est demeurée française au cours de l'essentiel du XIXème siècle et d'une grande partie de XX-ème siècle.

Pourtant, contrairement à une croyance répandue, le Pérou, comme la plupart des autres États latino-américains, a, pendant un certain temps, été réceptif à l'influence militaire allemande, après la guerre franco-prussienne de 1870. En fait, de 1872 à 1880, le régiment de cavalerie des *Lanceros de Torata N°2* ainsi que le bataillon d'infanterie de ligne *Pichincha* N° 1, ainsi qu'au moins un bataillon d'un régiment d'artillerie, utilisèrent des *Pickelhaube*[1].

Un *Pickelhaube* péruvien *(cliché Renzo Babilonia Fernandez)*

Mais l'engouement germanophile fut de courte durée et, quelques années après, la mode revint à la tradition française. Vers les années 1890, la Garde Présidentielle péruvienne était déjà composée de *dragons* qui portaient un casque de cuivre de type français. Ainsi, le Pérou, qui aura été le premier État du sous-continent à adopter le style allemand, sera aussi le premier à l'abandonner!

[1] Information Ricardo Jara Franco, 16 mai 2011

Garde présidentielle 1890
(collection Sandro Panana)

En vertu de la tradition militaire francophile[1], nombreux étaient au début du XXème siècle les officiers de l'armée péruvienne qui venaient compléter leur formation militaire à l'Ecole de guerre de Paris. Les casques de la garde présidentielle témoignaient alors de l'influence des recherches effectuées à Paris en la matière et particulièrement des modèles expérimentaux français.

Au cours de la Grande Guerre, en 1917, le Pérou se rangea dans le camp des Alliés en déclarant la guerre à l'Allemagne. Action belliqueuse qui resta toute platonique. Il en sera d'ailleurs de même en 1945.

À cette époque, et pour de longues années encore, les seuls casques utilisés par la troupe étaient de type colonial. L'abondance des modèles et la fréquence du port de ceux-ci est même une caractéristique de l'histoire uniformologique du Pérou.

Garde Présidentielle circa 1900
(collection particulière)

Modèle utilisé de la fin des années 1920 durant la guerre contre la Colombie (1932-1933) *(collection Ricardo Jara Franco)*

Dans les années 1940, ce sont des casques tropicaux de type américain, en fibres pressées, qui sont utilisés. Ces casques étaient fabriqués au Peru et ornés pour les officiers d'attributs émaillés aux couleurs nationales, de la plus belle allure.

[1] Les casques de la Garde Présidentielle, inspirés de ceux de leurs homologues français, en portent encore témoignage

Un bel échantillonnage de coiffures, lors du conflit Équateur-Pérou 1941 *(cliché foro elgrancapitan)*

Casque type US MC en fibre, utilisé dans les années 1940-1960 *(collection Ricardo Jara Franco)*

Étant donné les traditions nationales, à la fin des années 1920, lorsque le Président -dictateur Augusto Bernardino Leguia (1863-1932) cherche à doter son armée de casques d'acier, il se tourne vers la France car le prestige de Paris est alors à son apogée dans la société politico-militaire de Lima.

Le casque Adrian M34 péruvien

Après quelques essais d'utilisation de M15 français, conservant curieusement la bombe flammée, frappée du *RF* [3], une importante commande est rapidement passée aux entreprises fabriquant le M26. Les modèles examinés ne permettent pas toujours, faute de marquage intérieur, de déterminer quels fabricants réalisèrent l'ensemble des quelque 15.000 casques (sans coiffes) destinés pour l'essentiel à équiper les cinq divisions de l'armée de terre régulière[4]. Un certain nombre de ceux-ci portent néanmoins le tampon à l'encre noire de la maison Franck.

Les coiffes furent fournies par des entreprises péruviennes et plusieurs modèles légèrement différents les uns des autres se rencontrent de ce fait.

L'attribut frontal est un soleil rayonnant de 7,5 cm de diamètre représentant Inti, le dieu-roi du panthéon Inca. Cet emblème, utilisé dès le début du XIXème siècle, demeurera le symbole permanent du Pérou et figurait comme tel en 1930 sur la pièce de monnaie d'un sol.

Peint en kaki, parfois en bleu[5] pour l'armée de l'air et la marine, ces casques voient leur attribut recouvert de peinture dorée pour les officiers supérieurs[6]. Utilisés sur petite échelle jusqu'au début des années 1930, ils sont identifiés au Pérou par le sigle M34[7].

Le M34 sera souvent utilisé conjointement avec un casque tropical. Cliché montrant des soldats péruviens exhibant un trophée équatorien capturé à la bataille de Santa Rosa *(cliché Foro Defensa.pe)*

[3] *Museo Militair del Fortaleza del Real Felipe* [4] *Die Wehrmächte aller Staaten 1937*, Hugo Schaeffer, chez l'auteur, Vienne, 1937 [5] cf. exemplaires exposés au musée de l'or *(Museo Armas del Mundo)* [6] cf. buste de général au *Museo Militair del Fortaleza del Real Felipe* [7] Information communiquée à Charlie Yust par le service d'information de

Cadets de l'École Militaire en uniformes de combat en 1935 *(droits réservés)*

M34 Frank *(cliché Soulier)* et Adrian peruvien avec coiffe nationale *(collection Jean Dagnas, cliché YP)*

Pendant la période des dictatures militaires qui se succédent jusqu'en 1945, le M34 reste le seul casque péruvien[8]. À défaut de guerre extérieure, c'est contre les révoltes paysannes et lors des luttes contre l'Alliance Populaire Révolutionnaire Américaine (APRA), que ces casques sont portés au combat. Au cours de la guerre, dans le cadre du Plan *Lend-Lease*, les États-Unis livrent à Lima un lot de 1000 M1917-A1[9]. Ces casques ne paraissent guère avoir été utilisés!

Après une brève période de *convivien-cia* avec le président Jose Luis Bustamente, on revient le 28 octobre 1948 à la dictature militaire suite au *golpe* (coupe d'état) du général Manuel Odria et sa *Revolucion Restaurada*.

M34 d'un sous-lieutenant *(collection Ricardo Jara Franco)*

Fantassins d'un bataillon d'infanterie défilant en ordre serré, à la française, lors des manœuvres de 1941, armés de fusils Mauser *(collection F. Pinaud)*

Intérieur d'un M34 d'officier *(collection Ricardo Jara Franco)*

l'armée péruvienne [8] On connaît d'ailleurs certains exemplaires qui portent sur l'intérieur de la bombe la date 1944. [9] Information US War Department transmise par F. Pineau

Prise d'arme en présence du Président Mariscal Oscar Benavides à la fin des années 1930 *(cliché J. Zea)*

M33 péruvien d'origine italienne *(collection et clichés Pablo Massolo)*

Une brève apparition du M33 italien

Au début des années 1940, une brève apparition de M33 italiens de prise sur les troupes équatoriennes, est à noter durant la guerre qui, en 1941, oppose le Pérou à l'Équateur. Celle-ci demeurera toutefois sans suites.

L'Adrian et le M33 italien sur le même cliché *(www.oocities.org/conflictoperuecuador1941/fap-1941.htm)*

Le M1 s'impose

Avec la Deuxième Guerre mondiale, l'influence nord américaine prend la relève de celle de l'Europe en Amérique latine et le nouveau maître du Pérou trouve les M34 bien vieillots pour une armée qu'il veut moderne et martiale. Les crédits américains seront notamment employés à acheter de nouveaux casques.

En 1950[10], le M34 est envoyé au dépôt[11] et le US M1 américain est introduit.

Sa couleur est beige mat sablé et le sous casque s'orne fréquemment – pour les officiers – de petites barrettes d'1,5 cm de haut, symbolisant leur grade.

Plusieurs versions du US M1 (M1-61, M1-66, M1-73) d'origines diverses, seront successivement introduites et, par la suite, utilisées simultanément.

[10] Information du Musée d'histoire militaire. [11] Ils réapparaîtront dans les années 1980 en Europe à la satisfaction étonnée des collectionneurs.

M1 d'origine européenne, peut-être belge
(collection et clichés Sandro Panana)

Le M1 israélien devient le casque standard de l'armée péruvienne

A partir du milieu des années 1970, l'industrie militaire israélienne remporte un beau succès au Pérou, et c'est désormais sa version du M1 qui s'imposera comme casque standard dans les armées de ce pays. La bombe est de modèle US M1 modifié avec une jugulaire à trois points d'attache, proche de celle du modèle britannique *airborne* Mk-II.

La coiffe du M1 israélien est une copie locale du type américain M64. La bombe du casque est pourvue à l'arrière d'un anneau de fixation de jugulaire destiné à assujettir la jugulaire.

Dans les années 1980, l'armée, dont l'uniforme est plus beige que kaki, combat la rébellion maoïste du "Sentier lumineux" et utilise ces casques dans l'Altiplano.

Les US M1 sont alors en général de couleur kaki. On connaît aussi des casques revêtus d'une peinture de camouflage. Les coiffes sont de modèles différents selon les époques.

Infanterie péruvienne. Le M1 israélien avec sa housse de camouflage (asnmundo.com)

M1 de fabrication israélienne *(droits réservés)*

M1 de fabrication israélienne
(collection et cliché Sandro Panana)

Des modèles allemands de type M1

L'Allemagne fédérale a également fourni un certain nombre de casques M1 à l'armée péruvienne.

M1 allemand *(collection et clichés Pablo Massolo)*

Modèles Rabintex, PAGST et britannique LBA

A partir des années 1990, un certain nombre de casques israéliens Rabintex RBH-103 ont été utilisés, avant d'être progressivement remplacés par des PASGT, dont certains, selon le site *Cascos del siglo XX,* de fabrication française.

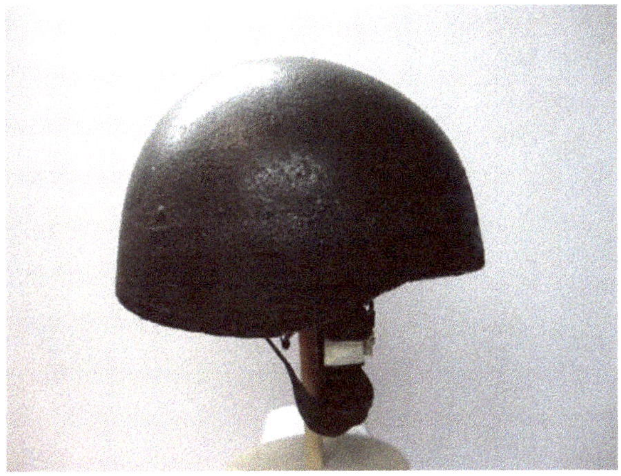

RBH-103 *(collection et clichés Pablo Massolo)*

L'arrivée des casques en plastique balistique

Pendant une certaine période, les forces péruviennes ont également utilisé des M1 fournis par la société française Dunois qui, depuis de nombreuses années, fabrique des casques pour l'armée française.

Certains modèles épais et lourds, d'origine inconnue, ont aussi été notés par P. Massolo.

PASGT camouflés utilisé par l'infanterie *(cliché Armée péruvienne)*

Soldats d'infanterie, dans la ville de Cajamarca. Noter le nouvel uniforme pixélisé pour zones désertiques et le casque britannique, LBA *(cliché EFE)*

On observe aussi, sur une petite échelle, l'utilisation de PASGT à nuquière courte, d'origine britannique[12].

(collection particulière, *droits réservés)*

Formations particulières

Examinons maintenant les casques portés par un certain nombre d'armes particulières.

Marine

Dès l'adoption du M34, la marine péruvienne a utilisé ce type de casque peint en bleu. Depuis les années 1960, la marine utilise des US M1 et des *Navy Talker* américains de couleur bleue.

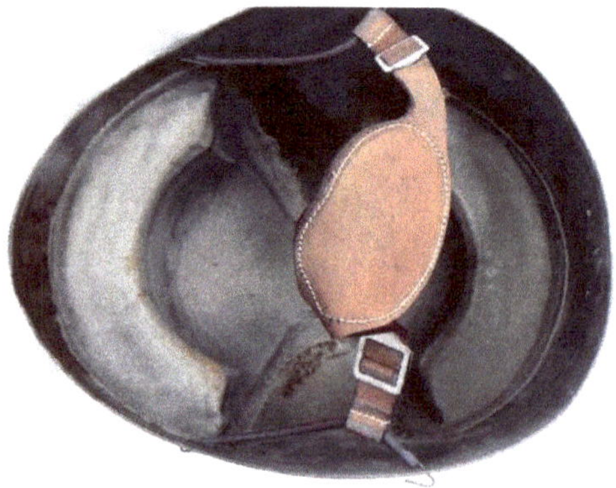

MI et *Navy Talker* de la Marine.
(collection et clichés Sandro Panana)

Depuis quelques années, on a assisté à une diversification des types de casques utilisés par la marine péruvienne.

Troupes spéciales de marine, armées d'une mitraillette MGP-87 de 9 mm, fabriquée par le Service industriel de la Marine (SIMA), équipés de casques Pro-Tec, fabriqués en acrylonitrile butadiène styrène (ABS). Le parachutiste, à droite sur la photo, porte un casque M1 doté d'une jugulaire de nylon, post-1980. Noter que le casque est porté à l'envers!
(cliché Revue FAM)

[12] P. Massolo

Force Aérienne

Depuis sa création, la Force Aérienne péruvienne a toujours utilisé les mêmes casques que l'Armée, seule la couleur bleu-foncé de l'aviation distinguant les premiers.

Casque léger de la force aérienne péruvienne circa 1980 *(cliché articulo.mercadolibre.com.pe)*

Casque *Combat Vehicle Crewman* T-56-6 *(collection S. Panana)*

Casques de major de l'armée de l'air *(collection David B. Powers)*

Arme blindée

Depuis la création de celle-ci, en 1938, le Pérou a toujours entretenu une arme blindée. Divers modèles de casques, généralement d'origine américaine ont été simultanément utilisés.

Une grande variété de casques: soviétique en haut et américain en bas *(droits réservés)*

Casque *Combat Vehicle Crewman* T-56-6 *(droits réservés)*

Troupes de l'arme blindée, dans la ville de Tacna. Ces hommes sont équipés de casques croates Sestan Busch BK-3 et de leurs nouveaux uniformes pixelisés destiné à l'utilisation en zone désertique *(cliché Lethal en Soarbats)*

Parachutistes

Le Pérou est le premier État d'Amérique latine à s'être doté d'unités parachutistes. C'est lors de l'attaque du 27 juillet 1941, contre la ville équatorienne de Puerto Bolivar, durant la guerre écuatoro-péruvienne, qu'eurent lieu les premières opérations militaires parachutées.

Parachutistes péruviens durant la Guerre contre L'Équateur 1941 *(droits réservés)*

Depuis le milieu des années 1970, les parachutistes péruviens utilisent comme casque de saut des M1 israéliens.

Parachutistes péruviens en 1988, équipés de M1 israéliens. Noter la combinaison de toiles de camouflage *Woodland* pour les casques et à dessin géométrique pour la tenue de saut *(cliché César Huaytán Defensa.pe)*

Garde présidentielle

Celle-ci, fondée en 1904, a connu maintes transformations. Depuis la fin des années 1930, elle constitue, conjointement avec une unité de la Police, la Garde d'honneur du Palais du Gouvernement du Pérou. Jouissant d'un grand prestige, elle est également utilisée comme Escorte du Président de la république.

Garde du Palais 1940 en uniforme de printemps *(cliché Jagtiger en Defensa.pe)*

Dragons de la Garde Présidentielle Mariscal Domingo Nieto en tenue d'hiver, Lima, 1980 *(cliché YP)*

La Garde Civile *(Guardia Civil)*

Dans le cadre d'une réorganisation des formations de maintien de l'ordre, une gendarmerie nationale péruvienne fut créée en 1852. En 1873, avec l'accession au pouvoir du Président de la République Manuel Pardo, en pleine crise économique, celle-ci n'ayant pas donné les résultats escomptés en matière de protection des propriétés des classes dirigeantes, céda la place à une Garde Civile, organisée suivant le modèle espagnol.

Cette GC, qui exerçait des fonctions de police, était alors spécialisée dans la répression des manifestations et autres protestations publiques violentes, nombreuses dans cette période troublée. Elle dépendait du 22ème commandement (*Comandancia*) dénommé *Batallon de Asalto* (Bataillon d'assaut), chargé de services de police spéciaux. Elle fut profondément réorganisée en 1922.

Après plus d'une centaine d'années d'existence, elle disparut en 1988, en pleine période d'instabilité sociale et économique, pour être fusionnée avec diverses autres formations de la police et donner naissance à une *Policia Nacional del Peru*, plus conforme aux conceptions contemporaines en matière de maintien de l'ordre.

Garde Civile montée années 1940 *(archives militaires)*

Après l'adoption du casque Adrian M34 et jusque dans les années 1950, la GC a utilisé un "casque noir" avec un attribut doré frappé des lettres *GC (Guardia Civil)* surmonté d'une cocarde circulaire, blanche et rouge aux couleurs nationales.

L'attribut latéral (de couleur dorée ou jaune), dénommé *Granada Inflamada* est inspirée de l'iconographie inca.

Les casques Adrian, du modèle figurant ci-dessous, furent utilisés jusqu'en 1979, c'est à dire longtemps après l'adoption du M1 par la GC en 1967.

Casque M34 *(collection David B. Powers)*

Casque M34 de la GC *(collection David B. Powers)*

M34 avec attribut des troupes d'assaut de la Garde Civile *(collection David B. Powers)*

Les M1, adoptés par la GC en 1967, et notamment les modèles israéliens, portaient fréquemment les lettres *GC* de couleur jaune sur le côté droit du casque.

(collection et cliché Sandro Panana)

Casques allemands de la GC

L'Allemagne fédérale à également, pendant un certain temps livré des casques au Pérou.

M62 allemand *(collection et clichés Pablo Massolo)*

M1 israélien, utilisé par un général de la *Guardia Civil*. Les étoiles frontales représentent Inti, l'emblème solaire du Pérou *(collection et cliché Ricardo Jara Franco)*

Garde Républicaine

Entre 1919 et 1940, un bataillon de gendarmes d'infanterie donna naissance à une nouvelle formation intitulée *Guardia Republicana del Peru N° 1*, créée à l'imitation de la Garde Républicaine française. Celle-ci était notamment chargée de la garde du Palais présidentiel, du Parlement et d'un certain nombre d'autres institutions étatiques. D'autres unités de la même arme exerçaient des tâches de sécurité dans les enceintes pénales et sur les frontières.

Garde Républicaine N°1 en 1919 *(cliché Revista de la Policia Nacional del Peru N° 82, avril-juin 2002)*

Dissous en 1940, celui-ci fut remplacé par un bataillon de mitrailleuses de la Garde Civile. Actuellement, on confond fréquemment les membres de l'ancienne Garde Républicaine avec les ceux du Régiment Mariscal Nieto, mentionné plus haut, en raison de leur uniforme de type cuirassier français.

Années 1970, Régiment de cavalerie d'escorte Maréchal Domingo Nieto en tenue d'hiver *(droits réservés)*

Depuis les années 1970, une décalcomanie représentant un emblème de couleur rouge et or orne les casques M1 des gendarmes péruviens.

Des casques de type M1 anti-manifestations, de couleur noire, de fabrication argentine, sont utilisés par la Garde Civile. Le nouvel attribut de la *Policia de asalto* figure sur le devant de ces casques.

Police nationale (depuis 1988)

La Police nationale péruvienne a, au cours des temps, utilisé un grande variété de coiffures.

Écusson de la Police Nationale du Pérou

Nouvel attribut de la Police Nationale du Pérou, 2012 *(cliché INCA in Policia Nacional del Perú www.foros.net)*

Casque de fibres, utilisé par la police de circulation de la *PNP*, dans les districts de Miraflores à Lima *(cliché Panoramio.com)*

Colonel de la Police Nationale du Pérou coiffé d'un casque type *Mich (cliché Alejo Marchessini, DintelGID.com.ar)*

Membre de la sous-unité d'actions tactiques *SWAT*, avec un fusil-mitrailleur KP MP5-A3 de 9 mm et un casque britannique type RBR F5 *(cliché PeruDefensa.com)*

Remerciements:

Sandro Panana, Pérou,
Ricardo Jara Franco, Chili
Pablo Massolo, Argentine

Bibliographie

DOMANSKI, Jerzy, *Mundury Lotnicze (Uniformes d'aviation), Meksyk, Kuba, Brazylia, Peru, Chile, Argentyna,* Varsovie, Bellona,1997.

Ejército del Perú, *Evolución histórica de los uniformes militares 1821-1980,* Ministerio de Defensa, 2005.

SUMARIO DEL CAPÍTULO
CHAPTER SUMMARY

(xxx: ar-i, ar-d) = pág. xxx, arriba-izq., arriba-der.
(xxx: ab-i, ab-d) = pág. xxx, abajo-izq., abajo-der.
(xxx: mi, md) = pág. xxx, al medio-izq., al medio-der.

(xxx:tl,tr) = page xxx, top-left, top-right
(xxx:bl,br) = page xxx, bottom left, bottom-right
(xxx:ml,mr) = page xxx, middle-left, middle-right

PERÚ

Perú se declaró como estado independiente, el 21 de julio de 1821. Sin embargo, no fue sino hasta la victoria de las fuerzas lideradas por Simón Bolívar y José de San Martin, en 1824 contra los realistas españoles, que esta independencia se hizo efectiva.

Durante las varias guerras que enfrentó, en los primeros veinte años de independencia, no se emplearon cascos por parte del ejército. Aparte de algunas operaciones navales, el ejército peruano no enfrentó amenazas enemigas hasta 1879.

Aunque la influencia extranjera en el ejército peruano era claramente francesa, el regimiento de caballería "Lanceros de Torata N°2", el batallón de infantería "Pichincha N°1", así como por lo menos un regimiento de artillería, llevaron los *Pickelhaube* alemanes durante los años 1872-1880 *(261:md)*.

Diez años después, la moda alemana había desaparecido, y la Guardia Presidencial (GP) adoptaba el casco francés de tipo dragones *(262:ar-i,md)*.

A principios del siglo veinte, el nuevo estilo Francés se hacía sentir en los cascos, con los emblemas frontales de cobre, empleados por la GP. Varios tipos de cascos de sol fueron empleados por los oficiales *(262:ab-i; 263:ar-d)*.

En los años treinta, se introdujeron los primeros cascos de acero – el francés M26 (llamado localmente, el modelo M34), acompañado de una suspensión tipo fran-

PERU

Peru declared itself an independent state on July 21, 1821. However, it was not until the victory of the forces led by Simon Bolivar and Jose de San Marin in 1824 against the royalists of Spain that this independence became effective.

During the several wars which raged during the first twenty years of independence, no helmets seem to have been worn by the Peruvian military. Apart from naval operations, the Peruvian military did not face any enemy threats until 1880.

Although the foreign influence on the Peruvian army was clearly French, cavalry regiments of the *Lanceros de Torata N°2*, the infantry battalion, *Pichincha N°1*, as well as at least one artillery regiment wore the German *Pickelhaube* during the years 1872-1880 *(261:mr)*.

Ten years later, the German fashion had disappeared, and the Presidential Guard (PG) had adopted the French-type dragoon helmet *(262:tl,mr)*.

At the beginning of the twentieth century, new French-style, felt helmets, with front copper emblems, were issued to the PG. Many types of pith helmets were worn by the officers *(262:bl; 263:tr)*.

In the 1930s the first steel helmet was introduced – the French M26 (called locally the M34) and was accompanied by a locally made, French type liner. These helmets bear a front circular emblem representing *Inti*, the Inca god. Versions of the M26 were painted in different shades of blue for the

cesa, de fabricación nacional. Estos cascos portaban un emblema delantero redondo representando a *Inti*, el dios inca. Las versiones del M26, fueron pintadas en diferentes tonos de azul, para la fuerza aérea y la armada *(264; 265:ar-i)*.

Después de la guerra contra Ecuador de 1941, algunos cascos M33 italianos, capturados como botín *(265:ar-d,ab-i)*, estuvieron en uso, y en 1946 se importaron algunos modelos americano M1917-A1. Estos nunca fueron muy populares, ni su uso muy extendido.

A comienzos del año 1950, el US M1 en sus diferentes versiones, fue importado y rápidamente empleado a lo largo de las organizaciones militares. En los años setenta se introdujo una versión caqui-crema del M1 israelita *(266:der.)* que se volvió el modelo estándar en el ejército.

Varios otros modelos de cascos fueron, o continúan siendo empleados en Perú, incluyendo las copias alemanas del M1 *(267:izq.)*, el Orlite RBH-103 *(267:md)*, los LBA y RBR-F5 británicos, y el Sestan Busch BK-3 croata. Se han empleado también, cascos no balísticos de ABS, así como también varios PASGT *(267:ab-d)*.

La fuerza aérea y la armada han empleado siempre los mismos cascos del Ejército, pero con sus colores respectivos, a veces con emblemas delanteros *(268:ar-d)*.

Las tripulaciones de tanque, también han empleado varios modelos de cascos diferentes. Actualmente el *Combat Vehicle Crewman* T56-6, parece ser el modelo dominante *(269:ar-d)*.

La Guardia de Palacio, así como las unidades de la Guardia Presidencial "Mariscal Nieto", todavía continúan usando un casco de coracero de tipo francés de los años cuarenta. La Guardia Civil ha usado tradicionalmente los mismos cascos que el Ejército, pero con sus propios emblemas *(270:ab-d; 271:ar-i)*.

Air Force and Navy *(264; 265:tl)*.

Following the 1941 war with Equador, some captured Italian M33 helmets *(265:tr,bl)* were in use, and in 1946 some US M1917-A1 models were imported. They were never very popular nor widely used.

Beginning in 1950 the US M1, in its different versions, was imported and quickly spread throughout the various military organizations. In the 1970s, an Israeli beige-khaki version of the M1 was introduced *(266:right)* and became the standard helmet of the army.

Various other helmets were, or continue to be, used in Peru, including German M1 clones *(267:left)*, the Orlite RBH-103 *(267:mr)*, the British LBA and RBR-F5, and the Croatian Sestan Busch BK-3. ABS non-ballistic helmets as well as various PASGTs have also been issued *(237:br)*.

The Air Force and Navy have always used the same helmets as the Army but in their respective colors, sometimes with front emblems *(268:tr)*.

Tank crews have also used many different helmets. Currently the Combat Vehicle Crewman T56-6 seems to be the dominant model *(269:tl)*.

The Palace Guard as well as the *Mariscal Nieto* Presidential Guard units are still using a French type cuirassier helmet from the 1940s. The *Guardia Civil* has traditionally used the same helmets as the Army but with its own emblems *(270:br; 271:tl)*.

URUGUAY

Durant les dernières années du XIXème siècle, l'armée uruguayenne utilise pour la parade des casques de dragons métalliques à crinière rouge avec attribut frontal doré aux armes de l'État et jugulaire à écaille ainsi que des casques de uhlans de type allemand. Ensuite des morions de type argentin deviendront la coiffure de parade standard.

Dans les années 1925, l'Uruguay est un État prospère, démocratique et en paix, rien ne semble menacer ce pays que l'on décrit alors comme la Suisse de l'Amérique du sud. Montevideo entretient pour la garde des frontières une armée de volontaires de 8000 hommes correspondant à 2 divisions d'infanterie et 1 de cavalerie[1]. Cette armée n'utilise pas de casques de combat, seuls des casques tropicaux en liège entoilé sont portés par les officiers, depuis 1928.

Tout change avec la crise de 1929 qui frappe l'économie uruguayenne de plein fouet. La tension politique et sociale monte, la constitution démocratique de 1917 est modifiée (1934), peu après l'instauration d'un régime autoritaire sous la conduite du Président Gabriel Terra (depuis le coup d'état de mars 1933). Désormais l'heure est à une posture autoritaire et guerrière.

Casco de corcho 1930 *(collection P. Suciu)*

[1] En février 1925, il existe quatre zones militaires, 19 bataillons d'infanterie, 9 régiments de cavalerie, trois ré giments d'artillerie (batteries du canon Schneider 75mm (1909), Schneider Canet 75mm (1896), Krupp 75mm (1909), et quatre bataillons de sapeurs (*ingenieros, ferrocarrileros, pontoneros, telegrafistas,* et *zapadores*).

Un Adrian uruguayen, le modèle *Aluminio*

Casque d'officier *(collection Peter Thomas)*

Attribut du casque *Aluminio* *(collection Alberto del Pino Menck)*

Depuis la fin de la Grande Guerre, l'influence militaire française est dominante à Montevideo (le prestige des armes françaises est très grand dans ce pays traditionnellement francophile). Les officiers sont nombreux à être formés à St Cyr et des missions militaires aident à réorganiser les forces armées. Des équipements sont achetés en France (notamment des fusils mitrailleurs, des mitrailleuses système Hotchkiss et des canons Schneider).

C'est dans ces conditions que, pour donner une allure martiale à l'armée, un casque métallique est introduit en 1940[2] pour équiper en principe les soldats de l'armée de terre. En pratique, ce casque ne fut pas très distribué et ce sont surtout les hommes du Centre d'Instruction des Officiers de Réserve (C.I.O.R.) qui en firent usage. Il s'agit en l'occurrence assez naturellement d'une coiffure "à la française." Étant donné les conditions climatiques locales et l'absence de réelle menace militaire, le M26 français, un temps considéré, ne fut pas retenu. Le modèle adopté (pour la parade) fut en fait une copie en duralumin du "casque modèle général 1926," peint en vert-bouteille, fabriquée localement où il est connu sous le nom de modèle *Aluminio*. Un badge ovale représentant les armoiries nationales en relief, fixé par trois rivets, orne le devant de la bombe.

Deux types de coiffes se rencontrent: l'une, extrêmement sommaire, se compose d'un simple bandeau de cuir circulaire. L'autre est une coiffe traditionnelle de type français comportant huit languettes de cuir brun. Une jugulaire de cuir beige pourvue d'une agrafe à ardillon de métal blanc complète l'ensemble. Ce casque fut fabriqué à quelques milliers d'exemplaires seulement par les entreprises suivantes: Sociedad Uruguya de Esmaltados (SUE) et Fabrica de Aluminio Mariposa, de la ville de Colonia[3].

La première apparition publique de ce casque eut lieu lors de la parade militaire traditionnelle du 25 août 1940 sur l'artère principale de la capitale, l'avenue du 18 juillet[4].

[2] À l'initiative d'un officier ayant séjourné en France pendant la Grande Guerre [3] Informations communiquées par Enrique Burbaquis à l'historien militaire uruguayen, Alberto del Pino Menck, lors d'une conversation téléphonique le 18 septembre 2003 [4] Information communiquée à Alberto del Pino Menck par le regretté uniformologue uruguayen, Alfredo Sanson Noceda

On ne peut qu'être frappé de ce choix entièrement opposé à celui – très germanique – fait au même moment de l'autre côté de la Plata en Argentine. La volonté de se démarquer du grand voisin est ici manifeste. En fait, initiative personnelle d'un chef de corps, cette coiffure ne fut pas étendue à l'ensemble de l'armée (mais certaines unités en touchèrent), contrairement à ce que pourrait laisser penser les planches d'uniformes publiées dans les années 1960 par l'armée uruguayenne.

Pour des raisons tenant à la forme particulière du patriotisme uruguayen et à l'héritage français de la *Republica Oriental*[5], ce casque devint vite très populaire dans la population. Il fut à ce titre utilisé dans nombre de représentations patriotiques[6] et demeura longtemps associé à l'image du soldat uruguayen.

En 1942, la crise conjurée, on revient à la démocratie et Montevideo dirigé par Alfredo Baldomir[7], se rangeant aux côtés des Occidentaux, déclare la guerre à l'Allemagne (Buenos-Aires louche alors toujours vers Berlin!) puis, en 1945 seulement (l'Amérique est encore loin!) au Japon. Aucune participation au conflit sur les terrains asiatiques ou européens ne fut cependant sérieusement envisagée.

Aquarelle d'Alfredo Sansón Noceda (*collection Departamento de Estudios Históricos del Estado Mayor del Ejército, Montevideo, Uruguay)*

Casque *Aluminio (collection particulière)*

[5] Formule rappelant l'origine commune du pays avec l'Argentine

[6] Par exemple l'insigne de col des élèves du C.I.O.R.

[7] Le General Alfredo Baldomir fut President de l'Uruguay de 1938 à 1942

En matières de casques, le M40 demeure le modèle dominant mais, selon certaines sources, on observe l'utilisation sur une petite échelle de casques italiens Adrian[8] et M33 [9].

Durant la parade du 25 août 1944, le C.I.O.R. (*Centro Instrucción de Oficiales de Reserva*), commence à utiliser le casque US M1. Jusqu'en 1948, ces hommes furent les seuls à être dotés de ce casque.

Troupe 1940 *(collection Alberto del Pino Menck)*

L'Ère américaine

Avec la paix, les États-Unis d'Amérique du Nord s'imposent comme la grande puissance mondiale. Le pays est riche et dispose de stocks militaires considérables laissés disponibles par la capitulation japonaise. Montevideo de son côté renoue avec la démocratie. Avec l'élection d'Andres Manuel Trueba (1951-1954) commence une ère nouvelle, plus moderne, plus occidentale et plus prospère. L'armée, comptant alors quelque 12.000 hommes – s'équipe à l'américaine. En 1947, avec la signature du traité de Rio, l'influence américaine devient absolument dominante.

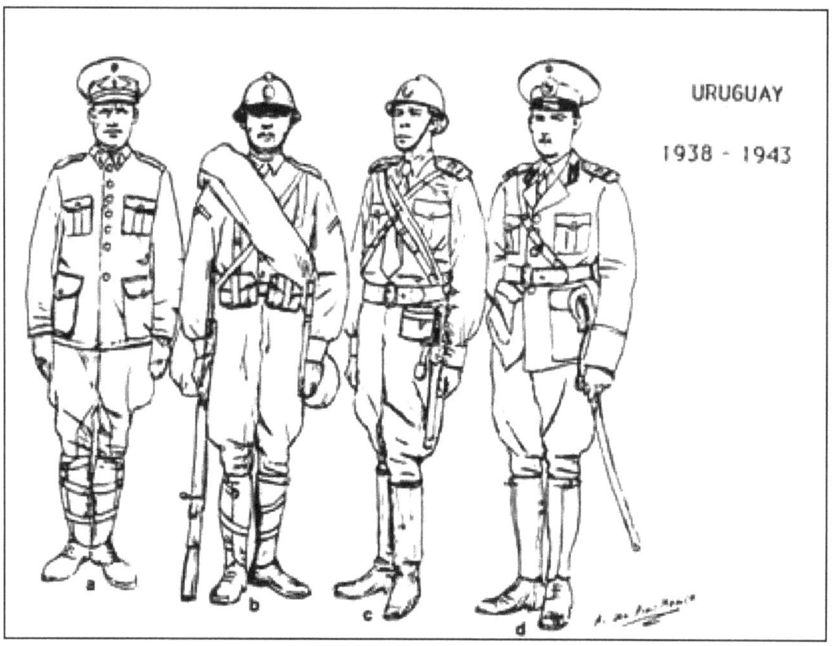

Dessin Alberto Del Pino Menck

Le décret N° 10.588 du 17 décembre 1947 déclare réglementaire pour l'ensemble de l'armée nationale uruguayenne le *casco de metal y fibra modelo americano*. En 1948, le modèle *Aluminio* est officiellement abandonné. Dans les faits, il continuera sa carrière plusieurs années encore, et l'on note jusqu'en 1950 des utilisations régulières du modèle *Aluminio*[10] au sein des garnisons de province.

[8] Information communiquée par Diego Lascano le 9 septembre 2003 [9] *Identification*, The Military Service Publishing Co. [10] Information Diego Lascano

Cadets de l'École militaire servant une mitrailleuse Hotchkiss 1940. Les cadets portent des casques coloniaux, les officiers des Adrian. *(cliché Armée uruguayenne)*

L'ancre frontale identifie la réserve navale, première arme du pays à avoir ete dotée du M1 *(information G. Llado 10 novembre 2012)*

Adoption générale du US M1

Dans un contexte aussi massif d'américanisation, l'armée uruguayenne est alors tout naturellement dotée dès 1945 de M1 américains.

Désormais la silhouette si caractéristique du casque américain fera partie de l'image du soldat uruguayen. La réserve de la marine est dotée des mêmes casques de couleur verte ornés d'une ancre blanche frontale et l'armée de l'air de modèles de couleur *azul pizarra*[11].

Le règlement de 1953 en fournit une illustration sous le non de *Casco de acero*. Celui-ci complète le sous – casque US M1 ou *Casco de fibra* parfois orné sur le devant par la cocarde circulaire aux couleurs bleu, blanc et rouge émaillée du Général José Gervasio Artigas (*Banda Oriental*).

Le même règlement décrit un *Casco de corcho* (liège) de forme britannique orné sur le devant de la même cocarde.

Les premiers casques utilisés étaient d'origine américaine. Ultérieurement, dans les années 1960, des modèles de fabrication argentine furent également introduits.

US M1 uruguayen d'origine argentine *(collection Musée militaire de Montevideo)*

[11] Depuis la création de la *Fuerza Aérea* (1953), après l'adoption d'un nouveau règlement en matière d'uniformes (1955 et 1957)

De la guérilla Tupamaros au redémarrage économique

En 1958, après 93 années de gouvernement *colorado* (conservateurs), traditionnellement opposés aux *blancos*, un nationaliste est élu à la présidence. La crise économique, consécutive à une vive inflation, entraîna la naissance d'une guérilla de gauche connue sous le nom de mouvement *Tupamaros*.

On est alors en pleine guerre froide, les Américains aident leurs amis uruguayens dans la "défense du monde libre." Le US M1, parfois orné de l'ancre blanche de la réserve de la marine sur le devant (c.f. cliché ci-dessus), se confond alors avec l'image d'un régime répressif qui, après 1965 amène, pour la première fois en 70 ans l'armée sur la scène politique. La situation se dégradant, "un état de guerre interne" est instauré en 1971. Guérilla et répression ensanglantent le pays qui s'enfonce dans le sous-développement. Après l'écrasement de la guérilla, on parla plutôt au sujet de l'Uruguay de stagnation.

Le modèle de type américain M1 sans *liner*, utilisé aujourd'hui encore porte la désignation de *Casco M76 Ejercito*.

Pour la parade, un casque de type US M1 léger, orné de la cocarde Général Artigas, est par ailleurs utilisé.

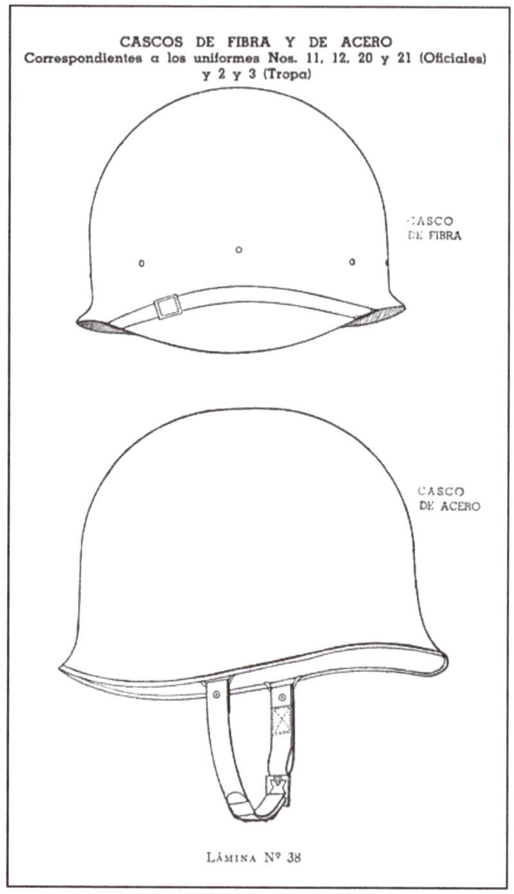

(Règlement militaire de 1953)

Casques légers US M1 de fabrication brésilienne ornés de la cocarde Artigas pour la parade *(collection E. Krapovickas)*

M76 *(collection Ricardo Jara Franco)*

Ces M76 vert-olive possèdent un "code numérique" gravé dans la nuquière *(collection Ricardo Jara Franco)*

A partir de 1985, la paix revenue, une certaine remise en ordre est entreprise par le Président Julio Maria Sanguinetti. Depuis quelques années l'expansion économique semble être de retour, mais l'armée attend toujours sa modernisation. Le grave crise économique ayant frappé l'Uruguay au début des années 2000 entraîna un retard considérable en matière d'équipement des forces armées.

Depuis 2007, le US M1 est toujours en usage – conjointement avec un nombre limité de PAGST et de F6 type PASGT, lors des missions ONU en Afrique. Mais le principal modèle utilisé dans les forces armées uruguayennes qui comptent aujourd'hui quelque 22.000 hommes est en fait le M76, casque de type M1 fabriqué en *Corlon* (plastique balistique) en Corée du Sud.

Au cours de ces dernières décennies, un certain nombre de casques métalliques auraient été détruits pour éviter une éventuelle récupération par des émules des *Tupamaros*.

F6 *(Foro El Gran Capitán)*

Conformément à sa politique de saupoudrage des commandes, l'armée uruguayenne importe en 2007 un petit nombre de casques F6 de type PASGT de fabrication israélienne (Société Rabintex).

Fondée en 1950, la société israélienne Rabintex est connue pour ses recherches avancées en matière de casques.

L'exemplaire figurant en-dessous est de couleur noire et pourvu d'un équipement de vision nocturne.

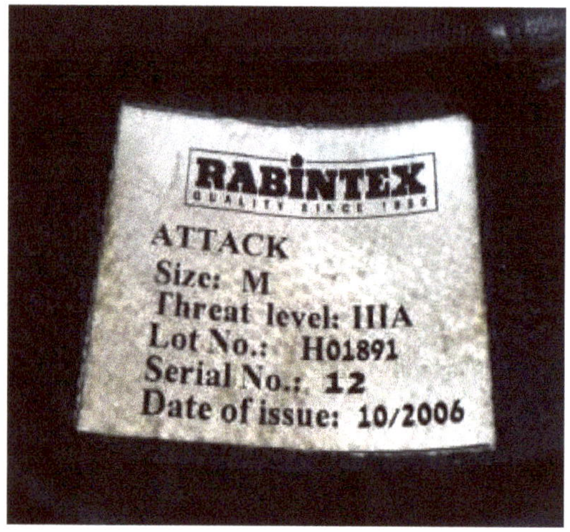

Etiquette dans un casque Rabintex
(cliché Gabriel Llado)

Modèle israélienne avec en équipment de vision nocturne *(Gabriel Llado)*

ARMES SPECIALES

Arme blindée

En 1945, les tankistes uruguayens étaient équipés de modèles américains 1941 *Anti-crash* à base de fibre compressée percés de 10 trous d'aération.

Au cours des années 1980, après l'adoption du M41, des *Walker Bulldog* et autres modèles AFS (Condor allemand, Yraraca et Cascavel brésiliens) furent utilisés, ainsi que des casques belges et américains.

De même, des casques israéliens et tchèques (de type soviétique) furent introduits à la suite de la réception de matériel OT-64 de Tchécoslovaquie et de chars T55 d'Israël[12].

Modèle M1938 *(cliché Armée uruguayenne)*

Blindé uruguayen 1950 *(cliché Armée uruguayenne)*

Casques bleus uruguayens *(cliché Armée uruguayenne)*

[12] Information Alberto del Pino Menck, 8 décembre 2010

Casques non-ballistiques pour les véhicules blindés, similaires au DH-132 *(cliché Gabriel Llado)*

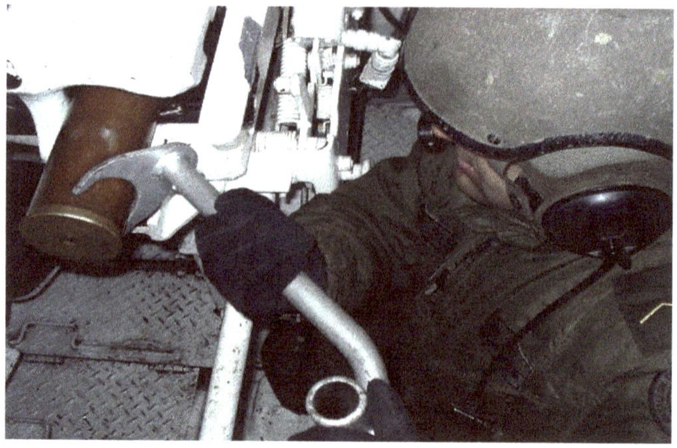

Casque américain DH-132A *(droits réservés)*

Une grande variété de modèles.

Ces dernières années les équipages de blindés ont souvent été équipés de US M1 et de PASGT.

Le serre-tête soviétique en usage *(droits réservés)*

Force navale

La marine utilisait dans les années 1960-2000 le *Navy Telephone Talker* Mk-2 repeint dans le gris bleu de l'*Armada* du pays. On note également parfois l'usage de casque tropicaux d'origine américaine.

Les US M1 de la marine sont kakis camouflés et ceux de la force aérienne bleu-clair.

US Navy Mk-2 de couleur grise *(collection L. Gallo, clichés YP)*

[13] *information Lionel Gallo, 27 novembre 2012)*

Musée Militaire, Montevideo

Police et gendarmerie

On a noté plus haut que les *Escuadrones de Seguridad* et la *Guardia Metropolitana* de la gendarmerie utilisaient à la fin des années 1930 des US M1917-A1 (Société ACME, Pittsburg, PA) ainsi que des M26 Adrian français de couleur noire ornés sur le devant d'une bombe flammée (l'attribut métallique embouti, dépourvu de RF était de fabrication locale).

Dans les années 1980, la police utilisa un modèle plastique type M1, probablement de fabrication chinoise, orné sur le devant d'une décalcomanie représentant l'emblème de la police.

M26 français *(collection L. Gallo, cliché YP)*

Parachutistes

L'arme parachutistes est de création récente en Uruguay.

Les parachutistes utilisent aujourd'hui des M1 de fabrication argentine ou des PASGT de même origine. Des modèles israéliens M76 Orlite seraient aussi en usage sur une petite échelle[14].

US M1917 ACME. À l'intérieur de la bombe un tampon jaune indique: *ACME Protection Equipment Co.,Pittsburg, Penn. (collection L. Gallo, cliché YP)*

[14] Info Helmnet 2011

M35 chars, d'origine française
(collection E. Krapovickas)

Intérieur du même casque
(collection E. Krapovickas)

Des casques de blindés français M35 (également ornés de la même grenade) étaient aussi utilisés par les équipages des trois automitrailleuses de reconnaissance AMR Citroën Kegresse M28 adoptées en 1928 par la police uruguayenne. Ces casques étaient en couleur d'origine kaki[15].

Automitrailleuse de police en 1930 *(collection E. Krapovickas)*

[15] Information Alberto del Pino Menck

En contradiction avec la tradition “française” du pays, il faut noter qu’au moins entre 1924 et 1932, le régiment de cavalerie de la Garde Républicaine (Police) utilisa des casques à pointe type M95 allemands avec attribut frontal aux armes du pays.

Casques à pointe de la Garde Républicaine *(collection particulière)*

Casques à pointe de police *(collection L. Gallo, clichés YP)*

Il faut enfin observer l’usage d’un modèle, non-ballistique, inconnu, au début des années 1980, type *Dispatch Rider* par la *Policia Motorizada del Ejercito (PME)*, de couleur bleu-nuit.

A la suite de la cessation des fournitures militaires à Montevideo par l’administration Carter, des commandes furent passées ailleurs, notamment en Corée du Sud. C’est vraisemblablement l’origine du modèle ci-contre[16].

Depuis les années 1990, toutes ces formations sont dotées de M1 légers ou de modèles M76 (type US M1).

Modèle de casque de police léger d’inspiration britannique *(Musée Militaire, cliché YP)*

[16] Information Leonel Gallo, 13 mars 2011

US M1 *(collection Ricardo Jara Franco)*

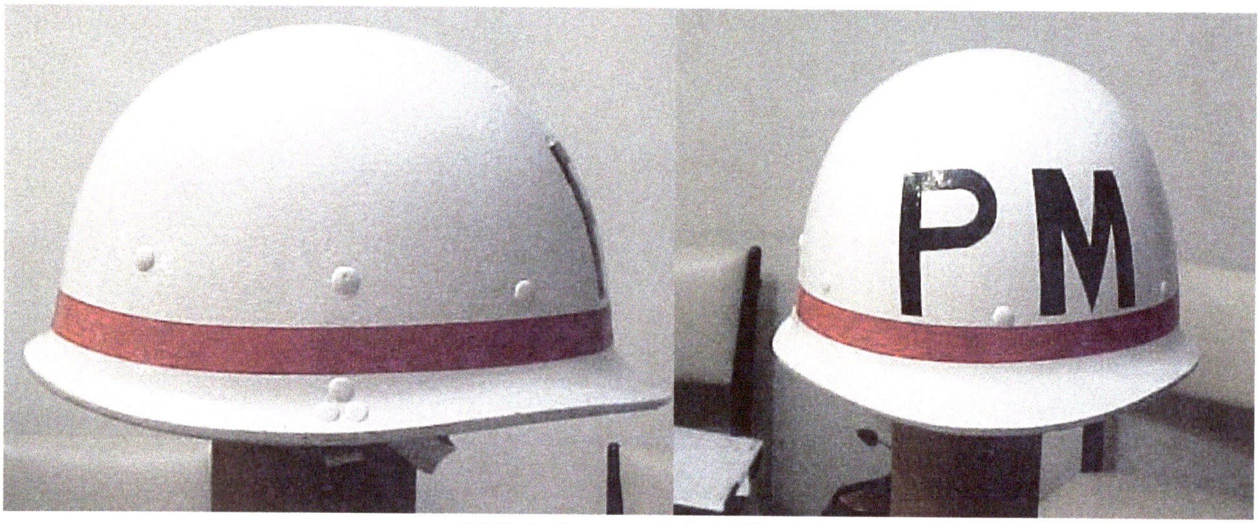

M76 *(collection Gabriel Llado)*

Une grande variété de casques *(collection P. Massolo)*

Bibliographie

Ejercito Estado Mayor General, *Indice General del Boletín Histórico N°1-99*, Montevideo, 1964.
Estado Maior do Exercito, Departamento de Estudos Históricos, Museus Militares (en portugais), Montevideo, Imprimerie Militaire, 1997.
FERRER LLUL, Francisco, *Sinopsis Gráfica de la Historia Militar del Uruguay*, Montevideo, Serrero y Ramos, 1975.
Historia del Ejercito, Republica Oriental del Uruguay, Montevideo, 2000 (épuisé).
NORTH, René, *Uniformes Militares 1686-1918,* Montevideo, Bruguer, 1972.

Remerciements aux collectionneurs suivants:

Marc BARRIE, Fresno, CA USA
Enrique BURBAQUIS, Montevideo
Ricardo JARA FRANCO, Sta.
Laura del Boldo, Curicó, del Maule, Chili
Diego LASCANO, Colonia, Uruguay
Gabriel LLADO, Montevideo
Leonel GALLO MARTINEZ, Montevideo
Pablo MASSOLO, Argentine
Jorge PANUNCIO, Montevideo
Alberto DEL PINO MENCK, Montevideo
David B. POWERS, Laguna Beach, CA USA
Alfredo SANSON NOCEBA (†), Montevideo

Museo Militar 18 de mayo de 1811 *(cliché YP)*

SUMARIO DEL CAPÍTULO
CHAPTER SUMMARY

(xxx: ar-i, ar-d) = pág. xxx, arriba-izq., arriba-der. *(xxx: ab-i, ab-d)* = pág. xxx, abajo-izq., abajo-der. *(xxx: mi, md)* = pág. xxx, al medio-izq., al medio-der.

URUGUAY

La República Oriental del Uruguay, bajo la presidencia de José Antonio Artigas, declaró su independencia de España en 1811. Desde 1816 a 1821, la nueva República luchó una guerra contra Brasil, la cual perdió. A ésta le siguió otra guerra, nuevamente contra Brasil, ésta vez aliada a Argentina. Finalmente, Uruguay se declaró estado independiente en 1825.

Más años de guerra siguieron a lo largo del siglo XIX, involucrando a Uruguay y sus vecinos, incluyendo la intervención, en 1852, del italiano Giuseppe Garibaldi y sus "Camisas Rojas".

Sólo durante los años finales del siglo XIX, comenzaron a aparecer los cascos entre los soldados de Uruguay. Los cascos de Dragones, del tipo francés, portando al frente el escudo de armas nacional y luciendo una melena roja, fueron empleados por la caballería para actos ceremoniales. Al mismo tiempo, cascos de *Ulanos* de tipo alemán, aparecieron en algunas otras unidades de caballería.

No es sino hasta la presidencia de José Battle y Ordoñez, que comenzó en 1903, en que la paz y el orden finalmente llegaron, dando inicio al moderno Uruguay.

Después de la Primera Guerra Mundial, los únicos cascos empleados por los oficiales fueron una variedad de Casco de corcho *(277: ab-d)*. A fines de los ´20, la caballería de la Guardia Republicana empleó varios modelos de los negros *Pickelhaube* alemanes, con el dorado emblema nacional en su frente.

(xxx:tl,tr) = page xxx, top-left, top-right *(xxx:bl,br)* = page xxx, bottom left, bottom-right *(xxx:ml,mr)* = page xxx, middle-left, middle-right

URUGUAY

The *Republica Oriental del Uruguay,* under the presidency of Jose Antonio Artigas, declared its independence from Spain in 1811. From 1816 to 1821, the new Republic fought a losing war against Brazil. Following another Brazilian war, this time including Argentina, Uruguay was finally declared an independent state in 1825.

More years of war followed throughout the nineteenth century involving Uruguay and its neighbors, including the intervention in 1852 of the Italian Giuseppe Garibaldi and his "Red Shirts."

It was only during the final years of the nineteenth century that helmets began to appear on Uruguayan soldiers. Dragoon helmets of the French type, bearing the national coat of arms on the front and sporting a red mane, were worn by the cavalry for ceremonial duties. At the same time, German-style *Uhland*-type helmets also appeared in some other cavalry units.

It was not until the presidency of Jose Battle y Ordoñez, which began in 1903, that peace and order finally arrived and modern Uruguay was born.

After the First World War, the only helmets worn by officers were a variety of the *Casco de corcho (277:br)*. In the late 1920s, the cavalry of the Republican Guard was issued several models of the German, black *Pickelhaube* with the gilded national state emblem on the front.

During the 1930s, the police were issued

Durante los años treinta, la policía empleó el modelo americano M1917-A1 *(280: ar-d)*, así como el M26 francés con un emblema de una granada flamígera plana en el frontal. Las unidades blindadas de la policía, usaron el M35 francés con el emblema de la granada.

En 1940, y en un esfuerzo por elevar al ejército uruguayo al estándar europeo, una copia de aluminio del modelo francés Adrián M26, fabricada localmente, fue introducida en pequeña escala en la infantería *(279)*. Con el emblema nacional en el frontal, el nuevo casco se convirtió en un icono simbólico del ejército uruguayo.

De 1944 en adelante, el M1 americano fue introducido progresivamente, comenzando con las fuerzas de reserva *(281: mi,ab-d)*. Siguiendo a la firma del Tratado Interamericano de Asistencia Recíproca (Tratado de Río), de 1947, el suministro militar fue completamente americano. El M1 se volvió el estándar normal, y se hizo oficial a través del Reglamento N° 10.588, de fecha 17 de diciembre de 1947. Este modelo se designaría después cómo el Casco M76 Ejército (283:izq.). La versión ligera del casco, usada para propósitos ceremoniales, se decoró con la escarapela tricolor del General Artigas *(282:ab-i)*.

A comienzos de los años ochenta Montevideo importó pequeñas cantidades, principalmente de Europa, de varios modelos de M1. Luego, en 2007, la copia de *Corlon*, fabricada en Corea del Sur, parece haberse vuelto el modelo estándar de las fuerzas armadas.

Para las misiones de las tropas en el extranjero, se emplea normalmente el modelo PASGT, incluyendo el tipo F6 *(284:ar-i)*. La fuerza aérea, la armada y las unidades blindadas, usan una variedad de cascos de origen americano, israelita, y checoslovaco que corresponden al origen del material, que usa cada organización militar *(285:ar-d; 286)*.

the US M1917-A1 *(280:tr)* as well as the French M26 with plain front flaming grenade emblems. The armored units of the police used the French M35 with grenade emblems.

In 1940, in an effort to elevate the Uruguayan army to European military standards, a locally manufactured aluminum clone of the French *Adrian* M26 was introduced on a small scale to the infantry *(279)*. With the national coat of arms on the front, the new helmet was soon to become the symbolic emblem of the Uruguayan army.

From 1944 forward the US M1 was introduced progressively, starting with the reserve forces *(281:ml,br)*. Following the signature of the Inter-American Treaty of Reciprocal Assistance (Rio Treaty) in 1947, military procurement became entirely American. The US M1 became standard issue and was made official by regulation N°10.588, dated December 17, 1947. This helmet would later be designated the *Casco M76 Ejercito (283:left)*. The lightweight version of the helmet used for ceremonial purposes was decorated with the tricolor cockade of General Artigas *(282:bl)*.

Beginning in the 1980s, Montevideo imported in small quantities, mostly from Europe, various models of the M1. Then in 2007, the M1 *Corlon* clone, manufactured in South Korea, appears to have become the standard-issue helmet for the armed forces.

For foreign assignments the troops are normally issued the PASGT, including the type F6 *(284:tl)*. The Air Force, the Navy and the armored units use a variety of mostly US, Israeli or Czechoslovakian helmets, corresponding to the origin of the military hardware in each organization *(285:tr; 286)*.

VENEZUELA

L'histoire uniformologique du Venezuela, notamment en matière de coiffures, est particulièrement complexe et tourmentée. Déjà, au début du XIXème siècle, une grande variété de couvre-chefs se rencontre, du shako à la française à la *czapska* polonaise, en passant par les casques de dragons britannique. Le reste du siècle verra ainsi se succéder un grand nombre de modèles divers, dont la mémoire même est souvent perdue.

Dans la seconde moitié du XIXème siècle, l'armée nationale vénézuélienne est dans un état assez pitoyable et, vers 1870, il n'existe même plus d'armée nationale du tout. C'est le président Cipriano Castro qui, à la fin du siècle, entreprendra les premières mesures pour en recréer une. Il fera pour cela appel d'abord à une mission allemande, puis à une mission chilienne (jusqu'en 1910). Les uniformes à la prussienne et les casques à pointe, toujours en usage, datent de cette époque (Règlement de 1902).

Musée de la Garde Civile de Caracas *(cliché YP)*

Le casque d'officier représenté ci-contre[1] à visière et nuquière carrées est l'un des seuls exemplaires connus de cette première "vague" de *Pickelhaube*. Correspondant à la tenue de gala, il porte des cocardes latérales aux couleurs du pays. La plaque frontale, aux armes nationales, surmonte un bandeau sur lequel on peut lire: *19 de abril de 1810, independancia, 20 de febrero de 1859, federación.*

[1] collection du Musée de la Garde Civile

En 1910, durant le mandat du Président (dictateur) Juan Vicente Gomez, pour la commémoration du centenaire de l'indépendance du pays, un escadron de cavalerie dénommé, pour l'occasion, *Husares del Centenario* utilisa de son côté brièvement un casque de dragons de type français, en cuivre très léger et pourvu d'une crinière, comme illustré ci-dessous.

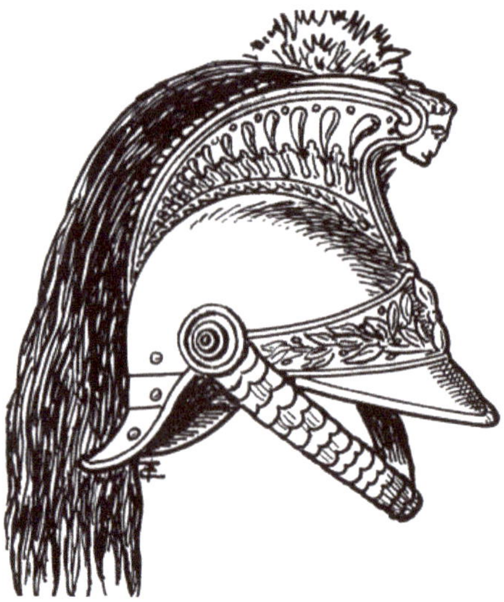

Dragons français M1872
(dessin C. Tavard)

Cliché d'un journal du temps
(Musée Militaire)

Ce choix étrange, dans le contexte de l'époque, peut s'expliquer par le caractère assez fantasque du Président de la République – Commandant en chef de l'Armée Vicente Gomez (1910) et par le contexte international agité, notamment vis-à-vis des puissances européennes. Toujours est-il que c'est lui qui procéda à une véritable réorganisation de l'armée nationale (5 juillet 1910)

Mais, par delà cet épisode isolé, la mode prussienne est décidemment dans l'air du temps, et vers 1912-1913, on commence à introduire sur une grande échelle, le casque à pointe de cuir noir verni comme coiffure d'officier dans l'armée vénézuélienne. Dès l'avant-guerre, le *Pickelhaube* est ainsi la règle chez les officiers. Un *Haarbusch* de crin noir ou blanc est utilisé par les officiers, remplacé par des plumes blanches d'oie pour les officiers supérieurs[2].

La base circulaire de la pointe (allongée) est fixée à la bombe par quatre rivets à la tête en forme d'étoile. La jugulaire de cuir est couverte d'écailles de cuivre à deux demi-lunes, comme on peut l'observer sur la photo du modèle 1902 présentée ci-dessus.

Casques à pointe officier 1912 (jugulaire manquent)
(collection particulière)

Le modèle ci-dessus, manifestement de fabrication locale, possède une bombe en cuir, une nuquière métallique allongée et des attributs en métal argenté, sauf, curieusement, le haut de la pointe qui est doré.

Celui-ci, apparemment allemand, est de type 1895 *(collection particulière)*

[2] Lettre Lic. Carlos Perez Jurado, 4 février 2000

Infanterie en 1911 *(revue Unter den Linden, Berlin)*

Le prestigieux régiment de cavalerie *Plaza numéro 1* arborait alors quant à lui, un condor argenté à la place de la pointe. Le régiment d'artillerie *Ayacucho N° 1* utilisait de son côté un "casque à boule" à l'allemande (Règlement de 1912)[3].

Jusqu'à 1922, le Venezuela demeure un pays pauvre soumis à une succession de *golpes* tous plus réactionnaires les une que les autres. L'armée, forte de quelque 6000 hommes et directement commandée par le président de la République – le tyran Vicente Gomez[4], presque aussi démunie (encore que son armement, d'origine allemande soit convenable) que le reste du pays, ne connait naturellement pas de casques d'acier[5].

Dans les années suivant la Grande Guerre, le prestige la coalition alliée est immense au Venezuela, comme presque partout ailleurs en Amérique latine au demeurant, et, dans ces conditions le souci de professionnaliser efficacement l'armée amène le Gouvernement de Caracas à faire appel à une mission militaire française qui arrive dans le pays en 1920. Celle-ci repart en 1923 sans avoir exercé d'influence en matière de coiffures.

En 1922, intervient un bouleversement dans la vie du pays. Le pétrole se met à couler à flots. Américains et Britanniques en sont les premiers bénéficiaires. L'État et les proches du président – deviennent riches, une manne qui durera jusqu'à ce que survienne la crise de 1929. Les investissements américains pénètrent alors le Venezuela qui, hormis les classes dirigeantes, demeure toutefois extrêmement sous-développé.

La période 1931-1933 – correspondant à une influence accrue des compagnies pétrolières américaines – voit l'abandon des *Pickelhaube* comme coiffure générale des officiers. La casquette de couleur bleu-azur (la fameuse *gorra* déjà prévue dans le règlement de 1912) le remplace. La plupart des stocks de casques sont alors vendus à l'Équateur.

En 1936, nouveau brutal changement de cap, sous la présidence de Lopez Contrera, le *Pickelhaube* traditionnel est réintroduit pour les officiers[6].

En 1941, l'influence américaine se faisant lourdement sentir, la troupe abandonne leur usage pour adopter la mode américaine, seuls les officiers les conservant.

Par ailleurs, le règlement de 1912, toujours en vigueur, prévoit l'usage du casque de liège (appelé *casco tonkinés*, casque tonkinois) avec les uniformes prévus pour les climats chauds.

Escadron de cadets motocyclistes à l'entraînement. Noter le casque tropical *(Musée de la Garde Nationale)*

[3] Lettre Carlos Perez Jurado, 4 février 2000 [4] Arrivé au pouvoir en 1910 [5] Il n'existe au demeurant pas de menace extérieure. [6] Achats en Allemagne

En 1938, les photos d'époque montrent qu'un casque colonial de type italien en liège et revêtu de toile vert-olive est introduit. Il ne connaîtra qu'une existence éphémère.

Des *Brodies* américains contre des pétro-dollars

À la même époque, bien que le pays soit alors soumis à une influence militaire belge, des casques américains M1917-A1 peints en kaki foncé lisse, sont introduits (1941) dans l'armée vénézuélienne (*Ley de Préstamos y Arriendos* – loi sur les prêts et les affermages), 10.000 casques ayant été livrés par les États Unis dans le cadre des *Lend-Lease Shipments.*

On rencontre aussi des *Brodies*, également d'origine américaine, en métal léger (type duralumin), sensiblement plus épais que les modèles d'acier classiques. Un exemplaire de ce type de coiffure est exposé au Musée de la Garde Civile (GC) de Caracas.

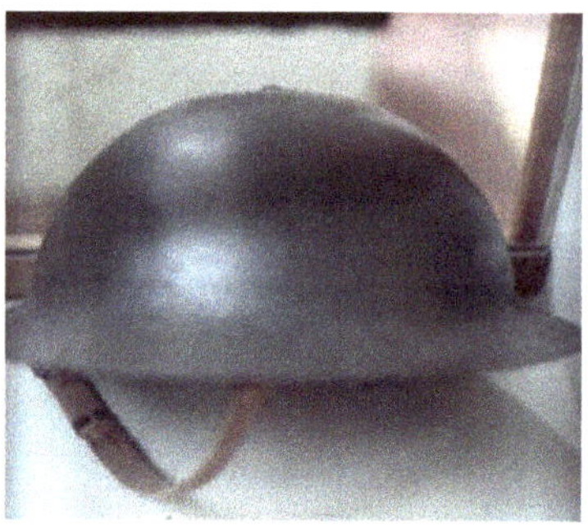

M1917-A1 vénézuélien avec jugulaire *webbing (cliché Musée Militaire de Caracas)*

Casque M1917 léger *(collection Musée de la GC de Caracas, cliché YP)*

Romulo Betancourt, Caracas, 1945 *(droits réservés)*

Ces divers casques seront en usage dans l'Armée, la Marine *(Armada)*, l'Aviation *(Aviacion)* et la Garde Nationale *(Guardia Nacional)* jusqu'en 1948.

À côté des casques d'acier, des modèles de liège ou de fibre de type italien sont encore parfois utilisés. Les officiers les ornent, pour la parade, d'un attribut national de casquette[9].

L'ère du US M1

Avec le début du Second Conflit mondial et surtout après Pearl Harbour, l'influence militaire américaine devient prédominante dans l'infanterie et l'artillerie. À la fin du conflit Caracas déclare la guerre à l'Allemagne et au Japon, mais aucune action militaire n'est envisagée.

Les accords prêt-bail inondent alors le pays de surplus militaires américains. L'armée, qui compte quelque 10.000 hommes, commence à toucher des US M1, version 1942, en quantités importantes (1948).

Les casques d'acier, de couleur vert-olive, sont souvent utilisés avec des filets de camouflage. Ils sont parfois dotés de marques de grade frontales ou d'attributs (ci-dessous). Depuis les années 1960, les sous-casques commencent à être de fabrication locale. Ils sont fréquemment ornés de divers emblèmes d'unités.

US M1 en parade militaire, Caracas années 1950 *(droits réservés)*

[9] Reglamento de uniformes para el ejercito, *R.U.E.*, Caracas, Talleres Patria, No. 3,1940, p. 43

Dans les années 1950-1960, le Venezuela traversa une difficile période de tensions sociales et politiques. Au début des années 1960, un maquis révolutionnaire s'organisa avec l'aide des Cubains, qui regroupa les Forces Armées de Libération Nationale (F.A.L.N.). Au cours des années suivantes, la situation ne cessa de s'aggraver, jusqu' à l'arrivée au pouvoir de la Démocratie chrétienne (Rafael Caldera) en 1969.

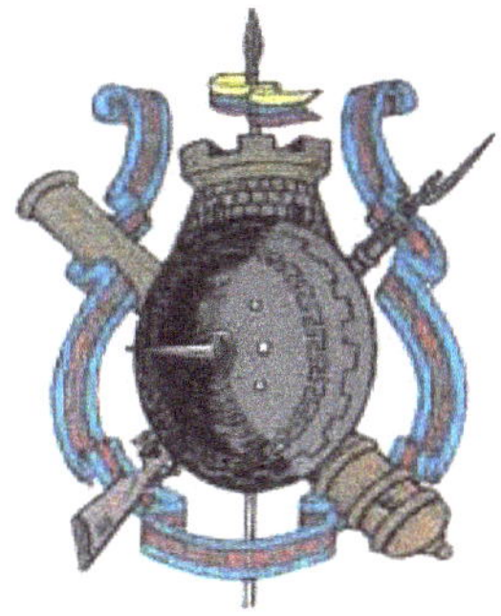

Emblème de l'Armée *(Ejercito)*

Le casque léger (circa 1950) porte de sigle de du Quartier général de l'Armée (*Guartel General: CG*). *(collection et clichés David B. Powers)*

Tension dans les rues de Caracas, années 1970 *(droits réservés)*

Les clichés présentés sur cette page montrent des casques lourds vénézuéliens et leur *liner*. La coiffe américaine d'origine a subi des modifications au Venezuela.

Prise d'arme, années 1960 à Caracas *(cliché Armée vénézuélienne)*

M1-C vénézuélien des années 1950 avec un casque léger fabriqué par l'entreprise américaine Westinghouse *(Musée de la Garde Nationale de Caracas, cliché YP)*

Les clichés ci-dessous, montrent une série de modèles de l'armée. On peut observer les diverses variantes (couleur du casque lourd, etc.) au gré des époques et des approvisionnements.

Liner type Westinghouse 1945
(Musée de la Garde Nationale)

Introduction d'un M1 en plastique balistique.

Depuis les années 1990, un M1 de plastique balistique noir mat a rivet frontal se répand dans l'armée vénézuélienne[10]. Il est souvent utilisé avec un filet de camouflage et ne porte pas d'attribut. Selon un bon connaisseur, Paolo Marzetti[11], ces casques seraient d'origine sud-coréenne *(Corlon).*

(droits réservés)

L'arrivée du PAGST

Comme les autres États, vers 1998, Caracas commence à introduire le PAGST (de fabrication américaine), puis israélienne, dans son armée. L'évolution "anti-impérialiste" du régime depuis l'arrivée au pouvoir du président Hugo Chavez modifiera les sources d'approvisionnement et c'est aujourd'hui la Chine qui livre ce type de casques à Caracas[12].

Infanterie vénézuélienne actuelle
(clichés B. Brandwijk)

Au terme du Règlement de 1940, les officiers utilisent pour la parade un casque à pointe de couleur bleu-clair[13].

En 1971, des uniformes bleu-clair (couleur du casque) sont introduits.

[10] Les premières formations à en avoir été dotées paraissent être les fusiliers marins. [11] Elmetti, E. Albertelli, Parme, 2003, 430 [12] Information B. Brandwijk 2011 [13] Reglamento de uniformes para el ejercito, *R.U.E.*,Caracas, Talleres Patria, Numero 3, 1940, Art 33, *Gorra*

Un casque à pointe de cuir bleu-clair *(cliché L. Mazoch, AP Sipa)*

Première présentation du M1 léger de la GN. Il s'agit en l'occurrence d'un modèle premier type de *liner*. *(Musée de la GN, clichésYP)*

Version actuelle *(Musée de la GN, clichésYP)*

Garde Nationale

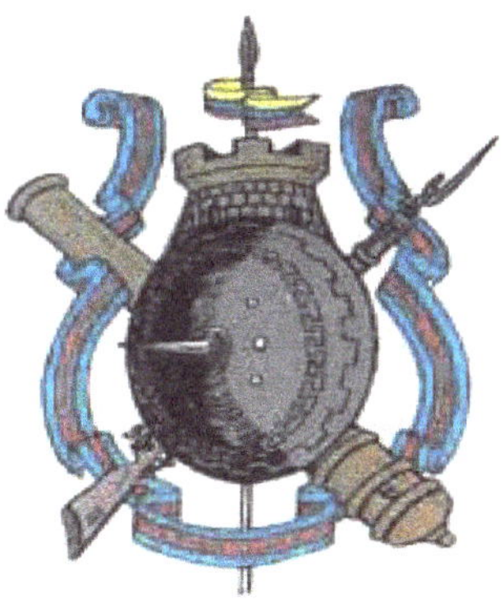

Emblème de la Garde Nationale

La Garde Nationale vénézuélienne[14], joue essentiellement le rôle d'une force de Police fédérale. Elle comporte aujourd'hui quelque 20.000 hommes, et a toujours utilisé les mêmes modèles de casques que l'Armée de terre. Actuellement, elle porte les lettres *GN* en jaune (autrefois en blanc) sur ses M1 légers. Un bandeau circulaire de couleur rouge à la base de la bombe constitue une identification supplémentaire de la *Guardia Nacional*.

Police

Depuis l'entre-deux-guerres, la police fait usage du casque "tonkinois." Elle introduit en 1946 l'usage du casque "colonial." Il s'agit en l'occurrence d'un casque tropical de type américain ou italien (on rencontre les deux modèles).

La police de sécurité aux frontières utilise des PASGT noirs légers pourvus de coiffes de *webbing* noires. Ces casques ne portent pas d'attribut.

Police vénézuélienne actuelle *(Jorge Silva, Reuters)*

[14] Répondant officiellement au nom de *Fuerzas Armadas de Cooperación*. Concernant les origines de cette formation, voir: Perez Jurado, Carlos, *La Guardia Civil Española y La Guardia Nacional de Francia: Dos antecedentes de la Guardia Nacional de Venezuela, Museo Histórico Militar, Caracas, 2008).*

Police Militaire

(cliché A. Rodriguez, El Nacional)

La Police Militaire utilise les même casques que l'Armée, mais affiche sur le devant de la bombe les lettres *PM*.

Celle-ci a longtemps utilisé de M1 légers fabriqués par Trinidad & Nelson à Rio.

M1 légers de la police vénézuélienne
(collection et clichés P. Thomas)

Blindés

Les équipages de blindés portent depuis l'origine des casques américains.

Une grande variété de modèles a été utilisée au fil du temps. Il s'agit actuellement de modèles CVC et notamment, comme ci-dessous de DH-132 CVC

DH-132 CVC *(cliché www.armyrecognition.com)*

Hugo Chavez en uniforme de tankiste
(droits réservés)

Depuis l'ère Chavez, l'utilisation de bonnets russes de tankistes s'est généralisé, conjointement avec les autres modèles utilisés précédemment dans l'arme blindée.

Arme blindée du Venezuela, 2011
(cliché B. Brandwijk)

Parachutistes

Les parachutistes *(42a Brigada Paracaidista de Infanteria)* utilisent des M1, des PAGST ou des Orlite israéliens avec couvre-casque et filet et des casques spéciaux de chute de fabrication américaine.

Parachutiste vénézuélien actuel
(cliché Armée vénézuélienne)

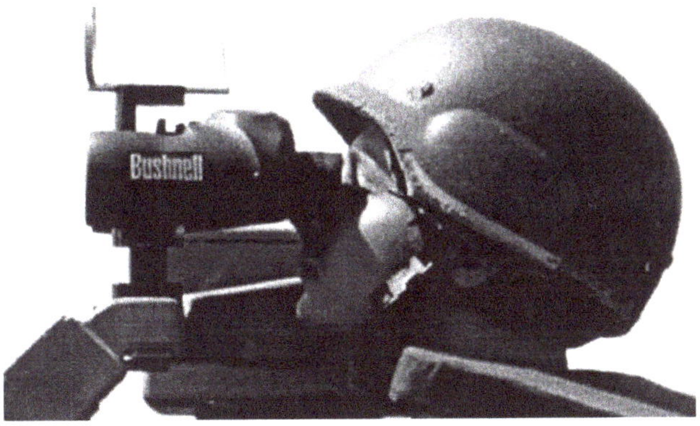

Le dernier modèle de PASGT
(cliché Armée vénézuélienne)

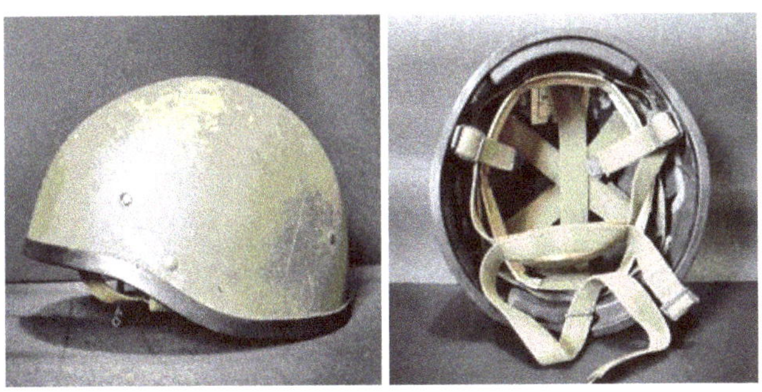

Modèle israélien OR-201
(collection et clichés B. Brandwijk)

Marine

Celle-ci utilisa les mêmes casques que l'armée de terre.

Caracas 2011 *(cliché B. Brandwijk)*

Après la Seconde Guerre mondiale le *Navy Telephone Talker* américain était introduit.

La Force Aérienne

Le 10 décembre 1920, à l'instigation du colonel David Lopez Enriquez était crée, avec l'assistance de la société française Farman, l'École d'aviation militaire vénézuélienne, amorce d'une force aérienne nationale.

Une mission militaire française aida ensuite à mette en place cette force aérienne, équipée au début d'avions Caudron g-3, monomoteurs (1920).

Pour la parade, les gradés de cette arme utiliseront ensuite brièvement (circa 1975-1980) un casque de cuir de forme très particulière (proche de certains casques de pompiers), frappé d'un attribut frontal représentant les armes de la *Fuerza Aera*. Depuis lors, l'aviation a utilisé les mêmes casques que l'armée, peints de couleur gris sombre.

Casque de parade de l'Armée de l'air *(collection et clichés Raúl Yáñez Muñoz)*

Académie Militaire, remise de diplômes par le Président E. Lopez Contrera, 1940 *(Musée Militaire)*

(cliché Armée de l'air vénézuélienne)

Pickelhaube de Cadet, 1971. Observer les cocardes latérales, aux couleurs nationales et le jonc noir de la visière. *(collection et cliché Musée Militaire de Caracas)*

Les Cadets (Académie Militaire du Venezuela)

En 1918, l'École Militaire adopte un uniforme de style prussien et un casque à pointe de cuir noir. Le devant s'orne d'une plaque aux armes nationales, les garnitures sont dorées et des cocardes tricolores décorent les côtés de la bombe.

L'École Militaire adopte en 1932 un casque de type *Ersatz* bleu-ciel avec *Haarbusch* de crin de cheval blanc, orné d'un attribut de laiton aux couleurs nationales. Ces casques étaient de fabrication allemande.

En 1998, l'École Militaire prend le nom de Académie Militaire du Venezuela. Un nouveau règlement est adopté pour l'armée.

Aujourd'hui, le casque N°3 (parade) pour les cadets de l'Académie Militaire est formé d'une bombe de plastique revêtue de cuir bleu-ciel, les garnitures sont en cuivre et la pointe s'orne d'une crinière de fibre de nylon. Les crinières sont respectivement blanche pour la première année, bleu pour la seconde, jaune pour la troisième et rouge pour la quatrième.

Académie Militaire avant 2007, première année *(collection Raúl Yañez Muñoz)*

Parade du deuxième centenaire de l'État *(cliché B. Brandwijk)*

En 2007, en conformité avec l'orientation du régime, le cheval héraldique des armoiries se met à galoper vers la gauche.

Pour le défilé du 3 septembre 2010, commémorant les 200 ans de l'Académie Militaire, les cadets exhibent leurs nouveaux casques importés d'Allemagne

Plaque frontale actuelle *(cliché Eddie Ramirez)*

Caracas 2010 *(cliché B. Brandwijk)*

La Garde Présidentielle

La Garde Présidentielle utilise des *Pickelhaube* de type M95 allemands.

Pickelhaube Cadets 1971. Noter le jonc de visière doré et la plaque post-2007 *(collection Raúl Yáñez Muñoz)*

Casque épaulettes *(collection Raúl Yañez Muñoz)*

Remerciements:

Jacqueline & Karel Bentata, Caracas
Benjamin Brandwijk, Caracas
Colonel Fernandez, Directeur du Musée de la GC, Caracas
Lic. Carlos Perez Jurado, Historien, Musée Historique Militaire de La Planicie, puis Musée de la GC, Caracas
Dave B. Powers, Laguna Beach, CA
Eddie Ramirez, Caracas

Musée

Museo Histórico Militar de la Guardia Nacional Bolivariana Tcnel, Oscar Tamayo Suarez
Final Av. Paez, Frente a la Carcel La Planta, Mansión Villa Zoila, El Paraiso, Tel. 406-3943, Celular: (0416) 827-7507)

L'ancien *Museo Histórico Militar de la Planicie* (premier siège de l'Académie Militaire du Venezuela) est fermé depuis quelques années.

Musée de la Garde Civile de Caracas (2011) *(cliché YP)*

Bibliographie

Boyer, Luis Brea, Colonel (Ej.), *Síntesis, recopilación documental y comentarios de temas históricos, militares y otros*, Caracas.

Fernandez, Carlos Emilio, *Hombres y sucesos de mi tierra, Venezuela 1909-1935*, (s.l.n.d.).

Perez Jurado, Carlos, *Historica del uniforme militar Venezolano*, Museo Histórico Militar, 1983.

Langue, F., *Histoire du Venezuela de la conquête à nos jours*, Paris, L'Harmattan, 1999.

Memorias de Guerra y Marina, 1912-1945, *Revista del Ejército, Marina y Aeronautica*, 1912-1945, *Revista de la Feurzas Armadas*, 1946-1958.

Memorias del ministerio de guerra y marina, Caracas, Vargas, 1932.

SUMARIO DEL CAPÍTULO
CHAPTER SUMMARY

(xxx: ar-i, ar-d) = pág. xxx, arriba-izq., arriba-der.
(xxx: ab-i, ab-d) = pág. xxx, abajo-izq., abajo-der.
(xxx: mi, md) = pág. xxx, al medio-izq., al medio-der.

VENEZUELA

Bajo José Antonio Páez (1790-1873), Venezuela declaró su independencia de la Gran Colombia en 1829 después de una devastadora guerra. Páez gobernó como un dictador hasta 1846. Por las siguientes décadas, se alternaron períodos de dictadura, con períodos de completa anarquía. Durante éste período, una variedad de tocados militares fueron empleados, variando desde la czapska hasta los shakos.

A finales del siglo XIX, el Presidente José Cipriano Castro Ruiz (1858-1924), emprendió la tarea de crear un verdadero ejército para el país. Una misión alemana, reemplazada posteriormente por una misión chilena, comenzó la organización de las fuerzas armadas. El Reglamento del Ejército de 1902, confirma la influencia germana, y el *Pickelhaube* se volvió el tocado estándar de los oficiales. Estos cascos tipo M95 lucieron un emblema delantero de bronce que representaba el escudo nacional y el lema: *19 de abril de 1810, independencia, 20 de febrero 1859 federación (295:ab-d).*

En 1910, bajo la Presidencia de Juan Vicente Gómez (1857-1935), y para la conmemoración del Centenario de la Independencia, un escuadrón de caballería conocido como los Húsares del Centenario, empleó cascos metálicos de dragones, de estilo francés *(296:izq.).*

Con pocas excepciones, los cascos prusianos estuvieron en uso constante hasta la Primera Guerra Mundial. Algunos eran

(xxx:tl,tr) = page xxx, top-left, top-right
(xxx:bl,br) = page xxx, bottom left, bottom-right
(xxx:ml,mr) = page xxx, middle-left, middle-right

VENEZUELA

Under José Antonio Páez, Venezuela declared its independence from Gran Colombia in 1829 after a devastating war. Páez ruled as a dictator until 1846. For decades to follow, periods of dictatorship alternated with periods of complete anarchy. During this period, a variety of military headgear was worn, ranging from the czapska to the shako.

At the end of the nineteenth century President José Cipriano Castro Ruiz undertook to create a real army for the country. A German mission, later replaced by a Chilean one, began the organization of the armed forces. An army regulation from 1902 confirmed the German influence, and the *Pickelhaube* became the standard headgear for the officers. These M95-type helmets sported a copper front plate representing the national coat of arms and the motto: *19 de abril de 1810, independencia, 20 de febrero 1859 federación (295:br).*

In 1910 during the presidency of Juan Vicente Gómez, and for the commemoration of the century of independence, a cavalry squadron known as the *Húsares del Centenario* wore French-style metal dragoons helmets *(296:left).*

With a few exceptions, the spiked helmets were in constant use until the First World War. Some were German-made, but others were of local manufacture like the one dating from 1912 *(296:mr).*

According to a 1912 regulation, pith helmets, locally known as the *Cascos Tonkines*

de fabricación alemana, pero otros fueron de fabricación local, como el ejemplar fechando en 1912 *(296:md)*.

De acuerdo al Reglamento de 1912, los cascos de sol, conocidos localmente como los Cascos Tonkines, estuvieron también en uso dado el clima tropical del país *(297:ab-d)*.

A comienzos de 1922, con el descubrimiento del petróleo, su exportación, y las nuevas riquezas, los venezolanos comenzaron a ver al Primer mundo cómo inspiración, particularmente los Estados Unidos; y así, a principios de los ´30, el casco de estilo *Pickelhaube* fue abandonado y los cascos sobrantes se vendieron a Colombia, sólo para ser reintroducidos en 1936, por el Presidente José Eleazar López Contreras (1883-1973).

En 1941, como parte del programa de Préstamo y Arriendo, se entregaron a las fuerzas armadas 10.000 unidades del modelo americano M1917-A1, así como una versión ligera del mismo casco *(298:mi)*.

En 1948, la versión 1942 del M1 americano se introdujo en gran escala. Este pronto se convirtió en el casco estándar de las fuerzas armadas venezolanas. Estos cascos emplearon frecuentemente cobertores de camuflaje, y los cascos interiores se decoraron con una variedad de emblemas. A comienzos de 1960, el modelo M1 fue fabricado localmente *(299; 300:ar-i)*.

Alrededor de 1990, una copia negra, de plástico balístico de M1, aparentemente fabricado en Corea del Sur, se usó ampliamente, a menudo con una red de camuflaje *(300: ab-i)*.

En un esfuerzo por modernizar sus fuerzas armadas, Venezuela comenzó a introducir el casco PASGT, alrededor de 1998. Inicialmente estos casos fueron fabricados en estados Unidos. Después de la elección del izquierdista Presidente Hugo Chávez, en 1999, se importaron copias de PASGT,

were also in use, given the tropical climate of the country *(297:br)*.

Beginning in 1922, with the discovery of oil, its export, and new-found riches, Venezuelans began looking to the New World for inspiration, particularly the United States; and thus, in the early 1930s the *Pickelhaube* helmet-style was abandoned, and the surplus helmets sold to Colombia, only to be reintroduced in 1936 by Président José Eleazar López Contreras.

In 1941, as part of the Lend-Lease program, 10,000 US M1917-A1 helmets were issued to the armed forces as well as a lightweight version of the same models *(298:ml)*.

In 1948 the 1942 version of the US M1 was introduced on a large scale. It was soon to become the standard helmet of all the Venezuelan armed forces. These helmets were often worn with camouflaged covers, and the liners were decorated with a variety of emblems. Beginning in 1960, the M1 model was manufactured locally *(299; 300:tl)*.

About 1990, a black, ballistic plastic M1 clone, apparently manufactured in South Korea, was widely issued, often with a camouflage net *(300:bl)*.

In an effort to modernize its armed forces, Venezuela began introducing the PASGT helmet about 1998. Initially, these helmets were of American manufacture. After the election of leftist President Hugo Chavez in 1999, PAGST clones from China were imported.

To this day the *Guardia Civil (GC)* uses mostly M1 liners decorated on the front with the large white letters *GC (301:tr)*.

Armored vehicles crews use both soviet soft headgear and US DH-132 CVC helmets *(302:right)*.

In the middle of the 1970s, the Air Force adopted a very special type of leather helmet for parades, bearing the Air Force

de origen chino.

La Guardia Civil (GC) todavía usa, principalmente, los cascos interiores de M1, decorados en el frente con grandes letras blancas GC *(301:ar-d)*

Las tripulaciones de los vehículos blindados, usan tanto el casco de tela soviético, como el casco americano DH-132 CVC *(302:der.)*.

A mediados de los años setenta, la fuerza aérea adoptó para desfile, un tipo muy especial de casco de cuero portando el emblema de la fuerza aérea en la frente *(303:ab-d; 304:ar-i)*.

Finalmente, se debe mencionar, que los cadetes de la Academia Militar, desde 1918, han portado un *Pickelhaube* con los atributos metálicos dorados *(304:der.,ab-i)*. En 1932, fue introducido un sustituto, fabricado en Alemania, de un casco azul claro, con los atributos metálicos dorados. Cascos similares, todavía están en uso hoy en día, en la Academia. Adicionalmente, los cascos negros (modelo N°3), decorados con penachos de nylon – *Haaarbusch*, aparecen durante los desfiles *(305)*. El primer año, emplea penachos blancos, el segundo azul, y rojo el tercer año.

emblem on the front *(303:br; 304:tl)*.

Finally, one must mention that the cadets of the Military Academy have worn a *Pickelhaube* with gilded fittings since 1918 *(304:right,bl)*. In 1932, an ersatz, German-made, light-blue helmet with gilded fittings was introduced. Similar helmets are still in use today at the Academy. Additionally, black helmets (model N°3), decorated with a nylon *Haaarbusch* appear during parades *(305)*. The latter is white for the first year, blue for the second, and red for the third.

BIBLIOGRAPHIE GÉNÉRALE

OUVRAGES GENERAIUX

ARNOLD, Chris, *Steel Pots: The History of America's Steel Combat Helmets*, R. James Bender, 1998

ARNOLD, Chris, *Painted Steel: Steel Pots II*, R. James Bender, 2000

BAER, Ludwig, *Geschichte des deutschen stahlhelme: von **1915** bis **1945***, L. Baer, 1977

BAER, Ludwig, *History of the German Steel Helmet*, R. James Bender, 1985

BAER, Ludwig, *Vom stahlhelm zum gefechtshelm: eine entwicklungsgeschichte vom **1915** bis **1993***, L. Baer, 1994

BRADFORD, James C., *International Encyclopedia of Military History*, Londres Routledge, 2006

D'AMI, Rinaldo D. (Ed.), *World Uniforms in Colour: Volume 2, Nations of America, Africa, Asia and Oceania*, Londres, Patrick Stephens, 1969

DEWAR, Michael, Internal Security Weapons and Equipment of the World, Charles Scribner, 1979

ENGLISH, A., *Armed Forces of Latin America*, London, Jane's Publishing, Co., 1985-2005

HUSSON, J. P., Encyclopédie des forces spéciales du monde, 2 tomes, H & C, 2000

MARZETTI, Paolo, *Elmetti-Helmets of the World* (bilingual edition), Parme, Ermanno Albertelli Editore, 2003

MYERS, Mike et BRUCE, Robert, "American Fighting Helmets," *Combat Illustrated,* Winter 1979, pp. 45-48, 80-83

PLASSERAUD, Yves, STRUYE, Pierre-Paul et DAGNAS, Jean (Eds.), *Casques de combat: tome 1,* Charles-Lavauzelle, 1984

PLASSERAUD, Yves, STRUYE, Pierre-Paul et DAGNAS, Jean (Eds.), *Casques de combat: tome 2,* Editions PSD, ***1991***

PLASSERAUD, Yves, STRUYE, Pierre-Paul et DAGNAS, Jean (Eds.), *Casques de combat: tome 3,* Editions PSD, ***1996***

REYNOSA, Mark, *Post-World War II M-1 Helmets: An Illustrated Study*, Schiffer, 1999

REYNOSA, Mark, *The PASGT Helmet*. Schiffer, 1999

REYNOSA, Mark, *US Combat Helmets of the 20th Century: Mass-production Helmets*, Schiffer Publishing, 1997

REYNOSA, Mark, *M-1 Helmet: A History of the US M-1 helmet in World War II*, Schiffer Publishing, 1996

THALER, Franz, *Stahlhelme: von **1915** bis zur Gegenwart*, Jörg Nimmergut, 1978

WANNEWETSCH, Walter et HILSENBECK, Joachim, *Die militarischen kopf-bedeckungen, **1869-1919***, 1993

ZENTNER, Rolf-Leonhard, *Deutsche militärhelme **1895-1975***, Wehr and Wissen, 1980

OUVRAGES SUR L'AMERIQUE LATINE

BALKIN, Yves, *Présences et influences militaires françaises en Amérique Latine de 1919 à 1940* (thèse), Université de Paris La Sorbonne, 1983

COMBLIN, Joseph, *Le pouvoir militaire en Amérique latine. L'idéologie nationale*, J. P. Delarge, 1977

HOOKER, Terry et POULTER, Ron, *The Armies of Bolivar and San Martin*, Osprey Militaria, Men-at-arms Series 232, Londres, 1991

NUNN, Frederick M., "Effects of European Military Training in Latin America: The Origins and Nature of Profesional Militarism in Argentina, Brazil, Chile and Peru, 1890-1940," *Military Affairs, Vol. XXXIX, N° 1,* Kansas State University, February 1975

ROUQUIE, Alain, *Guerre et paix en Amérique centrale*, Seuil, Paris, 1992

QUESADA, A. de et JOWETT, P., *The Chaco War 1923-35, South America's Greatest Conflict,* Osprey Publishing, Men-at-arms Series, Londres, 2011

WOOD, David, *Armed Forces in Central and South America*, Institute of Strategic Studies, Londres, 1967

SITES

ALEX D'S CASQUES DE COMBAT - ***http://alexdhelmet.free.fr/***

HELMET COLLECTION - ***http://www.helmets.ru/***

BIBLIOGRAPHY OF HELMET-RELATED BOOKS - ***http://www.sjvls.org/bens/bf004***

JEROEN POLLENTIER'S COLLECTION - ***http://www.geocities.com/jeroenpollentier***

CASCOS MILITARES - ***http://cascosdeguerra.blogspot.com/***

JOSEBA'S COLLECTION - ***http://www.cascoscoleccion.com/portada.htm***

HELMSAMMLUNG - ***http://www.stahlhelmsammlung.de/***

ELMETTO-MICHELE TAGLIAVINI'S HELMET SITE - ***http://www.elmetto.net/EN/main.htm***

GREG PICKERSGILL'S HELMET COLLECTION - ***http://www.gostak.demon.c***

MANNIE GENTILE'S COMBAT HELMETS OF THE 20TH CENTURY - ***http://combathelmets.blogspot.com/***

MILITARY HELMETS OF THE WORLD - ***http://www.quanonline.com/military/military_reference/helmets/helmets.html***

REG'S LIDS - ***http://www.richardeg.com/Helmets/Helmet_Index.html***

OCAD COLLECTION - ***http://ocad.bravehost.com/index.html***

WORLD WAR HELMETS - ***http://world-war-helmets.com/home.php***

Site internet

www.mahargpress.com

www.ingramcontent.com/pod-product-compliance
Lightning Source LLC
LaVergne TN
LVHW070904300926
849162LV00011B/1850
9780982806302